产品几何规范的知识表示

钟艳如　黄美发　覃裕初　著

西安电子科技大学出版社

内 容 简 介

本书从新一代产品几何技术规范(New-generation Geometrical Product Specification，N-GPS)与CAD/CAM/CAT系统之间知识共享和信息传递的需求出发，给出了基于描述逻辑和本体的产品几何规范表示技术。全书共七章，主要内容包括绪论、N-GPS的基本理论、描述逻辑 $ALC(D_{GFV})$ 和本体、ISO极限与配合的 DL_Lite_R 表示、公差指标的自动生成、形状公差的数学模型表示及其实现以及直线度验证知识库系统等。

本书介绍的内容属于计算机科学与机械工程的交叉学科前沿研究成果，为计算机学科的描述逻辑技术找到了应用背景，为机械工程学科的精度与计量领域的研究找到了关键技术，为新一代GPS体系概念和理论的转换及数字化设计平台提供了理论基础。本书可为从事计算机学科领域科学研究的研究生和科技工作者提供新的研究思路，也可作为设计、制造、计量、标准化等领域的大学生、研究生、科技工作者以及企业管理人员的参考用书。

图书在版编目(CIP)数据

产品几何规范的知识表示/钟艳如，黄美发，覃裕初著. —西安：西安电子科技大学出版社，2013.3
ISBN 978 – 7 – 5606 – 2978 – 0

Ⅰ. ① 产…　Ⅱ. ① 钟…　② 黄…　③ 覃…　Ⅲ. ① 工业产品—几何量—技术规范—中国
Ⅳ. ① TG8 – 65

中国版本图书馆CIP数据核字(2013)第023805号

策划编辑	陈婷
责任编辑	陈婷　曹锦
出版发行	西安电子科技大学出版社(西安市太白南路2号)
电　　话	(029)88242885　88201467　　邮　编　710071
网　　址	www.xduph.com　　　电子邮箱　xdupfxb001@163.com
经　　销	新华书店
印刷单位	西安文化彩印厂
版　　次	2013年3月第1版　2013年3月第1次印刷
开　　本	787毫米×960毫米　1/16　印张　16
字　　数	325千字
印　　数	1～1000册
定　　价	32.00元

ISBN 978 – 7 – 5606 – 2978 – 0/TG
XDUP 3270001 – 1

* * * 如有印装问题可调换 * * *

本社图书封面为激光防伪覆膜，谨防盗版。

前　言

几何产品的设计、制造与测量认证的集成是现代先进制造技术的一个重要发展方向。产品几何技术规范与测量认证（Geometrical Product Specification and Verification，GPS，中文简称为"产品几何规范"或"几何规范"）是现代产品设计、制造与测量集成中的关键问题，是决定产品性能指标、制造成本和市场竞争力的关键，是几何产品计算机辅助设计/辅助制造/辅助测量（CAD/CAM/CAT，业界统称为CAX）集成中的核心内容，已成为国内外学术界和工程界研究的热点。

目前，CAD系统过分强调几何规范的表现，而几何规范不能被机器理解。同时CAD/CAM/CAT系统都各自独立地发展起来，不同的CAD/CAM/CAT系统之间在信息共享与数据格式等方面有很大的不一致，导致在不同平台或者不同系统之间生成的数据难以共享，CAD/CAM/CAT系统之间文件格式各不相同，几何规范在系统之间的信息传递不畅。

Web从根本上改变了人类存储和交换信息的方式，但传统的Web过于强调信息的表现，忽视信息语义的表示，导致Web内容无法被机器理解。语义网对Web信息的表示和获取方式进行了重大改进。针对"几何规范不能被机器理解"与"几何规范在CAD/CAM/CAT系统之间的信息传递不畅"这两个问题，本书汲取语义网领域的最新研究成果，将描述逻辑ALC(D)和本体引入对几何规范的知识表示之中，使用本体语言OWL构建产品几何规范本体库，基于SWRL（Semantic Web Rule Language）建立几何要求与约束规则库。

在ISO/DTR 14638：1999的总体规划下，新一代GPS标准体系设计了一个通用标准矩阵，矩阵的行由组成零件的18类几何特征构成，矩阵的列由7个标准链环构成。几何要素是构成工件几何特征的点、线、面；表面模型是指工件和它的外部环境物理分界的几何模型，由几何要素集合而成。产品几何规范的表示技术研究取得了以下五个方面的成果：

第一，18类几何要素的7个恒定类划分及其空间关系的形式化定义。从离散数学的角度上看，要素的几何变动构成Lie子群，与几何变动相关的Lie子群有12个，按照满足自同构的要求，得到7个对称的Lie子群，即几何要素变动中的7个恒定类。通过研究7个恒定类，得到几何要素之间完备空间关系集合，包括约束、重合、分离、包含、平行、垂直、斜交、异面和配合，并给出这些空间关系的形式化定义。

第二，ISO极限与配合的DL_Lite$_R$表示技术。ISO尺寸极限与配合是保证零件的尺寸、几何形状和相互位置以及表面特征技术要求一致性的基础。ISO极限与配合的DL_Lite$_R$表示技术实现了尺寸精度与配合设计本体表示、尺寸精度检验本体表示、尺寸极限与配合数据库表示以及本体与数据库的映射。

第三，几何公差指标的描述逻辑ALC(D)表示与自动生成。基于空间关系的公差表示模型在多色集合模型的基础上增加空间关系层，通过装配特征表面的几何要素之间的空间关系与公差类型之间的映射，对由装配特征表面之间的约束关系确定出的可选公差类型进行筛选，可进一步减少生成的可选公差类型的数目。对于不同的装配体，表示模型的零件层、装配特征表面层和空间关系层中的约束关系亦不相同，这些约束关系可用描述逻辑 ALC(D_{GFV}) 的 ABox 来表示。根据基于公差类型的 ALC(D_{GFV}) 表示和 ALC(D_{GFV}) 的 Tableau 判定算法，设计了公差类型的自动生成算法。

第四，形状公差的描述逻辑 ALC(D) 表示与实现。给出公差域和小旋量 SDT 的表示，基于 SDT 的变动方程和约束方程构建直线度公差、平面度公差、圆度公差和圆柱度公差的数学模型，通过选择实数域 **R**，构建该 4 类公差域的描述逻辑 ALC(R) 表示，同时构建形状公差本体以及本体公理，使用推理机对构建的本体进行推理，实现该 4 类形状公差的一致性检测。

第五，直线度验证知识库系统的表示与实现。以验证形状公差直线度为研究实例，构建出验证知识库系统。该系统划分为三层结构：领域层、推理层和应用层。领域模块主要用于对直线度验证信息的描述，包括直线度本体库构建和本体编辑。推理模块主要用于对直线度验证信息进行推理，包括公理库（52 条公理）、规则库（68 条规则）和数学库（36 个公式）。应用模块主要用于直线度评定，包括检测方法推荐、测量坐标点导入和直线度评定。

本书的研究成果具有以下意义：第一，从产品几何规范的语义层面，力图对几何要素、尺寸公差、几何公差和约束条件等新一代 GPS 核心要素的表示理论进行重大改进。第二，有助于突破几何规范与 CAD/CAM/CAT 系统的集成瓶颈，项目的实施将从根本上改变新一代 GPS 信息的存储、交换及传递方式。

本书是在桂林电子科技大学 GPS 课题组成员近 5 年对产品几何规范不断研究的基础上创作而成的，本书作者的研究工作得到了以下科研项目的资助：

- 面向产品几何规范的知识表示与测量认证研究：国家自然科学基金（61163041）。
- 基于新一代 GPS 标准的公差模型和测量认证方法：国家自然科学基金（50865003）。
- 新一代 GPS 标准体系的计算模型和方法研究：广西自然科学基金（桂科自 0640166）。
- 产品几何规范的操作算子技术研究：广西可信软件重点实验室主任基金（kx201120）。
- 动梁动柱八轴五联动龙门铣床研发关键技术研究：广西制造系统与先进制造技术重点实验室项目（桂科能 11-031-12_002）。

本书的撰写得到华中科技大学机械学院博士生导师、教育部长江学者特聘教授、英国皇家工程院院士蒋向前教授，华中科技大学李柱教授和徐振高教授，以及桂林电子科技大学常亮教授的指导与帮助，在此表示衷心的感谢！

作 者

2012 年 9 月

目 录

第一章　绪论 ………………………………………………………………（ 1 ）
　1.1　产品几何规范研究的背景 …………………………………………（ 1 ）
　1.2　产品几何规范标准体系的形成与发展 ……………………………（ 2 ）
　1.3　产品几何规范的表示技术 …………………………………………（ 4 ）

第二章　N-GPS 的基本理论 ……………………………………………（ 10 ）
　2.1　概述 …………………………………………………………………（ 10 ）
　2.2　几何要素 ……………………………………………………………（ 17 ）
　2.3　要素的几何变动 ……………………………………………………（ 20 ）
　2.4　表面模型 ……………………………………………………………（ 26 ）
　2.5　不确定度 ……………………………………………………………（ 35 ）

第三章　描述逻辑 ALC(D_{GFV})和本体 ………………………………（ 39 ）
　3.1　概述 …………………………………………………………………（ 39 ）
　3.2　描述逻辑 ALC(D_{GFV}) …………………………………………（ 40 ）
　3.3　本体 …………………………………………………………………（ 52 ）

第四章　ISO 极限与配合的 DL_Lite$_R$ 表示 …………………………（ 56 ）
　4.1　概述 …………………………………………………………………（ 56 ）
　4.2　尺寸极限与配合知识 ………………………………………………（ 56 ）
　4.3　描述逻辑 DL_Lite$_R$ ………………………………………………（ 78 ）
　4.4　尺寸精度与配合设计本体表示 ……………………………………（ 83 ）
　4.5　尺寸精度检验本体表示 ……………………………………………（ 94 ）
　4.6　尺寸极限与配合数据库表示 ………………………………………（ 98 ）

第五章　公差指标的自动生成 …………………………………………（109）
　5.1　概述 …………………………………………………………………（109）
　5.2　公差表示模型 ………………………………………………………（111）
　5.3　基于 ALC(D_{GFV})的公差类型的自动生成 ……………………（116）
　5.4　基于本体的公差类型的自动生成 …………………………………（129）

第六章　形状公差的数学模型表示及其实现 …………………………（150）
　6.1　形状公差的数学模型 ………………………………………………（150）
　6.2　数学模型的 ALC(R)表示 ………………………………………（156）

— 1 —

6.3 数学模型的实现 ……………………………………………………… (158)
第七章 直线度验证知识库系统 ……………………………………………… (168)
7.1 概述 ……………………………………………………………………… (168)
7.2 系统框架设计 …………………………………………………………… (168)
7.3 系统功能模块 …………………………………………………………… (171)
7.4 系统领域层设计 ………………………………………………………… (173)
7.5 系统推理层设计 ………………………………………………………… (178)
7.6 系统开发 ………………………………………………………………… (205)
7.7 实例分析 ………………………………………………………………… (210)

附录1 公差表示的元本体中所有类及所有属性的 OWL RDF/XML 编码 ……… (216)
附录2 公差表示的元本体中所有类转换成的 Jess 模版 ……………………… (224)
附录3 表5-3中所列 SWRL 规则转换成的 Jess 规则 ………………………… (226)
参考文献 ……………………………………………………………………………… (239)

第一章 绪 论

1.1 产品几何规范研究的背景

目前,世界上大部分国家的产品几何规范标准都是基于几何学的第一代产品几何技术规范标准体系(First-generation Geometrical Product Specification and Verification,F-GPS),因其只能描述零件的理想几何形状,在设计过程中没有考虑实际工件在生产过程中的多变性,也没有将产品的几何规范与产品的功能要求联系起来,不能精确地表述对几何特征误差控制的要求,从而导致产品的功能要求失控。此外,由于在规范设计过程中没有限定测量和评定方法,因此在产品的测量认证过程中缺乏唯一的合格性评定准则,造成产品质量评定过程中的纠纷。F-GPS 标准体系存在的主要问题有:

(1) 精度设计与产品功能联系不紧密;
(2) 公差理论与检测、评定方法不吻合;
(3) 三坐标测量机(CMM)与传统检测原理完全不同,出现测量结果与评判原则不同的现象;
(4) 不便于 CAD/CAM/CAT/CAQ 的集成;
(5) 标准体系结构不完善。

为了解决以上问题,国际标准化组织 ISO/TC 213 提出了新一代产品几何技术规范标准体系(New-generation Geometrical Product Specification and Verification,N-GPS)的构想和部分技术标准,准备建立一套完整的标准体系。在国际标准中,产品几何规范标准体系是影响最广、最重要的基础标准体系之一,与质量管理(ISO 9000)、产品模型数据交换(STEP)等重要标准体系有着密切的联系,是制造业信息化、质量管理、工业自动化系统与集成等工作的基础。目前,大多数国家已将产品几何规范标准体系作为其国民经济重要的支撑工具,用来保证其产品质量、国际贸易及安全等相关法规与国际一致。

N-GPS 标准体系以计量数学为基础,引入物理学中的物像对偶性原理,把规范设计过程与测量认证过程联系起来,并通过"不确定度"的传递关系将产品的功能、规范、制造、测量认证等集成一体,从而可以避免基于几何学理论技术标准过于抽象的问题,并能有效地解决由于测量方法不统一而导致测量评估失控引起纠纷等问题。

与 ISO 同步建立起应对经济全球化和信息化需要的、符合国际贸易基本规则的 N-GPS 国家标准体系，是提高中国制造业竞争力和维护国家经济利益的迫切需要。在科技部"十五"国家重大科技专项、教育部科学技术研究重大专项、国家自然科学基金等项目的支持下，以华中科技大学、浙江大学为首的 GPS 科研团队已探索了 N-GPS 标准体系的理论基础，制定了一批适合我国国情的 N-GPS 标准，参与了多项国际 N-GPS 标准的制定，缩短了与国际 N-GPS 标准体系研究和应用之间的差距。但是总体来说，我国目前对 N-GPS 标准体系的研究还比较薄弱，现有标准严重滞后，标准的制定与市场需求脱节，要在全国实施 N-GPS 标准还有许多工作要做。

1.2 产品几何规范标准体系的形成与发展

1.2.1 N-GPS 的起源

依据以几何学为基础的 F-GPS 标准体系，虽然设计工程师能够清楚地表达设计意图，制造工程师能够依照图纸加工工件，计量工程师也知道如何测量工件，但是还会存在以下问题：图纸上几何规范不完整；设计、制造和检验过程中标准的基础理论不统一；几何产品的"功能要求、设计规范和测量方法"不统一；设计、制造以及计量工程师之间缺乏共同的技术语言，难以有效地沟通等。以上这些问题导致测量、评估失控而引起矛盾和纠纷。

为解决以几何学为基础的产品几何规范标准带来的问题，丹麦的 P. Bennich 博士在进行大量科学调研后认为，只有将产品的几何规范与检验/认证集成一体才能解决两者之间的根本矛盾。在他的建议下，1993 年 3 月，国际标准化组织(ISO)成立了"联合协调工作组(ISO/TC 3-10-57/JHG)"，对 ISO/TC 3、ISO/TC 10/SC 5 和 ISO/TC 57 三个技术委员会所属范围内的尺寸和几何特征领域内的标准化工作进行协调和调整。工作组发现，基于几何学的 F-GPS 标准体系不便于几何规范的计算机表达、处理和数据传递，并且传统的公差理论和落后的标准已经制约了 CAX 技术的发展。ISO 技术管理局采纳了"联合协调工作组"的建议，于 1996 年 6 月将 ISO/TC 3、ISO/TC 10/SC 5 和 ISO/TC 57 三个委员会合并，成立了新的技术委员会 ISO/TC 213，全面负责构建一个新的、完整的产品集合技术规范国际标准体系，即 N-GPS。

N-GPS 标准体系的诞生，是对 F-GPS 标准体系的重大改进，它标志着标准和计量进入了一个新时代。N-GPS 以计量数学为基础，将几何产品的设计规范、生产制造和检验/认证及不确定度的评定贯穿于整个生产过程，为产品设计、制造及认证提供一个更加完善的交流工具。N-GPS 提出了表明模型、操作/操作算子、对偶性原理等一系列新概念，这些都是在以几何学为基础的技术标准中完全没有的概念。通过应用数学描述、定义、建模及信息传递的方法，将有效地解决由于测量方法不一致而引起的纠纷，以彻底解决以几何学为基础的技术标准中所存在的问题。

1.2.2 N-GPS 标准体系的发展

根据 ISO/TR 14638 提出 GPS 的总体规划，ISO/TC 213 组织各国专家将制定包括综合、基础和通用的 GPS 标准在内的大约 100 多个 ISO、ISO/TR 及 ISO/TS 标准文件，这些标准文件将构成 N-GPS 标准体系。迄今为止，多数标准文件还在研究和制定阶段，ISO/TC 213 的许多成员国都在积极参与这些标准的研究和制定，特别致力于新的基础理论研究，以建立 N-GPS 标准与计量的数值理论基础、测量技术及智能知识库和应用软件平台。

英国于 2000 年颁布了 BS 8888:2000，2001 年颁布了 PD 8888:2001，2002 年颁布了 BS 8888:2002，正在有计划、有步骤地陆续将 N-GPS 标准转化为国家标准。英国国家标准的研究与制定工作基本上保持了与 ISO 标准的同步进程。德国 Stutgart 大学进行了基于三维计量的 CAQ/CAD 集成技术的研究，该集成系统把被测对象（如快速成型零件等）的测量结果直接与其 CAD 模型进行对比分析，从而分离和提取加工工具的模型及零件的实际偏差等信息。日本东京大学的 K. Takamasu 研究了基于特征的计量技术，提出了基于特征计量的基本概念，包括几何参数的计算方法、特征模型的选取、测量不确定度的估计以及测量不确定度的判断等。与此同时，在美国联邦科学基金资助下，美国机械工程师学会、国家标准计量研究院（NIST）在计算机处理的公差信息化表示方法、复合表面的数字化计量、表面坐标计量以及可视化 CMM 标定技术等方面正在进行广泛的基础研究。其研究的主要内容包括：研究制造用集成标准的确认和交互检验技术，用于对 CAD/CAM/CAQ/PDM 等系统制造标准的确认和检验，特别是对有关自动化设计的国际标准的确认性检验；研究用于集成制造系统的检验体系，为基于对象管理的集成制造系统提供检验能力和技术指导；研究有关的 CMM 算法、评定算法以及软件可靠性的检验方法和标准，确认 CMM 测量系统内置软件的数据分析不确定度，为静态和动态不确定度提供评估方法。

为适应全球经济的快速发展和制造业标准化、信息化的必然趋势，我国也积极参与了 GPS 标准的研究工作，以尽快建立与国际标准接轨的产品设计、制造、检测的技术规范。我国从 20 世纪 70 年代末开始，由全国公差与配合标准化技术委员会和全国形位公差标准化技术委员会负责，将我国的公差体制由原苏联 ГОСТ 转换为 ISO 公差制。1999 年，在这两个标委会和 ISO/TC 57 国内归口工作的基础上成立了与 ISO/TC 213 相对口的全国产品尺寸和几何技术规范标准化技术委员会（SAC/TC 240），目标是建立与 ISO 或国外先进标准等效的我国产品尺寸和技术规范标准体系。

1.3 产品几何规范的表示技术

1.3.1 研究 N-GPS 表示技术的意义

没有使用 CAD 系统之前的产品设计，依靠手工绘图，图纸的内容包括图形和几何规范（涵盖尺寸、技术要求和标题栏），其中的几何规范是按照第一代 GPS(First-generation GPS)标准体系的要求而给出的。手工绘图效率低、不易保存。另外，标注在纸质图纸上的几何规范所依据的第一代 GPS 标准体系中，存在几何规范中术语定义、基本规定及几何要求的差异与矛盾[1]。为了便于解决矛盾以及几何规范的测量认证等一系列问题，ISO/TC 3、ISO/TC 10/SC 5 和 ISO/TC 57 三个委员会合并为 ISO/TC 213，致力于新一代 GPS 标准体系的研究和发展。新一代 GPS 标准体系的完全实施，有望将规范成本、测量认证成本、材料的损耗、开发周期都降低或缩短 10%～30%不等[1]。

CAD 系统克服了手工图形绘制与几何规范标注不能编辑、修改、复制、保存的缺点，是产品设计史上的第一次飞跃。但 CAD 系统的局限之一[142]是只能显示几何规范，而不能表达几何规范的数据组织，几何规范不能被机器理解。同时 CAD/CAM/CAT 系统都各自独立地发展起来，不同的 CAD/CAM/CAT 系统之间在信息共享与数据格式等方面有很大的不一致，从而使在不同平台或者不同系统之间生成的数据难以共享。导致 CAD/CAM/CAT 系统的局限二[143]是各种系统之间文件格式各不相同，几何规范在系统之间的信息传递不畅。目前，数据交换依靠如图 1-1(a)和图 1-1(b)所示的直接数据交换和间接数据交换这两种方式，需要开发接口程序来维持 CAD/CAM/CAT 系统之间的信息传递，存在接口开发耗时、费力与图元信息丢失等问题。

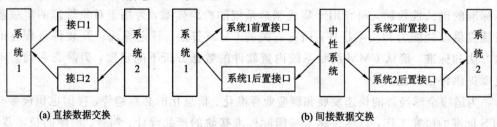

图 1-1 数据交换方式

针对"几何规范不能被机器理解"与"几何规范在 CAD/CAM/CAT 系统之间的信息传递不畅"这两个问题，本书汲取人工智能领域的研究成果，将描述逻辑和本体引入到对几何规范的知识表示与测量认证中，构建一种新的描述逻辑语言用于 N-GPS 领域知识表示。具体来说，集合规范研究具有以下科学及现实意义：

第一,从产品几何规范的语义层面,力图对几何要素、操作/操作算子和约束条件等 N-GPS 核心要素的表示理论进行重大改进。

第二,有助于突破几何规范与 CAD/CAM/CAT 系统的集成瓶颈,其实施将从根本上改变 N-GPS 信息的存储、交换及传递方式。

1.3.2 N-GPS 表示技术的现状分析

产品几何规范的机器理解,首先涉及对产品几何规范内涵的把握。第一代 GPS 标准体系以几何学为基础,由三个 ISO 技术委员会分别制定的产品几何规范用于描述理想几何形状的工件,没有考虑几何规范与产品功能要求之间的联系,因此产品功能难以通过几何规范在 CAD 设计图样上表达出来[144]。在 ISO/DTR 14638:1999 的总体规划下,N-GPS 标准体系设计了一个通用标准矩阵[1],矩阵的"行"由组成零件的 18 类几何特征构成,矩阵的"列"则由几何规范的图样表达、公差定义、实际要素特征定义、工件误差评判、实际要素特征检验、计量设备要求以及计量设备标定等 7 个标准链环构成。按照 N-GPS 标准体系的要求,每一个几何规范均包含其几何特征 7 个链环的内容,明确了机器应该理解几何特征 7 个链环的内容。

法国工业和制造工程实验室的 Jean-Yves D 教授给予产品几何规范的定义是"在几何要素上的带约束的几何特征,这些几何要素是通过一系列操作从实际零件的非理想表面获得的"。基于 N-GPS 对偶性原理和操作算子理论,我们可以将 N-GPS 标准体系的核心概念及其联系用图 1-2 展示出来。几何要素是构成工件几何特征的点、线、面;表面模型是指工件和它的外部环境物理分界的几何模型,由几何要素集合而成。N-GPS 将几何特征划分为 18 类:尺寸偏差(4 类)、几何偏差(8 类)、波纹度(1 类)、粗糙度(1 类)、边缘误差(1 类)、表面缺陷(1 类)、其他(2 类)。此处偏差的含义包括公差、上/下偏差,有些文献称之为公差,有些文献称之为变动,用刻画特征的一组参数来表示。其中 8 类几何偏差又分为 6 种形状公差和 13 种位置公差(5 种定向公差、6 种定位公差和 2 种跳动公差)。

Jean-Yves D 等基于特征(线性距离/角度)的概念,提出了一种对 N-GPS 规范进行统一表达的图形语言 GeoSpelling。该方法利用表面模型代替传统的公称模型来表示公差,能够区分公差规范、分析和认证等各个不同阶段的几何要素。在参考文献[3]中基于 N-GPS 恒定类的定义,从零件-零件之间的装配定位约束关系入手,给出有几何功能需求的功能公差规范设计方法。浙江大学茅健博士[4]基于数学定义的公差数学模型,以数学公式的形式来描述和刻画几何要素的技术规范,给出了几何规范类型的生成规则与方法。该研究存在的局限是:只能表示 4 类尺度偏差的几何特征,还不能解决形状公差和位置公差的表示问题。其原因是将功能要求表达为几何规范存在隐性的约束关系,很难直接用于公差的分析和计算,导致这类几何规范 7 个链环之间的内容关联表示存在困难。

产品几何规范的知识表示

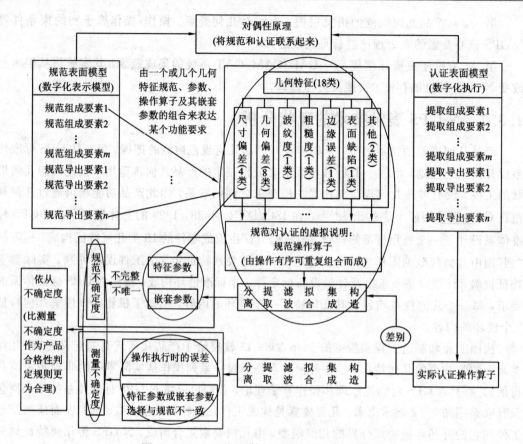

图1-2 N-GPS标准体系的核心概念及其联系

N-GPS通用矩阵的设计理念是：每个几何规范的链环结构将零件的功能要求、设计规范及检验认证有机地联系在一起。操作是获取形状公差和位置公差的数学工具，蒋向前等[1]给出了基准建立操作算子示例和位置度公差操作算子示例。张琳娜等[5]就操作算子应用于线性尺寸规范设计、表面粗糙度评定、纳米粗糙度评定、平面度误差评定、提取方案设计等方面开展了一系列研究。郑州大学在对获得几何要素特征的数字化操作算子的研究中，对采样、提取、拟合等操作能够达到数字化处理的要求，但"分离"操作的表示技术到目前为止还没有解决。钟艳如等[6]对表面粗糙度操作与操作算子等进行了基于不确定度的测量认证分析。Jean-Yves D[2]对约束条件采用存在量词∃和全称量词∀进行刻画，结合逻辑语言和自然语言给出了操作与操作算子的部分形式化语义。

到目前为止，按照N-GPS标准体系的要求，采用自然语言、符号语言与部分逻辑语言的方式，通过规范操作算子对设计所标注的几何规范给出了完整解释。但是部分形式化的表达方式，使得产品几何规范语义二义性依然存在。

在 N-GPS 标准体系下，目前几何规范与 CAX 系统的集成模式是将几何规范融入 STEP 标准，利用 STEP 标准作为 CAX 系统之间传递信息的中间媒介，GPS 与 CAX 系统集成模式如图 1-3 所示。几何规范在 CAX 系统之间传递采用的是图 1-(b) 所示间接数据交换方式，仍然需要开发接口实现数据交换。而且 STEP 系列标准侧重于数据交换，未充分考虑对知识交换与共享的需求，具体对几何规范中形状公差和位置公差的表示和交换仅限于语法层次；产品的功能操作、几何要求、约束条件等知识隐含在具体应用的知识库中，只有资深的设计工程师和工艺师才能理解这些数据的内涵，数据缺乏良好的语义显示功能，且无法给机器提供可理解的语义处理功能。N-GPS 部分核心概念的逻辑关系如图 1-4 所示。可见基于 STEP 标准，几何规范在 CAX 系统之间的数据传递与信息共享，缺乏语义显示与语义处理能力。

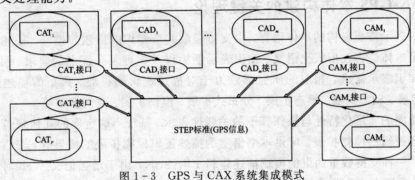

图 1-3　GPS 与 CAX 系统集成模式

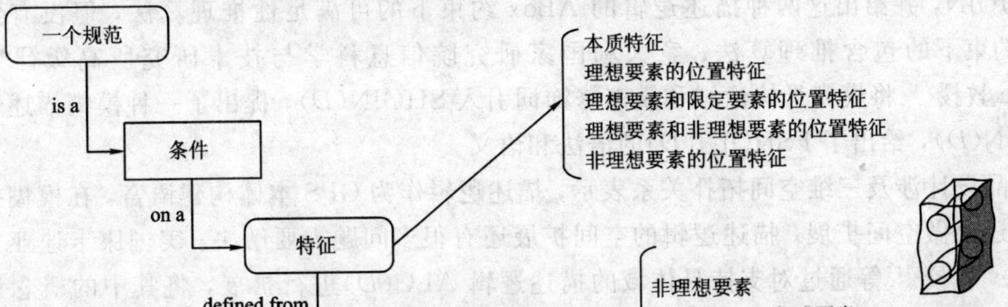

图 1-4　N-GPS 部分核心概念的逻辑关系

卜倩[7]基于本体技术在 STEP 中性文件中增加一个语义层，将产品数据进行语义扩展，实现数据的显示语义交换，但在该文献中存在 EXRPESS 文档和 STEP 物理文件与本体之间的规则转换问题，而 STEP 标准的形式化描述语言 EXPRESS 本身结构复杂；另外，该文献仅对产品数据的交换与共享的本体进行研究，产品几何规范位于产品数据底层，而产品数据的关键指标需要几何规范来刻画。STEP 标准将几何规范与产品数据放在同一层面，是导致系统过于庞大、复杂度高的根本原因。

有鉴于此，将产品几何规范的表达上升为产品功能等知识的表达，实现产品几何规范的知识级重用与共享，可通过构建 GPS 本体，将产品几何规范从产品数据中分离出来，为解决几何规范的语义二义性和知识级共享提供一个有效的思路。

1.3.3 N-GPS 本体构建的关键理论

本体的表示需要良构的本体语言，以支持领域共享知识的描述与推理。描述逻辑能够很好地满足本体语言在形式化语义、知识表示能力以及推理复杂性上的要求。目前，根据应用领域知识表示需求，相应的研究都致力于对描述逻辑的扩展。典型的描述逻辑扩展有：时序扩展、动态扩展、模态扩展、分布式扩展、模糊扩展、空间扩展等。

产品功能的非量化特性与操作算子的关联性表示、基于不确定度的几何规范测量认证均涉及描述逻辑的模糊扩展。可供本书借鉴的描述逻辑模糊扩展的成果有：李言辉和徐宝文[8]提出了一种支持数量约束的模糊描述逻辑 EFALCN，用于增强语义 Web 对模糊信息的表示、推理能力；希腊国立雅典理工大学的 Stoilos 教授[9]提出了模糊描述逻辑 f-SHIN 和 f-SHOIN，并给出这两种描述逻辑的 ABox 约束下的可满足性推理算法，但没有给出 TBox 约束下的包含推理算法；意大利国家研究院信息科学与技术研究所高级研究员 Straccia 教授[10]将模糊具体论域和模糊修饰词引入 SHOIN(D)，提出了一种模糊描述逻辑 FSHOIN(D)，给出了 FSHOIN(D) 的语法和语义。

产品设计涉及三维空间拓扑关系表示，描述逻辑作为 GPS 本体构建语言，在模糊扩展的同时还要做空间扩展。描述逻辑的空间扩展还有很多问题需要解决。美国康卡迪亚大学 Haarslev 教授[11]等通过对支持具体域的描述逻辑 ALC(D) 进行扩展，将其中的概念谓词构造算子扩充为角色构造算子，建立了描述逻辑 ALCRP(D)，但 ALCRP(D) 是不可判定的。德国汉堡大学 Kaplunnova 博士[12]在 ALCRP(D) 的基础上将二元角色推广为三元角色提出了 ALCRP^3(D)，能表达 RCC5、RCC8 等空间关系。但 ALCRP^3(D) 是针对 GIS 系统领域构建得到的，RCC5、RCC8 是 GIS 中的空间关系模型，其基本几何结构是像素，而 CAX 系统的基本几何结构是图元。

从分析描述逻辑的模糊扩展和空间扩展研究现状可知：处理基于不确定度的产品几何规范空间语义知识，需要语义 Web、基于空间拓扑关系的几何公差处理、不确定度处理三类知识，目前还没有出现能同时支持以上三方面推理的描述逻辑。在 N-GPS 标准体系领域本体构建理论和方法上，本书拟根据几何产品的空间拓扑关系、产品功能的非量化特性及基于不确定度理论的测量认证等知识表示需要，构建一种新的描述逻辑 GPS_DL。另外，由于几何规范的图元标注与测量认证还涉及几何要求与约束的相关规则，而描述逻辑不具有表示一般形式规则的能力，为此在引入语义网规则语言（SWRL，Semantic Web Rule Language），基于描述逻辑 GPS_DL 构建本体库的同时，还要基于 SWRL 建立几何要求与约束规则库。

构建一种新的描述逻辑需要设计该描述逻辑的可满足性判定算法，证明该算法的可终止性、可靠性和完备性，分析该算法的推理复杂度，完成这些内容还有相当的难度，目前的研究进展还未能构建出产品几何规范描述逻辑 GPS_DL。为此本书采用另一种途径：通过为要素的几何变动定义一个具体域 D_{GFV}，进而得到了 $ALC(D_{GFV})$。$ALC(D_{GFV})$ 将逻辑对象划分为抽象逻辑对象和具体逻辑对象，二者通过特征进行关联。具体逻辑对象之间的关系由特定的谓词来刻画。在这些谓词的基础上，抽象逻辑对象的属性也可通过谓词构成概念构造子进行刻画。

第二章 N-GPS 的基本理论

2.1 概　　述

2.1.1 N-GPS 标准体系结构

1993 年 3 月，在丹麦 P. Bennich 博士的建议下，ISO 成立了联合协调工作组(ISO/TC 3－10－57/JHG)，于 1995 年颁布了 ISO/TR 14638"GPS 总体规划"，并在 1996 年 6 月撤销了原隶属三个 ISO/TC 负责的标准领域技术委员会，成立了新的技术委员会(ISO/TC 213)全面负责构建一个新的、完整的产品几何技术规范国际标准体系，即 N-GPS 标准体系。

新一代的 GPS 标准体系应用物像对应原理，以计量数学为基础把用不确定度的传递关系标准和计量联系起来，从而使产品的功能、规范、加工和认证等集成于一体。在规范制定以及认证范围内调节资源的高效分配，彻底解决长期以来一直困扰人们的基于几何学理论的技术标准的缺点，以及由于标准与实际测量方法的不统一而引起的评估纠纷。N-GPS 标准体系为产品设计、制造及计量测试人员提供一套共同的语言，建立一个交流平台，其基本框架如图 2－1 所示。

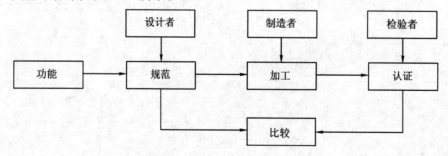

图 2－1　N-GPS 的基本框架

N-GPS 标准体系的诞生，是对第一代 GPS 标准体系的重大改进，它标志着标准和计量进入了一个全新时代。N-GPS 标准体系的突出特点概括起来主要有以下几点：一是系统性、科学性、并行性强；二是理论性、规律性、可描述性强；三是应用性、可操作性强；四是与 CAX 的信息集成性强。

目前，N-GPS 标准体系的基本框架已经建立，国际上的最新工作主要聚焦于发展和完

善进而建立 N-GPS 标准体系,其发展趋势可以概括为以下几点:
(1) 功能、规范、加工和认证的一体化;
(2) 控制功能进一步加强;
(3) 应用简单化。

2.1.2　N-GPS 系统模型

N-GPS 按系统工程和系统建模的思想,自顶向下构建了一系列信息模型,主要作用为:
(1) 理清了标准体系的层次关系,形成矩阵模型;
(2) 理清了标准之间的协调关系,形成标准链;
(3) 规范了工件几何定义的依据,定义了表面模型;
(4) 规范了工件几何精度的过程控制,定义了操作和操作集;
(5) 提出了产品研发全过程的不确定度概念,形成扩展的不确定度概念模型;
(6) 基于表面模型,全面规范了几何要素的术语定义。

N-GPS 以计量数学为基础,以表面模型、几何要素、操作/操作算子、规范与认证等为相关理论框架和关键技术,N-GPS 标准体系建模框图如图 2-2 所示。

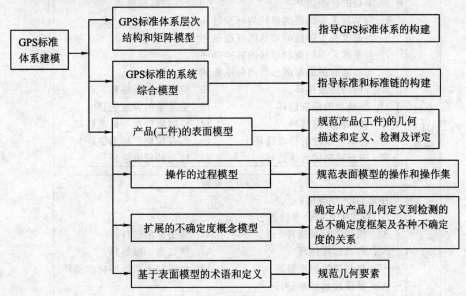

图 2-2　N-GPS 标准体系建模框图

N-GPS 标准体系模型的构建考虑了以下因素:
(1) 产品几何规范的建立贯穿产品几何特性控制的全过程,形成规范链(标准链);确定规范之间的关系,实现概念统一、要求协调、有机衔接,如图 2-3 所示。

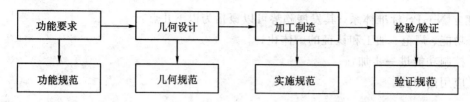

图 2-3 N-GPS 标准链图

(2) 按对偶性原则建立一一对应的规范，保持规范体系的完整性和协调性。

(3) 以扩展的不确定度概念将所有规范关联起来。

GPS 标准分为 4 类：基础 GPS 标准、综合 GPS 标准、通用 GPS 标准、补充 GPS 标准。N-GPS 标准体系结构矩阵模型如图 2-4 所示。

基础 GPS 标准	综合 GPS 标准		
	影响一些或全部的通用 GPS 标准链的 GPS 标准或相关标准		
	通用 GPS 矩阵		
	通用 GPS 标准链：		
	1. 尺寸的标准链环		2. 距离的标准链环
	3. 半径的标准链环		4. 角度的标准链环
	5. 与基准无关的线的形状的标准链环		
	6. 与基准有关的线的形状的标准链环		
	7. 与基准无关的面的形状的标准链环		
	8. 与基准有关的面的形状的标准链环		
	9. 方向的标准链环		10. 位置的标准链环
	11. 圆跳动的标准链环		12. 全跳动的标准链环
	13. 基准的标准链环		14. 轮廓粗糙度的标准链环
	15. 轮廓波纹度的标准链环		16. 综合轮廓的标准链环
	17. 表面缺陷的标准链环		18. 棱边的标准链环
	补充 GPS 矩阵		
	补充 GPS 标准链：		
	A. 特定工艺的公差标准		
	A1. 机加工标准链环		A2. 铸造标准链环
	A3. 焊接标准链环		A4. 热切削标准链环
	A5. 塑料浇注标准链环		A6. 金属和无机镀层标准链环
	A7. 油漆涂层标准链环		
	B. 机械零件几何标准		
	B1. 螺纹标准链环		B2. 齿轮标准链环
	B3. 花键标准链环		

图 2-4 N-GPS 标准体系结构矩阵模型

2.1.3 N-GPS 体系框架

ISO/TR 14638 给出了 N-GPS 体系的总体结构，称为 GPS Masterplan，如图 2-5 所示。它包括 4 种类型的 GPS 标准：全局、基础、通用和补充 GPS 标准，大约由 200 多个 ISO、ISO/TR 及 ISO/TS 文件组成。它包含了 GPS 的应用范围，以及其所涉及的标准与计量中的基本技术问题。

		全局 GPS 标准						
		通过 GPS 标准链						
	标准链	1	2	3	4	5	6	7
	几何要素特征	产品图样表达	公差定义	实际要素特征定义	工件误差评判	实际要素检验	计量设备要求	计量设备标定
基础 GPS 标准	1 尺寸							
	2 距离							
	3 半径							
	4 角度							
	5 与基准无关的线的形状							
	6 与基准有关的线的形状							
	7 与基准无关的面的形状							
	8 与基准有关的面的形状							
	9 方向							
	10 位置							
	11 圆跳动							
	12 全跳动							
	13 基准							
	14 轮廓粗糙度							
	15 轮廓波纹度							
	16 基本轮廓							
	17 表面缺陷							
	18 棱边							
		补充 GPS 标准						

图 2-5 GPS 的总体结构

1. 基本 GPS 标准

基础 GPS 标准(Fundamental GPS standards)是确定尺寸和公差的基本原则,建立 GPS 基本结构和关系的标准。包括两个标准:ISO 8015 公差的基本原则和 ISO/TR 14638 总体规划大纲。

2. 全局(综合)GPS 标准

全局 GPS 标准(Global GPS standards)涉及、影响几何或全部的通用 GPS 标准和补充 GPS 标准。它主要包括通用原则和定义标准,如测量的基准温度,几何特征,尺寸、公差、通用计量学名词术语与定义,测量不确定度的评估等。全局 GPS 标准直接或间接地影响通用 GPS 标准链。在全局 GPS 标准中最重要的是"ISO 1 长度测量温度参考"标准、"ISO 14660-1 几何要素的术语和定义"标准与"ISO 17450 GPS 的基本概念"和"ISO 14253 测量不确定度"系列标准以及"VIM 国际标准计量基本和通用术语"与"GUM 测量不确定度表述指南"两个技术文件,它们在 GPS 中起着重要的核心作用,被归为全局 GPS 标准。

3. 通用 GPS 标准

通用 GPS 标准(General GPS standards)是 GPS 标准的主体,用来确立零件的不同几何特性在图样上表示的规则、定义和检验原则等标准。通用 GPS 标准构成了一个 GPS 矩阵,其中"行"是不同几何要素的分类,"列"是标准与计量。矩阵中每一行构成一个标准链,给出了从设计规范、检测技术到比对原则和量值溯源的标准关系。在通用 GPS 标准矩阵中包括 18 种几何要素,每一种几何要素对应一个标准链,每个标准链由 7 个环组成,每个环中至少包含一个标准,它们之间相互关联,并影响着其他环中的标准。图 2-6 给出了一个直线度的标准链结构例子。

链环号	1	2	3	4	5	6	7
参数	图样标准	公差定义	实际要素定义	工件误差评判	检验/认证	检测仪器	仪器标定
直线度	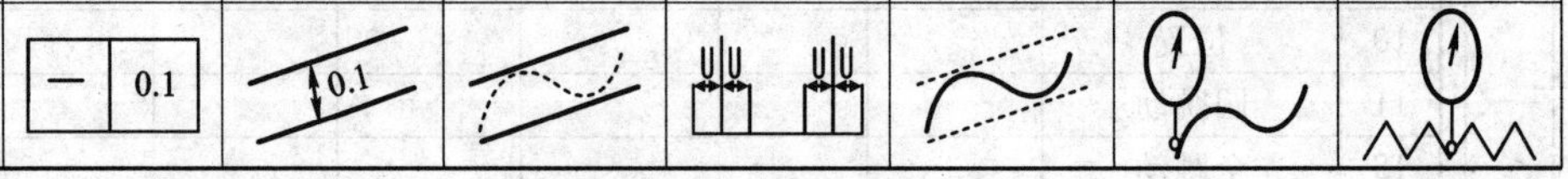 — 0.1	0.1					

图 2-6 直线度标准链结构示例

通用 GPS 标准矩阵中 7 个环的内容和意义如下:

(1) 环 1:产品文件标注——法规,表达工件特征图样标注的有关标准。图样标注时经常使用一些代号代表几何特征的符号。这部分标准定义了代号的表示和使用及相关"语法"规则。这些代号之间的微小差异,会造成其含义上的较大变化。

(2) 环 2:公差定义——理论定义及其数值,用相关代号表示公差及规范值定义的有关系列标准。这部分标准定义了代号转换规则,即如何将公差代号转化为"人们能够理解的"(口头的)和"计算机能够理解的"(数学的)数值表达,反之亦然。该环中还包括关联公差中理论正确要素及特征的定义。

(3) 环 3：实际要素的特征、参数及定义。这部分标准的目的是补充、扩展理想要素的含义，以便与图样中公差标注（代码符号）对应的非理想几何体（实际要素特征）也能清楚地定义。该环中实际要素的定义是基于一系列数值点。为帮助人们对定义的理解和计算机计算，实际要素应该以语言描述和数学表达的方式予以定义，以便约定人们的思维习惯和计算机计算。

(4) 环 4：工件误差评判——与公差极限比较，比较认证标准。这些标准在兼顾环 2 和环 3 定义的同时，定义了工件误差评定的详细要求。该环中的标准规范比较测量结果和公差极限的详细规则，将测量或检验过程的不确定度考虑在内，验证工件是否符合标注的几何特征及相关公差。

(5) 环 5：几何要素检验/认证，有关检验过程和检验方法的标准。它用于描述提取要素的计量和数学处理方法。

(6) 环 6：计量器具要素，描述特定测量器具的标准。这部分标准定义了测量器具的特性，这些特性影响测量过程和测量器具本身的不确定度。该标准中还包括测量器具已定义的最大允许极限误差值。

(7) 环 7：计量器具特性的定标和校准。它可对环 6 中描述的测量器具进行定标和校准，规定计量标准的特性。

4. 补充 GPS 标准

补充 GPS 标准（Complementary GPS standards）是对通用 GPS 标准在要素特定范畴的补充规定。这些规定是基于制造工艺和要素本身的类型而提出的。它包含特定的特征和要素制图标注方法、定义以及验证原理。这些标准中，一部分与加工类型有关，如切削加工、铸造、焊接等；另一部分与机械要素的几何特征有关，如螺纹、键、齿轮等。

N-GPS 贯穿于产品的设计、制造与认证（检验）的整个过程中，并将它们联成一个整体。因此 N-GPS 标准体系的构成特点可归纳为"一个方针、两个基础、两大原则"。

(1) 一个方针：成为提高产品开发和制造效率的有效工具。

(2) 两个基础：

① 以 ISO/TR 14638"GPS 总体规划"给出的标准矩阵作为体系的结构基础。

② 以 ISO 14659"GPS 基本原则"作为体系的原则基础。

(3) 两大原则：

① 功能控制原则：为精确地描述功能提供丰富的语言，建立数学模型，实现功能、设计、检验系统的联系和全方位的规范化。每个标准应做到：

• 明确性。全局 GPS 标准要给出完善的定义和规则以及数学语言的表达，以保证几何特性功能要求在图样上表达的准确性、唯一性及特性值的可溯源性。

• 完整性。通用 GPS 标准要考虑各种的可能性，使其能表达涉及工件广泛的功能要求。

- 独立性。每个GPS标准要求具有独立性，且相关标准之间互补。

② 简化及最小成本原则：在满足功能要求的前提下体现简化原则，建立一套全球一致的缺省定义和准则，以简化制图和提高生产效率。用"不确定度"作为经济杠杆进行整体资源的优化与分配，以最小的成本获取最大的效益。

2.1.4 N-GPS体系特点

N-GPS语言的核心是以计量数学为基础，利用扩展后的"不确定度"的量化统计特性和经济杠杆作用，统筹优化过程资源的配置，促进产品质量的提高、成本的降低和更新换代速度的加快。

新一代语言将着重于提供一个更加丰富、清晰的交流工具和一套更大范围的评定工具来满足产品几何功能的要求。

1. N-GPS的必要性

(1) 需要N-GPS为设计、生产、计量人员之间建立一个交流、沟通的平台；

(2) 需要采用先进计量技术的N-GPS，为工件的检验提出一个综合的评定准则；

(3) 需要N-GPS为软件设计、数据传递和应用提供完整的数学工具；

(4) 需要N-GPS为全球性的商业贸易建立统一、全面、明确、具有约束力的技术条款；

(5) 需要N-GPS为企业实施ISO 9000管理标准体系提供必不可少的技术标准。

2. N-GPS现存问题

(1) 提出了GPS的矩阵模型，但目前还没有在此基础上开发和建立起来的标准集成体系应用于CAX系统。

(2) 提出了对偶性原理，但对偶性的两个方面，即规范和认证如何加强对产品功能的控制还需要进一步研究。

(3) 与CAX技术和坐标测量技术的集成还不够。

(4) 如何实现总体不确定度的合理分配，特别是规范不确定度的确定问题，以及如何确定操作链的全球缺省和企业缺省还需进行深入研究。

存在以上问题的主要根源是产品几何规范的表示技术难以达到计算机理解的程度。

3. N-GPS的发展趋势

(1) 一体化。将产品的规范、加工和认证作为一个整体来考虑，为产品功能需求的表达提供更为精确的方法。

(2) 控制功能。GPS标准体系的基本原则是通过控制设计阶段的几何和材料特性来控制工件的设计功能。

(3) 简单化。未来的GPS标准体系要比现在的更为丰富、精确和详细，为了降低图纸标注的复杂性,有必要在保证逻辑一致性的前提下,简化一般问题的标注。

2.2 几何要素

在 N-GPS 语言中,几何要素扮演了重要的角色。几何要素(Geometrical Feature)简称要素,是指构成工件几何特征的点、线、面。一个产品可以递归地定义为零件间的装配,其中零件以几何要素为边界,而几何要素由几何约束(Geometrical Constraint)规定其状况。显然,就几何产品规范而言,若以零件为底层进行递归分解,则往往无法达到理想的效果。为了解决此问题,引入几何要素的概念,无论是相同的零件还是不同的零件,几何要素间的关系由几何约束唯一确定,它们的组合可逆流向上构成零件和产品。

2.2.1 几何要素的分类

几何要素在 N-GPS 标准几何产品的设计、加工和认证检验过程中起着非常重要的作用。不同的设计者可根据自身的需要,将某产品分解为不同的零件,然而分解得到的几何要素是具有唯一性的。

几何要素从大的方面可分为两种:即理想要素和依赖于非理想表面模型(规范表面模型和认证表面模型)的有缺陷的要素即非理想要素;它们是由参数化方程所定义的几何要素。根据几何产品的设计、制造和检验三个阶段,在满足描述零件的功能要求下,为了描述几何要素在图样表达上的差别,可将几何要素划分为组成要素和导出要素两大类。

几何要素的分类如图 2-7 所示。

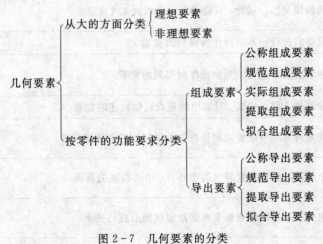

图 2-7 几何要素的分类

图 2-7 中关于要素的术语可用图 2-8 所示的圆柱解释。

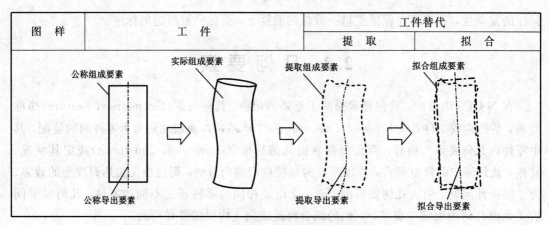

图 2-8 以圆柱为例对要素术语的解释

2.2.2 几何要素之间的关系

N-GPS 主要是基于数学的方法,根据工件的功能需求对几何要素进行详细分类,各类要素对照表如表 2-1 所示。

表 2-1 各类要素对照表

名 称	定 义	理想要素	非理想要素
组成要素	表面模型的一部分,可能是若干个表面、线或点	√	√
公称组成要素	公称表面模型的一部分,可能是若干个表面、线或点	√	×
导出要素	对组成要素进行一系列操作所得到的要素	√	√
公称导出要素	对公称组成要素进行一系列操作所得到的要素	√	×
实际要素	由无数测量连续点构成,只能用测量点近似描述的要素	×	√
提取组成要素	根据规定对实际组成要素测量有限点得到的近似替代要素	×	√
提取导出要素	由若干个提取组成要素导出的中心点、中心线或偏移面	×	√
拟合组成要素	用理想要素与提取组成要素根据特定规则形成的要素	√	×
拟合导出要素	由若干个组成要素导出的中心点、中心线或偏移面	√	×

第二章 N-GPS 的基本理论

以图 2-9 所示各几何要素示例为例,对以上介绍的各个几何要素术语进行说明。圆柱体表面理想,可以看做一个公称组成要素,其轴线属于公称导出要素。通过对实际要素进行提取操作,得到提取组成要素,在其基础上进行有规则的算法操作,如最大内切圆算法,可以得到其中心轴线,即为提取导出要素。将公称组成要素与提取导出要素进行拟合操作,在一定的规范下进行拟合,得到拟合组成要素。拟合组成要素具有一定的误差,但是在误差范围之内,可以作为工件的替代品。

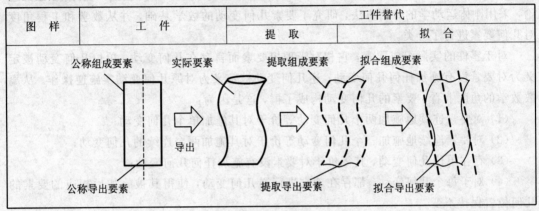

图 2-9　各几何要素示例

在工件从设计、生产到检验/认证的不同阶段,几何要素也要进行详细的分类。此时各类几何要素间的关系如图 2-10 所示,在水平方向上和竖直方向上都表示几何要素之间的差别,但水平方向上的几何要素不是实际存在的,而是根据工件表面导出的。竖直方向上的几何要素包含了工件从规范、制造到检验/认证的各阶段。

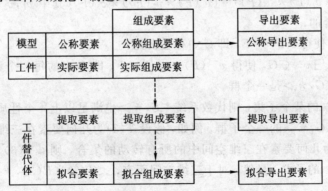

图 2-10　各类几何要素间的关系

根据工件设计的不同阶段,N-GPS 将几何要素分为三个领域:规范领域、物理领域、认证领域。它们分别存在于设计者想象的几何要素、实际工件的几何要素、检验/认证阶段,是由检验者通过操作运算获取的几何要素。

2.3 要素的几何变动

2.3.1 几何变动中的 7 个恒定类

美国国家标准技术研究所高级研究员、哥伦比亚大学 Srinivasan 教授[25]根据对称群理论,采用刚体运动学的分析方法,研究了要素几何变动的数学基础,并从数学和工程角度对几何要素进行了分类。

对于零件的实际组成要素,它相对于理想要素而言存在几何变动。单位几何变动被定义为对要素没有施加任何几何变动;逆几何变动被定义为对原几何变动实施逆操作。从离散数学的角度上看,要素的几何变动构成了群,这是因为:

(1) 对要素连续地施加两个几何变动等价于对其施加单个几何变动;

(2) 对要素连续地施加三个几何变动等价于对其施加两个连续的几何变动;

(3) 存在单位几何变动,其等价于对要素没有施加任何几何变动;

(4) 对于每个几何变动,都存在着它进行逆几何变动,使得其被施加后相应的要素的几何位置保持不变。

设 $<G, *>$ 是一个代数系统(其中 G 为几何变动的集合,$*$ 为几何变动运算);v 为几何变动;F 为几何要素的集合;$v(F)$ 为对 F 实施几何变动后的结果;i 为单位几何变动;v^{-1} 为 v 的逆几何变动,则以上结论的形式化证明如下:

(1) $\forall v_1, v_2 \in G$,若 $v_3(F) = v_1(F) * v_2(F)$,则 $v_3 \in G$,即 $*$ 运算对 G 封闭;

(2) $v_1(F) * (v_2(F) * v_3(F)) = (v_1(F) * v_2(F)) * v_3(F)$(其中 $v_1, v_2, v_3 \in G$),即在 G 中 $*$ 运算是可结合的;

(3) $\exists i \in G$,使得 $i(F) = F$,即 G 中存在幺元;

(4) $\forall v \in G, \exists v^{-1} \in G$,使得 $v^{-1}(F) * v(F) = F$,即 G 中的每一个元素都存在逆元。因此,代数系统 $<G, *>$ 是一个群。

设 S 是集合 G 的某个子集,则代数系统 $<S, *>$ 也满足以上 4 个性质,即 $<S, *>$ 也是一个群,且是 $<G, *>$ 的一个子群。例如,假设 $T(3)$ 为几何要素在三维空间中的所有平动的集合,$R(3)$ 为几何要素在三维空间中的所有转动的集合,则 $<T(3), *>$ 和 $<R(3), *>$ 都是 $<G, *>$ 的子群。显然,对于三维空间而言,$<T(3) \times R(3), *>$ 和 $<G, *>$ 是等价的。

文献[25]指出,$<T(3) \times R(3), *>$ 是 Lie 群,在它的所有 Lie 子群中,存在与几何变动相关的 Lie 子群。设 $<G, *>$ 是一个代数系统(其中 G 为几何变动的集合,$*$ 为几何变动运算),v 为几何变动,i 为单位几何变动,pt 为任意固定点,sl 为任意固定直线,pl 为任意固定平面,sp 为欧氏空间,$R(x)$ 为几何要素绕 x 的所有转动的集合,$T(x)$ 为几何要素

第二章 N-GPS 的基本理论

沿 x 的所有平动的集合，$S(x,\mu)$ 为几何要素关于 x 的螺距为 μ 的螺旋集，则与几何变动相关的 Lie 子群有如下 12 个：

(1) $<\{v\},*>$；
(2) $<\{i\},*>$；
(3) $<R(\text{pt}),*>$；
(4) $<T(\text{sl}),*>$；
(5) $<T(\text{pl}),*>$；
(6) $<T(\text{sp}),*>$；
(7) $<R(\text{sl})\times T(\text{sl}),*>$；
(8) $<R(\text{sl})\times T(\text{sp}),*>$；
(9) $<S(\text{sl},\mu),*>$（其中 $\mu\neq 0$）；
(10) $<S(\text{sl},\mu)\times T(\text{pl}),*>$（其中 $\mu\neq 0$ 且 sl⊥pl）；
(11) $<R(\text{sl}),*>$；
(12) $<R(\text{sl})\times T(\text{pl}),*>$（其中 sl⊥pl）。

为了进一步研究以上 12 个 Lie 子群，参考文献[25]给出了仅仅处理几何变动的自同构概念的定义。在欧氏空间中，几何要素的集合 S 的自同构 Aut(S) 是保持 S 不变的几何变动的集合，即 aut(S)=$\{v\mid \forall v\in G$ 且 $v(S)=S\}$。设 v 为几何变动；$v(S)$ 为对 S 实施几何变动后的结果；i 为单位几何变动；v^{-1} 为 v 的逆几何变动，下面证明<aut(S),*>是一个群：

(1) $\forall v_1,v_2\in$ aut(S)，若 $v_3(S)=v_1(S)*v_2(S)=S$，则 $v_3\in$ aut(S)，即*运算对 aut(S)封闭；

(2) 若 $v_1,v_2,v_3\in$ aut(S)，则 $v_1,v_2,v_3\in G$，从而 $v_1(S)*(v_2(S)*v_3(S))=(v_1(S)*v_2(S))*v_3(S)$，即在 aut($S$)中*运算是可结合的；

(3) 因为 $i(S)=S$，故 $i\in$ aut(S)，即 aut(S)中存在幺元；

(4) 因为 $\forall v\in G$，$\forall v^{-1}\in G$，使得 $v^{-1}(S)*v(S)=S=v(S)$，故 $v^{-1}(S)=i(S)$，从而 $v^{-1}\in$ aut(S)，即 aut(S)中的每一个元素都存在逆元。

所以，代数系统<aut(S),*>是一个群。事实上，由于 aut(S)是 G 的一个子集，故<aut(S),*>是<G,*>的一个子群。那么，<aut(S),*>是不是<G,*>的一个 Lie 子群呢？对于这个问题，文献[25]给出了答案：

(1) 若 S 是封闭的，则<aut(S),*>是<G,*>的 Lie 子群；

(2) 若 cl(S)\S 是封闭的，则<aut(S),*>是<G,*>的 Lie 子群（其中 cl 表示集合的闭包，\表示集合的差分）。

第(2)条对几何建模来说是非常具有普遍性的，在几何建模中使用的集合和它们的边界元素都满足该条件，因此，在以下应用中，可认为<aut(S),*>是<G,*>的 Lie 子

— 21 —

群,从而$<\text{aut}_0(S),*>$是$<G,*>$的连通 Lie 子群,其中 $\text{aut}_0(S)$ 表示包含单位几何要素的 $\text{aut}(S)$ 的连通子集。所以,$\text{aut}_0(S)$ 必定属于以上所列的 12 个 Lie 子群中的一个。然而,在 12 个 Lie 子群中,第(1)、(6)、(8)、(10)和(12)所列 Lie 子群不能保证集合 S 不变,即不满足自同构,故它们都是非对称的 Lie 子群。因此,12 个 Lie 子群中还剩 7 个对称的 Lie 子群,它们分别是:

(1) $<R(\text{pt}),*>$;

(2) $<R(\text{sl})\times T(\text{sl}),*>$;

(3) $<T(\text{pl}),*>$;

(4) $<S(\text{sl},\mu),*>$(其中 $\mu\neq 0$);

(5) $<R(\text{sl}),*>$;

(6) $<T(\text{sl}),*>$;

(7) $<\{i\},*>$。

如果将几何要素视为一个刚体,根据刚体运动学,其在空间的位移可通过 6 个自由度参数来描述。刚体在空间的变动(Variation)有平动(Translation)和转动(Rotation),与之对应的自由度分别为平动自由度 TDOF 和转动自由度 RDOF。当要素沿 x、y、z 轴方向变动(平动或转动)时,要素的形状、尺寸和位置保持不变的特性称为恒定度(Degree Of Invariableness,DOI);反之则称为自由度(Degree Of Freedom,DOF)。以图 2-11 所示的点、直线和平面为例,点只有 x、y、z 三个方向平动的 DOF(见图 2-11(a));直线只有沿 x、y 两个方向平动和绕 x、y 两个方向转动的 DOF(见图 2-11(b));平面只有沿 x 方向平动和绕 y、z 两个方向转动的 DOF(见图 2-11(c))。

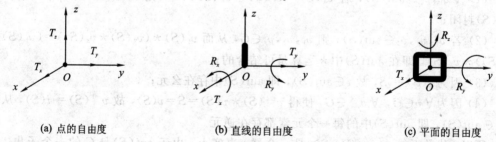

(a) 点的自由度　　　　(b) 直线的自由度　　　　(c) 平面的自由度

图 2-11　点、直线和平面的自由度

各局部坐标系建立得不一样,各几何要素具有的 DOF 也不一样。但是,无论要素在空间的位置如何,总有如下表达式成立:

DOF (feature) $\cap$ DOI (feature) $= \varnothing$

DOF (feature) $\cup$ DOI (feature) $= \{T_x, T_y, T_z, R_x, R_y, R_z\}$

其中,DOF (feature) 表示由几何要素 feature 的所有自由度组成的集合;DOI (feature) 表示由几何要素 feature 的所有恒定度组成的集合;T_x、T_y、T_z 分别为几何要素

第二章 N-GPS 的基本理论

沿 x、y、z 轴的平动；R_x、R_y、R_z 分别为几何要素绕 x、y、z 轴的转动。

为了使产品几何规范与几何要素紧密相连，根据以上得出的 7 个对称的 Lie 子群，可以将 N-GPS 中的理想要素分为如表 2-2 所示的 7 个恒定类。

表 2-2　N-GPS 中的 7 个恒定类

对称的 Lie 子群	实际组成要素	符号	拟合导出要素	$aut_0(S)$	DOIs	DOFs
$<R(pt), *>$		Spherical	Point	$R(3)$	R_x, R_y, R_z	T_x, T_y, T_z
$<R(sl) \times T(sl), *>$		Cylindrical	Line	$T(1) \times R(1)$	T_y, R_y	T_x, T_z, R_x, R_z
$<T(pl), *>$		Planar	Plane	$T(2) \times R(1)$	T_x, T_y, R_z	T_z, R_x, R_y
$<S(sl,\mu), *>$		Helical	(Point, Line)	$T(1) \times R(1)$	T_y, R_y	T_x, T_z, R_x, R_z
$<R(sl), *>$		Revolute	(Point, Line)	$R(1)$	R_y	T_x, T_y, T_z, R_x, R_z
$<T(sl), *>$		Prismatic	(Line, Plane)	$T(1)$	T_y	T_x, T_z, R_x, R_y, R_z
$<\{i\}, *>$		Complex	(Point, Line, Plane)	I	$\varnothing$	$T_x, T_y, T_z, R_x, R_y, R_z$

在表2-2中，$\mu \neq 0$，Spherical、Cylindrical、Planar、Helical、Revolute、Prismatic 和 Complex 分别表示球面、圆柱面、平面、螺旋面、旋转面、棱柱面和复杂面；Point、Line 和 Plane 分别表示点、直线和平面；$T(n)$ 为保持几何要素在空间位置恒定的 n 个独立的平动；$R(m)$ 为保持几何要素在空间位置恒定的 m 个独立的转动；I 为单位几何变动；T_x、T_y、T_z 分别为几何要素沿 x、y、z 轴的平动；R_x、R_y、R_z 分别为几何要素绕 x、y、z 轴的转动。

2.3.2 几何变动中的空间关系

为了方便描述，用一个三元组 (M, N, f) 来表示一个几何要素的变动，其中 M 为约束要素，N 为被约束要素，f 为 M 对 N 施加的几何变动。事实上，f 是从 M 到 N 的映射，即 $f: M \rightarrow N$。

对于几何变动中的7个恒定类，若令 M 为某零件中的一个拟合导出要素，N 为 M 对应的实际组成要素，则可得到如表2-3所示的7种自约束几何变动。

表2-3 自约束几何变动

标记	约束要素	被约束要素	空间关系	DOFs
S1	Point	Spherical	Constrain	$T(3)$
S2	Line	Cylindrical	Constrain	$T(2)$, $R(2)$
S3	Plane	Planar	Constrain	$T(1)$, $R(2)$
S4	(Point, Line)	Helical	Constrain	$T(2)$, $R(2)$
S5	(Point, Line)	Revolute	Constrain	$T(3)$, $R(2)$
S6	(Line, Plane)	Prismatic	Constrain	$T(2)$, $R(3)$
S7	(Point, Line, Plane)	Complex	Constrain	$T(3)$, $R(3)$

在表2-3中，Point、Line 和 Plane 分别表示点、直线和平面；Spherical、Cylindrical、Planar、Helical、Revolute、Prismatic 和 Complex 分别表示球面、圆柱面、平面、螺旋面、旋转面、棱柱面和复杂面；Constrain 表示约束；$T(n)$ 为保持几何要素在空间位置恒定的 n 个独立的平动；$R(m)$ 为保持几何要素在空间位置恒定的 m 个独立的转动。

类似地，若令 M 为某零件中的一个拟合导出要素，N 为该零件中的另一个拟合导出要素，则可得到49种互约束几何变动。令 DOF_1 表示一个约束要素的所有自由度组成的集合，DOF_2 表示该约束要素对应的被约束要素的所有自由度组成的集合，DOF_C 表示由以上约束要素和被约束要素确定的互约束几何变动的自由度，则规定：$DOF_C = DOF_1 \cap DOF_2$。

为了简化公差设计，规定三元组 (M, N, f) 中 M 和 N 的取值只能是单一的点 (Point)、直线 (Line) 或平面 (Plane)，其他复杂的取值均可分解为多个简单取值。例如，在图2-12所示旋转面与平面之间几何变动中，互约束几何变动"(pt1, sl1)→pl2"可分解为两个互约束几何变动"pt1→pl2"和"sl1→pl2"。

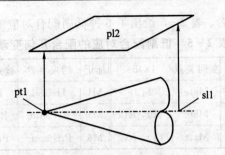

图 2-12 旋转面与平面之间的几何变动

按照以上规定，在 49 种互约束几何变动中，有 27 种几何变动的约束要素和被约束要素均为单一的点、直线或平面。将这 27 种互约束几何变动称为基本互约束几何变动。在表 2-4 所示的基本互约束几何变动中，几何要素之间的空间关系有 7 种，分别为重合 (Coincide)、分离 (Disjoint)、包含 (Include)、平行 (Parallel)、垂直 (Perpendicular)、斜交 (Intersect) 和异面 (Nonuniplanar)。

表 2-4 基本互约束几何变动

约束要素 \ 被约束要素	Point2			Line2			Plane2		
	标记	空间关系	DOFs	标记	空间关系	DOFs	标记	空间关系	DOFs
Point1	C1	Coincide	$T(3)$	C3	Include	$T(2)$	C5	Include	$T(1)$
	C2	Disjoint	$T(3)$	C4	Disjoint	$T(2)$	C6	Disjoint	$T(1)$
Line1	C7	Include	$T(2)$	C9	Coincide	$T(2),R(2)$	C14	Include	$T(1),R(1)$
	C8	Disjoint	$T(2)$	C10	Parallel	$T(2),R(2)$	C15	Parallel	$T(1),R(1)$
	—			C11	Perpendicular	$T(1),R(1)$	C16	Perpendicular	$R(2)$
	—			C12	Intersect	$T(1),R(1)$	C17	Intersect	$R(2)$
	—			C13	Nonuniplanar	$T(1),R(1)$			
Plane1	C18	Include	$T(1)$	C20	Include	$T(1),R(1)$	C24	Coincide	$T(1),R(2)$
	C19	Disjoint	$T(1)$	C21	Parallel	$T(1),R(1)$	C25	Parallel	$T(1),R(2)$
	—			C22	Perpendicular	$R(2)$	C26	Perpendicular	$R(1)$
	—			C23	Intersect	$R(2)$	C27	Intersect	$R(1)$

在表 2-4 中，Point、Line 和 Plane 分别表示点、直线和平面；$T(n)$ 为保持几何要素在空间位置恒定的 n 个独立的平动；$R(m)$ 为保持几何要素在空间位置恒定的 m 个独立的转动。

对于几何变动 (M,N,f)，若令 M 为某零件的一个实际组成要素，N 为另一零件的一个实际组成要素，且 M 和 N 具有配合关系，则可得到 49 种配合几何变动。工程上常用的有 6 种配合，在参考文献 [26] 中称之为低副配合，其余 43 种配合称为高副配合，所有的高副配合都可转化为低副配合。表 2-5 给出了 6 种低副配合对应的配合几何变动。

表 2-5 低副配合对应的配合几何变动

标记	约束要素	被约束要素	空间关系	DOFs	标记	约束要素	被约束要素	空间关系	DOFs
M1	Spherical	Spherical	Mate	$T(3)$	M4	Helical	Helical	Mate	$T(2)$，$R(2)$
M2	Cylindrical	Cylindrical	Mate	$T(2)$，$R(2)$	M5	Revolute	Revolute	Mate	$T(3)$，$R(2)$
M3	Planar	Planar	Mate	$T(1)$，$R(2)$	M6	Prismatic	Prismatic	Mate	$T(2)$，$R(3)$

在表 2-5 中，Spherical、Cylindrical、Planar、Helical、Revolute 和 Prismatic 分别表示球面、圆柱面、平面、螺旋面、旋转面和棱柱面；Mate 表示配合；$T(n)$ 为保持几何要素在空间位置恒定的 n 个独立的平动；$R(m)$ 为保持几何要素在空间位置恒定的 m 个独立的转动。

由表 2-3、表 2-4 和表 2-5 可以得到一个完备的几何要素之间的空间关系的集合，其元素包括约束(Constrain)、重合(Coincide)、分离(Disjoint)、包含(Include)、平行(Parallel)、垂直(Perpendicular)、斜交(Intersect)、异面(Nonuniplanar)和配合(Mate)。这些空间关系的形式化定义将在下一章给出。

2.4 表面模型

2.4.1 表面模型的分类与定义

在 N-GPS 系统中，表面模型(Surface Model)起着"功能描述—规范设计—检验/认证"的一致表达[1]的重要作用。通过数字化和计量数学的方法，建立与几何产品相关的表面模型，可以实现产品在生产过程中各个阶段规范的统一。表面模型是实现 GPS 各阶段规范表达的基础。

GPS 各个阶段主要有：功能描述阶段、规范设计阶段、认证或检验阶段[1]。表面模型的种类是依据 GPS 各个阶段进行划分的，因此表面模型可以划分为公称、规范和认证表面模型，如图 2-13 所示。

表面模型	公称表面模型	规范表面模型	实际工件表面	认证表面模型
图例	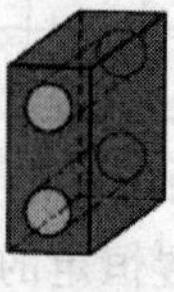 (a)	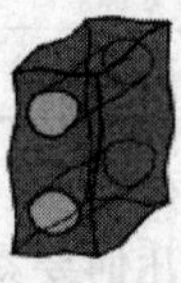 (b)	 (c)	 (d)
GPS 阶段	规范设计		生产制造	认证检验

图 2-13 表面模型各阶段图例

(1) 公称表面模型(Nominal Surface Model)。公称表面模型是设计上定义的具有完美大小和形状的表面模型，是由无限个点所构成的连续表面。公称表面模型是一个理想模型，由设计者所定义，在尺寸和形状上是完美的。但它在实际加工制造过程中无法实现。

(2) 规范表面模型(Specification Surface Model)。ISO 17450 将公称表面模型定义为模拟真实表面模型(Skin Model)，它是非理想表面模型，由设计者根据几何工件的表面进行模拟，然后进行规范设计。规范表面模型介于理想表面模型和真实零件之间。通过对表面模型进行一系列的操作，在满足功能要求的条件下可确定其允许的最大偏离程度或允许的几何特征值。规范表面模型是设计意图的真实表达，为功能仿真和设计优化提供了参考模型。

(3) 认证表面模型(Verification Surface Model)。认证表面模型是对实际工件表面进行采样所测得的轮廓表面模型，是实际表面的替代模型，是一个非理想的表面模型。通过对认证表面模型进行一系列验证操作，可获得测量结果，再与规范规定的特征值比较，完成符合性评定。

2.4.2 表面模型生成方法

几何要素的概念化分析是 GPS 操作建模的关键环节。N-GPS 中提出了 7 种基本恒定类：平面、圆柱体、回转体、螺旋体、棱柱体、复杂体和球[25]。如果对其进行几何要素的提取，则理想要素可以为：点、圆柱、直线、球、圆、圆锥、平面、圆环面；非理想要素可以是：具有点的性质、线的性质和面的性质。由于平面是矩形平面，圆柱体是上、下两圆形平面和周围圆柱面，棱柱体是矩形平面，所以将常见的面分为矩形平面、圆形平面和圆柱面。

如图 2-14 所示，根据 ISO/TS 12781-2，在 N-GPS 中矩形平面要素通常使用的提取方法有 4 种，即矩形栅格法、三角形栅格法、平行线法和布点法[145]。为了在一定功能公差范围内生成一系列模拟点，方便进行数据存储和验证，本节在矩形栅格法的基础上，使用了以平面上母线与侧面相交线为基本路径的极坐标栅格法，坐标值及误差公式可以表示如下：

$$\begin{cases} x_{[i,j]} = i\Delta_1 + \Delta_{i,j} + \text{rand} \times \dfrac{t_2}{2} \\ y_{[i,j]} = j\Delta_2 + \Delta_{i,j} + \text{rand} \times \dfrac{t_2}{2} \\ z_{[i,j]} = k\Delta_3 \end{cases} \quad (2-1)$$

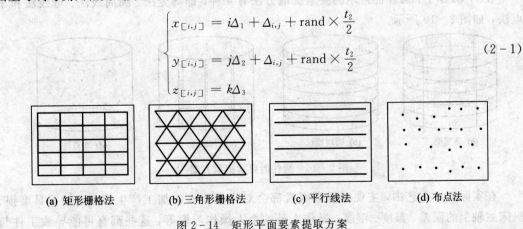

(a) 矩形栅格法　　(b) 三角形栅格法　　(c) 平行线法　　(d) 布点法

图 2-14　矩形平面要素提取方案

在 N-GPS 中，圆形平面常用的提取方法有两种，即极坐标栅格法和布点法，如图 2-15 所示。下面将采用极坐标栅格法设计上表面的坐标如式(2-2)所示，从上往下按公式有规律地生成坐标，即

$$\begin{cases} x_{[i,j]} = id_1 \times \cos(j\theta) \\ y_{[i,j]} = id_1 \times \sin(j\theta) \\ z_{[i,j]} = \dfrac{H}{2} + \text{rand} \times \dfrac{t_1}{2} \end{cases} \quad (2-2)$$

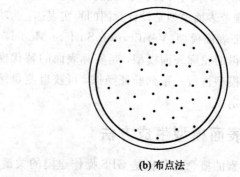

(a) 极坐标栅格法　　　　　　　　(b) 布点法

图 2-15　圆形平面要素提取方案

为了使圆柱体的圆形平面与矩形平面很好地链接起来，计算出下圆形平面的最外圈坐标公式，如式(2-3)所示。

$$\begin{cases} x_{[i,j]} = (R - id_1) \times \cos(j\theta) \\ y_{[i,j]} = (R - id_1) \times \sin(j\theta) \\ z_{[i,j]} = \dfrac{H}{2} + \text{rand} \times \dfrac{t_1}{2} \end{cases} \quad (2-3)$$

在 N-GPS 中，圆柱面常用的要素提取方法有 4 种，即鸟笼法、圆周线法、母线法和布点法，如图 2-16 所示。

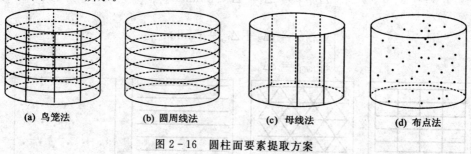

(a) 鸟笼法　　　　(b) 圆周线法　　　　(c) 母线法　　　　(d) 布点法

图 2-16　圆柱面要素提取方案

在实际加工工艺中，主观或客观因素都会对工件表面的加工产生影响，如刀具磨损、机床主轴上的误差、温度、湿度、操作人员的个人操作习惯等，这些都有可能导致工件与

理想的工件之间产生偏差。因此，总结出四种典型的圆柱面，包括：锥形、凹形、凸形和香蕉形，如表 2-6 所示，同时注明了这四种典型加工误差公式，表中，A_{00}、A_{01}、A_{10} 为常数，θ 为横截面上的极角度，z 为轴线方向上的坐标值。

表 2-6　4 种典型的加工误差模型的图示

	锥形	凹形	凸形	香蕉形
模型图				
误差值	$A_{00}+A_{01}z$	$A_{00}+A_{02}(3z^2-1)$	$A_{00}-A_{02}(3z^2-1)$	$A_{00}+A_{12}((3z^2-1)/2)\cos\theta$

根据 N-GPS 中圆形平面和矩形平面的提取方案，结合圆柱面的特性，为了更好地控制误差值，这里使用切片进行限定。本系统对圆柱表面的设计是以圆柱面的圆周线和母线作为基本路径，采用鸟笼法设计圆柱表面，其坐标为

$$\begin{cases} x_{[i,j]} = (R-id_1)\times\cos(j\theta) \\ y_{[i,j]} = (R-id_1)\times\sin(j\theta) \\ z_{[i,j]} = \dfrac{H}{2}+\text{rand}\times\dfrac{t_1}{2} \end{cases} \quad (2-4)$$

从上往下按公式有规律的生成坐标，为了使圆柱体的圆形平面与矩形平面很好地链接起来，计算出下圆形平面的最外圈坐标公式。其生成过程如图 2-17 所示。

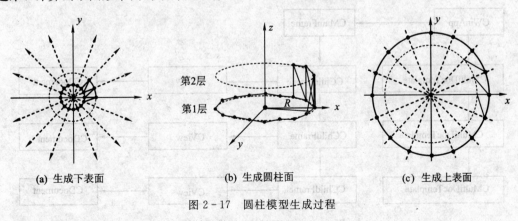

(a) 生成下表面　　(b) 生成圆柱面　　(c) 生成上表面

图 2-17　圆柱模型生成过程

2.4.3 表面模型生成工具开发

1. 系统框架结构分析

　　MFC(Microsoft Foundation Classes)之所以是 Application Framework 的灵魂，最重要的特征之一就是它能够分离负责管理数据的程序代码和负责显示数据的程序代码，这种能力由 MFC 的框架结构——Document/View 模型提供，这正是 MFC 的基石。Document/View概念源自于 Xerox PARC 的 Smaltalk 环境，在那里它的名字是 Model-View-Controller(MVC)，其中 Model 对应 Document，而 Controller 则相当于 Document Template。根据代码功能和处理对象的不同，使数据的存储、计算和显示分离，降低程序的内部耦合，简化程序后期维护和聚合的流程。

　　Document/View/Frame 在 MFC 中是一个运行单元，当使用 MFC 打开一份文件时，程序必然产生 Document、View、Frame 各一份，这些则由 Controller 即 Document Template掌管。MFC 中 CDocTemplate 负责此事，它又有两个派生类：CSingleDocTemplate(用于 SDI 程序)和 CMultiDocTemplate(用于 MDI 程序)。基于 MFC 的单文档和多文档模板结构分别如图 2-18 和图 2-19 所示。

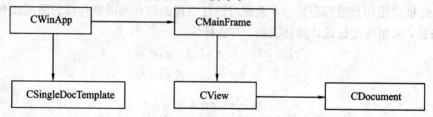

图 2-18　MFC 单文档模板结构

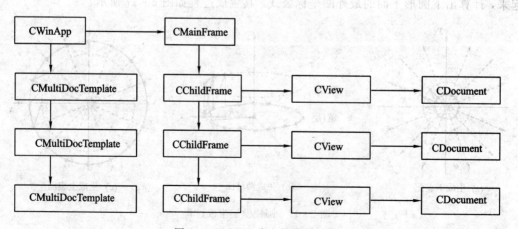

图 2-19　MFC 多文档模板结构

第二章 N-GPS 的基本理论

对文档模板进行创建和维护，离不开 MFC 的应用程序类 CWinApp 对象。在使用类 CWinApp 调用 InitInstance() 成员函数进行初始化时，必须首先为应用程序创建一个文档类的模板类对象，同时调用 AddDocTemplate() 函数向新创建的应用程序加载该模板。在应用程序的对象中，也可以创建并加载多个文档类模板。下面列出的代码是在应用程序类 CSTLViewerApp(CwinApp 的派生类)的成员函数 InitInstance()中创建并加载一个单文档模板的例子。

```
BOOL CSTLViewerApp::InitInstance()
{
    ⋮
    CSingleDocTemplate* pDocTemplate;
    pDocTemplate=new CSingleDocTemplate(
    IDR_MAINFRAME,
    RUNTIME_CLASS(CSTLViewerDoc),
    RUNTIME_CLASS(CmainFrame),  //main SDI frame window
    RUNTIME_CLASS(CSTLViewerView),
    AddDocTemplate(pDocTemplate);
    ⋮
}
```

MyProject 文件框架主要包括以下几个类：

(1) 文档类(CMyProjectDoc)。该类由 MFC 提供的 CDocument 文档基类所派生，其作用是进行数据存放，管理程序，方便其他对象之间进行数据的存储与读取、复制与删除等操作。该类的成员函数主要有 OnColumn()、OnCube()、OnEditCopy()、OnEditDelete()、OnPlane()、Onsphere()、OnUpdateFileSave()等。

(2) 视图类(CMyProjectView)。该类由 MFC 的 CView 基类派生，其作用是对文档中的数据进行显示，以及显示计算机屏幕、打印机或其他设备。同时它还负责多类型的输入命令，如键盘和鼠标的输入、菜单以及工具栏命令等。该类的成员函数主要有 OnUpdateViewMove()、OnViewShade()、OnViewBack()等。

(3) 主框架类(CmainFrame)。主框架类，是用户能够直接看到的应用程序的主窗口。

(4) 应用程序类(CMyProjectApp)。这些 MFC 的 CwinApp 派生类都必须生成一个 CWinApp 派生类的对象。

2. 系统设计流程

要设计一个功能相对比较复杂的软件，在设计初期就要考虑到软件的整体构架。大多数应用软件都是由一个执行程序(*.exe 文件)，附加多个动态链接库(Dynamic Link Library，简称 DLL)组成。由于 VC++具有闭包性，一个 DLL 库通常能够等价输出类似功能的类、函数和资源，所以，通常的做法是把一些功能相对集中、可重复利用率高的类和函数集中在一个动态链接库中(即功能封装),当执行程序时可以直接调用这些DLL库,大大简化了设计过程。

在系统中原有的架构基础上进行改装,在不同的DLL上增加一些功能函数,以N-GPS为理论依据,实现本章所要求的功能。整个应用程序分工明确,由5个部分组成,如表2-7所示。

表2-7 系统主要部分说明

序号	名称	符号表示	作用描述
1	可执行程序	STViewer.exe	调用4个DLL,执行程序
2	几何基本工具模块	GeomCalc.dll	负责输出基本几何对象类与几何计算函数,是CAD软件的基础
3	CAD图形工具模块	glContext.dll	通过输出OpenGL三维图形绘制C++类来创建CAD图形工具操作,实验CAD模型的绘制与操作
4	CAD几何内核模块	GeomKernel.dll	用于输出一系列用于三维几何对象的类
5	浮动界面工具模块	DockTool.dll	负责输出一些窗口类,增强界面效果的浮动效果

STLViewer.exe在运行时调用4个DLL,系统模块结构图如图2-20所示。

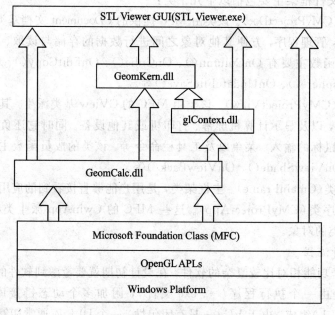

图2-20 系统的模块结构图

4 个 DLL 模块的主要功能及代码介绍如下：

（1）GeomCalc.dll。将点、矢量、齐次变换矩阵的类和相关的计算函数集成在一起，方便其他模块进行调用。该模块是整个程序的基础，需要首先设计这个模块，为其他模块服务。在三维坐标系统中，点的属性由三个标量坐标值(x,y,z)定义，其数据结构定义如下：

```
typedef struct tagPoint3D{
    double x;
    double y;
    double z;
} POINT3D, * PPOINT3D;
```

矢量是有长度和方向的，分别由 dx、dy、dz 沿三个坐标轴方向的标量组成，其数据结构定义如下：

```
typedef struct tagVector3D{
    double dx;
    double dy;
    double dz;
} VECTOR3D, * PVECTOR3D;
```

在这里齐次变换矩阵的数据结构是由 4×4 的双精度型数组构成，其数据结构定义如下：

```
typedef struct tagMatrix3D{
    double A[4][4];
} MATRIX3D, * PMATRIX3D;
```

在几何基本工具模块 GeomCalc.dll 中，通过设计各种运算符的重载，实现各种运算和变换，比如点的变换、矢量的变换、矩阵的变换。

（2）glContext.dll。该模块创建 CAD 图形工具操作，实现 CAD 模型的绘制与操作。其中，创建的 C++类用于 OpenGL 有关功能的窗口，实现 OpenGL 与 Windows 窗口的关联与操作。由图 2-20 可知，该模块在 GeomCalc.dll 模块的基础上创建，为 GeomKern.dll 模块服务。

（3）GeomKernel.dll。这是系统的核心模块，在该模块中有实现各种模型创建的方法和函数。在这个框架的基础上，根据需要进行修改和扩充，实现 N-GPS 表面模型生成系统。

部分几何对象类：

- CEntity：定义几何模型的各种操作的共有属性，有 getColor()、setName()等。
- CPart：对几何模型进行描述。
- CSTLModel：绘制表面模型模块，有 CreatColumn()、CreatCube()、CreatPlane()等函数，参数省略。
- STLStruct：定义 fMax_z、next、normal、prev、vex 等变量。

（4）DockTool.dll。该模块开发浮动的窗口类，同时提示信息输出的 Output 浮动窗口。

3. 应用实例

系统运行环境：

（1）软件环境：Microsoft Windows 2000 以上操作系统。

（2）硬件环境（机型及 CPU）：IBM PC 兼容机型、1.5 GHz Pentium 或更高的微处理器（或等价的处理器），内存 512 MB、硬盘可使用空间 1 G 以上最好。

该软件为绿色软件，只要把 5 个 .dll 文件和一个 .exe 文件放在同一个目录中就能运行了，如图 2-21 所示。

图 2-21　运行目录中的文件

在主文件夹中双击 MyProject.exe 文件，可直接运行该系统。该软件操作很容易，点击不同的地方都有相应的快捷键。系统运行主界面如图 2-22 所示。

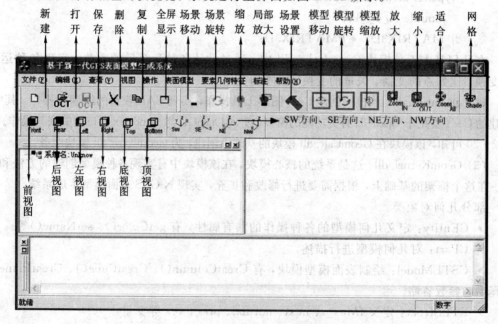

图 2-22　系统运行主界面

OCT 文件是整个装配系统的文件,它把当前场景所有的信息全部保存,为下次装配碰撞检测作准备。点击菜单下的"文件\打开…"或相应的工具栏按钮导入 OCT 文件,OCT 模型文件读入界面如图 2-23 所示。打开后所得到的是零件模型(参见图 2-23),该零件模型是根据需要由 1 个立方体和 6 个圆柱体模型经过一系列的逻辑运算保存得到的。

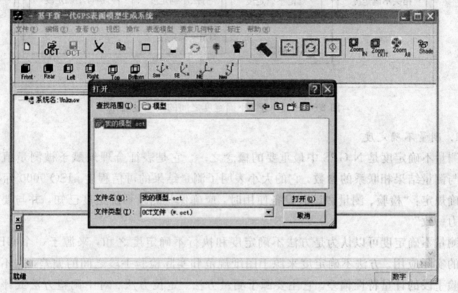

图 2-23 OCT 模型文件读入界面

2.5 不确定度

2.5.1 N-GPS 不确定概念体系

在 N-GPS 中,不确定度作为联系几何产品"功能描述、规范设计、检验/认证"三个阶段的纽带之一,主要用以量化表达功能的完善性、设计规范的合理性、测量环境条件的适应性、测量仪器与测量方案的优化和操作性等。不确定度作为量化测量结果的指标,通过与测量阶段规范给定的公差极限比较,来实现对几何产品的合格性认证。因此,产品测量认证的前提是基于对不确定度的正确认识和评定。

N-GPS 在继续完善测量不确定度概念的基础上,把不确定度的概念拓展到 GPS 的"功能描述、规范设计、检验/认证"的全过程中,使其更具一般性。拓展后的不确定度概念包括总体不确定度、相关不确定度、依从不确定度、规范不确定度、测量不确定度、方法不确定度和执行不确定度等多种形式。N-GPS 不确定度之间的隶属度关系如图 2-24 所示。

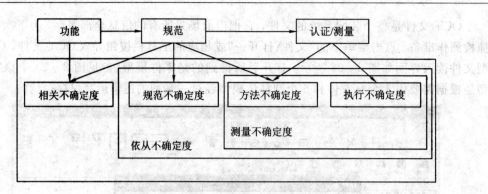

图 2-24　N-GPS 不确定度之间的隶属度关系

1. 测量不确定度

测量不确定度是 N-GPS 中最重要的概念之一。它是表征合理地赋予被测量值的分散性并与测量结果相联系的参数，它的大小表明了测量结果的可信程度。ISO 9000 标准 4.11 中明确规定："检验、测量和试验设备使用时，应确保其测量不确定度已知，并与要求的测量能力一致"。

测量不确定度可以认为是方法不确定度和执行不确定度之和，来源于一个 GPS 认证方法的实际应用。方法不确定度来源于图纸规范和实际检验手段之间的偏差，它不考虑实际检验手段的计量特性偏差。它主要源于测量方法、定位方法、对中调整方法或评定认证方法等。这一不确定度集中反映图样设计规范要求与实际执行的测量、评定、认证操作之间的偏差，是测量不确定度的重要组成部分。

执行不确定度来源于由认证规范所定义的理想计量学的特征与实际认证规范的计量学特征之间的分歧。它主要源于仪器、环境条件等因素。测量仪器的标定、检定或校准，均是通过控制仪器的计量学特征，进而达到减小或控制执行不确定度的目的。

2. 依从不确定度

依从不确定度表征工件实际特征与其给定的特征规范要求的一致程度。它是规范不确定度和测量不确定度的总和，可以表示为方法不确定度、执行不确定度和规范不确定度之和。

规范不确定度是由于对几何规范应用的不正确和规范本身的不确定性而引起的。供求双方对规范的解释不同、不清楚图样标注或不完善的规范确定度，都将导致规范不确定度。假定由 ISO/TC 213 定义的 GPS 语言是完善的，优秀的设计者可以将规范不确定度减少至忽略不计的程度。然而 GPS 标准至今尚处于发展阶段，现在的 GPS 规范本身在度量学意义的表述方面可能会有不准确、不完善的地方，所以规范不确定度在一定程度上是必然存在的。减少 GPS 标准中的规范不确定度有以下途径：

(1) 明确定义影响产品几何特征的操作算子；

(2) 制定清晰、无歧义的操作规则；
(3) 对默认的操作规则也予以声明；
(4) 使 GPS 语言具体而简明，以减少对规范的错误理解和运用。

3. 总体不确定度

总体不确定度是相关不确定度、规范不确定度和测量不确定度的总和。总体不确定度考虑了相关不确定度对工件功能的影响。对于工件的验收，必须采用总体不确定度的判定总则。

相关不确定度用于描述产品几何规范与产品功能之间的匹配程度。产品几何技术规范和其功能之间的相关不确定度不可能达到 100%，这是因为：

(1) 决定产品功能的化学、物理等方面的因素相当复杂，我们至今尚不能完全地认识和正确地处理；

(2) 我们建立的数学模型只能近似地表达出产品几何规范和其功能之间的相关性，不可能完全准确；

(3) 由于产品的材料特性和工作状态的影响，使规范和功能之间的这种相关变得更加复杂。

产品的功能可以认为是由几何特征、材料特征和工作状态等因素决定的。我们可以通过制定明确的几何技术规范来最大程度地控制产品的功能特性，以减少相关不确定度。

在 N-GPS 中，相关不确定度、规范不确定度和测量不确定度这 3 种类型的不确定度直接与 GPS "功能描述、规范设计、检验/认证"过程及其相应的操作算子相对应。设计工程师主要对相关不确定度和规范不确定度负责，而计量工程师则主要对测量不确定度负责。实现几何产品"设计、制造、计量"过程资源优化配置的关键，是基于对不确定度特性及规律深入的认识和合理的利用。

2.5.2 不确定度分量的评定

依据《测量不确定度表示指南》(简称 GUM)，用标准差表征的不确定度称为标准不确定度。当测量结果受多种因素的影响形成了若干个不确定度分量时，测量结果的标准不确定度用各标准不确定度分量合成后所得的合成标准不确定度表示。测量不确定度所包含的若干个不确定度分量，均是标准不确定度分量，其评定方法有两类，即：A 类评定和 B 类评定。

A 类评定是指用统计方法来评定不确定度分量；B 类评定是指用非统计方法来评定不确定度分量。A 类评定通常比 B 类评定法更准确，但是很多情况下，不可能按照 A 类评定方法进行评定，或者用 A 类评定方法不够经济，而用 B 类评定方法就已经能够满足准确性的要求，所以 B 类评定方法也常常被采用。

A 类评定方法评定不确定度需要用到重复测量所得数据的分布或平均值的标准偏差，

我们常用贝塞尔公式计算标准差。A类评定方法不考虑测量数据的分布类型,所有统计参数都可用统计方法计算,下面是各统计特征量的计算方法。

计算算术平均值:

$$\bar{x} = \frac{1}{n}\sum_{i=1}^{n} X_i \qquad (2-5)$$

计算第 i 次测量列的标准差:

$$S_x = \sqrt{\frac{\sum_{i=1}^{n}(\bar{x}-X_i)^2}{n-1}} \qquad (2-6)$$

计算算术平均值的标准差:

$$S_{\bar{x}} = \sqrt{\frac{\sum_{i=1}^{n}(\bar{x}-X_i)^2}{n-1}} = \frac{S_x}{\sqrt{n}} \qquad (2-7)$$

B类评定不用统计分析法,而是基于其他方法估计概率分布或分布假设来评定标准差并得到标准不确定度。B类评定在不确定度的评定中占有重要地位,因为有的不确定无法用统计方法来评定,或者虽可用统计法,但不经济,所以在实际工作中,采用B类评定方法居多。

设被测量 X 的估计值为 x,其标准不确定度的 B 类评定是借助于影响 x 可能变化的全部信息进行科学判定的。这些信息可能是:以前的测量数据、经验或资料;有关仪器和装置的一般知识;制造说明书和检定证书或其他报告所提供的数据;由手册提供的参考数据等。为了合理使用信息,正确进行标准不确定度的 B 类评定,要求有一定的经验和对一般知识的透彻了解。

第三章 描述逻辑 ALC(D_{GFV})和本体

3.1 概 述

描述逻辑(Description Logics)是一类用于知识表示和知识推理的形式化工具,它在软件工程、医疗信息系统、数字图书馆、自然语言处理等领域得到了成功应用[36]。在语义Web中,描述逻辑更是起到了举足轻重的作用,成为 W3C 推荐的 Web 本体语言的逻辑基础[37]。描述逻辑的主要优点是具有较强的描述能力,同时又能保证相关推理的可判定性,且有高效的推理算法作为支撑。描述逻辑的一个典型特征是它可以在开世界假设的情况下进行推理。开世界假设是指如果从知识库中不能推导出某个公式,则认为不知道该公式是否成立。与之对应的是闭世界假设,即如果从知识库中不能推导出某个公式,则认为该公式不成立。

作为一种知识表示的语言,描述逻辑旨在定义应用领域的概念,并用这些概念来刻画该领域中出现的对象或者个体的属性。描述逻辑的基本符号包括角色名、概念名及个体名。从这些基本符号出发,每一种描述逻辑都提供各自的构造子来构造复杂角色或概念。在庞大的描述逻辑家族中,ALC(Attributive Language with Complements)[39]是最有影响力的描述逻辑之一。ALC 提供了否定($\neg$)、合取($\sqcap$)、析取($\sqcup$)、存在性限定($\exists$)和值限定($\forall$)构造子来构造复杂概念。通过这些构造子,ALC 便可刻画一些抽象逻辑层上的知识。例如,复杂概念 Computer-aided-tolerancing 的 ALC 表示如下:

$$\text{Computer-aided-tolerancing} \equiv \text{Tolerance-design} \sqcap \exists \text{use.Computer}$$

它表示"所谓的计算机辅助公差设计(CAT)就是利用计算机来进行产品的公差设计"。对于抽象逻辑层知识的刻画,ALC 已经提供了一定的描述能力,且还保证了推理过程的可判定性。然而,ALC 最大的缺陷就是它仅能刻画抽象逻辑层上的知识,不能刻画具体逻辑层上的知识。例如,同轴度(Coaxiality)公差可以看做是由两条重合的直线(其中一条是约束要素,另一条是被约束要素)之间的几何变动造成的。这个例子涉及了具体逻辑层上的知识,用 ALC 无法刻画。

为了使 ALC 能刻画具体逻辑层上的知识,德国德累斯顿工业大学 Baader 教授等通过向 ALC 添加谓词构成概念(concept-forming predicate)构造子,进而得到了 ALC(D)[40]。ALC(D)将逻辑对象划分为抽象逻辑对象和具体逻辑对象,二者通过特征进行关联。具体逻辑对象之间的关系由特定的谓词来刻画。在这些谓词的基础上，抽象逻辑对象的属性也可通过谓词构成概念构造子进行刻画。在 ALC(D) 中，由具体逻辑对象及定义在这些对象上的谓词构成的二元组称为具体域(Concrete Domain)，其形式化定义如下："具体域 D 是一个二元组 (dom(D), pred(D))，其中 dom(D) 是由具体域个体组成的非空集合，pred(D) 是由谓词名组成的集合。pred(D) 中的任意谓词 P 与表征该谓词元数的正整数 n 关联，并被解释为 dom(D) 上的 n 元谓词的集合：$P^D \subseteq (\text{dom}(D))^n$"。

在基于要素的 CAD 系统中，公差本质上是要素的几何变动，因此可通过刻画要素的几何变动来刻画公差。为了应用 ALC(D) 来刻画公差，首先需要为要素的几何变动定义一个具体域，不妨将该具体域记为 D_{GFV}。根据具体域的形式化定义，可将 GPS(Geometrical Product Specifications) 中的基本几何要素组成的集合定义为 dom(D_{GFV})，将几何要素之间的基本空间关系定义为 pred(D_{GFV})。D_{GFV} 的详细定义见 3.2.1 节，ALC(D_{GFV}) 的语法和语义、Tableau 判定算法及算法的性质分别见 3.2.2 节、3.2.3 节和 3.2.4 节。

3.2 描述逻辑 ALC(D_{GFV})

3.2.1 具体域 D_{GFV}

在定义 D_{GFV} 之前，先给出一般性具体域 D 及其可接受性的定义。

定义 3-1 具体域 D 是一个二元组 (dom(D), pred(D))，其中 dom(D) 是由具体域个体组成的非空集合，pred(D) 是由谓词名组成的集合。pred(D) 中的任意谓词 P 与表征该谓词元数的正整数 n 关联，并被解释为 dom(D) 上的 n 元谓词的集合：$P^D \subseteq (\text{dom}(D))^n$。

定义 3-2 令 V 为 Δ_D 上变元的集合，k 为常数，P_i 为 n 元谓词，x_j^i 为 V 中的变元，则称形如 $\wedge_{i \leqslant k}(x_1^i, x_2^i, \cdots, x_n^i): P_i$ 的表达式为谓词联合式。谓词联合式是可满足的，当且仅当存在映射 $\sigma: V \rightarrow \Delta_D$ 使得 $((x_1^i)\sigma, (x_2^i)\sigma, \cdots, (x_n^i)\sigma) \in (P_i)^D$，其中 $i \leqslant k$。具体域 D 是可接受的，当且仅当：

(1) Φ_D 中含有表示全域的一元谓词 Top_D，$(\text{Top}_D)^D = \Delta_D$，$\Phi_D$ 是否定封闭的；

(2) D 上有限长度的谓词联合式的可满足性问题是可判定的。

在 2.3 节得出的 9 种基本空间关系的基础上，下面给出具体域 D_{GFV} 的形式化定义。

定义 3-3 具体域 D_{GFV} 是一个二元组 (dom(D_{GFV}), pred(D_{GFV}))，其中 dom(D_{GFV}) 是由 GPS 中所有几何要素组成的集合，pred(D_{GFV}) 中包含的二元谓词的定义如下：

(1) $(f_1, f_2) \in \text{CON}^{D_{GFV}}$ 当且仅当 $(f_1, f_2) \in \text{Constrain}$；

(2) $(f_1, f_2) \in \text{COI}^{D_{GFV}}$ 当且仅当 $(f_1, f_2) \in \text{Coincide}$；

(3) $(f_1, f_2) \in \text{DIS}^{D_{GFV}}$ 当且仅当 $(f_1, f_2) \in \text{Disjoint}$；

(4) $(f_1, f_2) \in \text{INC}^{D_{GFV}}$ 当且仅当 $(f_1, f_2) \in \text{Include}$；

(5) $(f_1,f_2) \in \text{PAR}^{D_{GFV}}$ 当且仅当 $(f_1,f_2) \in \text{Parallel}$；

(6) $(f_1,f_2) \in \text{PER}^{D_{GFV}}$ 当且仅当 $(f_1,f_2) \in \text{Perpendicular}$；

(7) $(f_1,f_2) \in \text{INT}^{D_{GFV}}$ 当且仅当 $(f_1,f_2) \in \text{Intersect}$；

(8) $(f_1,f_2) \in \text{NON}^{D_{GFV}}$ 当且仅当 $(f_1,f_2) \in \text{Nonuniplanar}$；

(9) $(f_1,f_2) \in \text{MAT}^{D_{GFV}}$ 当且仅当 $(f_1,f_2) \in \text{Mate}$。

在空间描述逻辑中，处在抽象逻辑层上的领域称为抽象域，图3-1所示的是以圆柱为例，其抽象域与具体域之间的对应关系。在抽象域中，要素feature-2和要素feature-1通过谓词构成概念构造子来构成概念Constrain；通过特征has-feature的映射，feature-2和feature-1分别被映射到具体域中圆柱的拟合导出要素adf和实际组成要素rif，且在具体域中，adf和rif具有空间谓词关系。

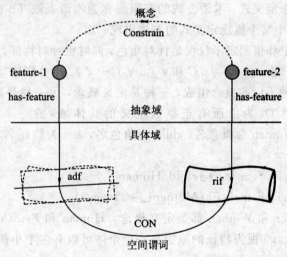

图3-1 抽象域与具体域之间的对应关系

3.2.2 语法和语义

描述逻辑ALC(D_{GFV})的基本符号包括：① 由概念名组成的集合N_C；② 由角色名组成的集合N_R；③ 由抽象域个体名组成的集合N_{AI}；④ 由具体域个体名组成的集合N_{CI}；⑤ 由特征名组成的集合N_F；⑥ 由谓词名组成的集合$\text{pred}(D_{GFV})$；⑦ 构造符¬、⊓、⊔、∃、∀和C∃P；⑧ 其他符号，包括⊑（包含于号）、≡（定义号）、（ ）（圆括号）、:（冒号）、,（逗号）和.（点号）。

定义3-4 若$N_R \cap N_F = \varnothing$，则ALC($D_{GFV}$)的角色项定义如下：

(1) R是ALC(D_{GFV})中的原子角色项当且仅当$R \in (N_R \cup N_F)$；

(2) f是ALC(D_{GFV})中的特征当且仅当$f \in N_F$，n个特征的复合（记为$f_1 f_2 \cdots f_n$，其

中 n 为正整数，$f_i \in F$, $i=1,2,\cdots,n$）称为特征链，一个单一的特征可以看做是长度为 1 的特征链。

定义 3-5　ALC(D_{GFV})的概念项由以下产生式生成：
$$C, D \rightarrow C_i \mid \neg C \mid C \sqcup D \mid \forall R. C \mid P(u_1, u_2, \cdots, u_n)$$
其中：$C_i \in N_C$，$R \in (N_R \bigcup N_F)$，$P \in \text{pred}(D_{\text{GFV}})$，$u_1, u_2, \cdots, u_n$ 为特征链。

将形如 C_i、$\neg C$、$C \sqcup D$、$\forall R. C$ 和 $P(u_1, u_2, \cdots, u_n)$ 的表达式分别称为原子概念、否定概念、概念析取、值限定和谓词限定。应注意到，概念项之间满足 DeMorgan 律。因此，可引入形如 Top（顶概念）、Bot（底概念）、$C \sqcap D$（概念合取）和 $\exists R. C$（存在性限定）的表达式，分别作为 $C \sqcup \neg C$、$\neg$ top、$\neg(\neg C \sqcup \neg D)$ 和 $\neg(\forall R. \neg C)$ 的缩写。

若 CN 是一个概念名，CT 是一个概念项，则形如 CN≡CT 或 CN⊑CT 的表达式是术语公式，且都称为概念定义式。术语公式的有限集称为术语表或 TBox（记为 T）当且仅当每个概念名最多在 T 中某个概念定义式的左边出现一次。

注意：存在性限定和值限定不仅仅是针对角色，同时也针对特征。例如，对特征链 $u = f_1 f_2 \cdots f_n$，常将 $\exists f_1. \exists f_2 \cdots \exists f_n. C$ 和 $\forall f_1. \forall f_2 \cdots \forall f_n. C$ 分别缩写为 $\exists u. C$ 和 $\forall u. C$。

一个 TBox 由两种不同的概念组成，一种是定义概念，另一种是原子概念。下例为定义在 ALC(D_N)（其中 D_N 为由所有正整数定义的具体域）的一个 TBox。令 Human、Female、Mother 和 Woman 为概念名，child 为角色名，age 为特征名，该 TBox 包含的术语公式如下：

Mother ≡ Human ⊓ Female ⊓ ∃child. Human

Woman ≡ Human ⊓ Female ⊓ (Mother ⊔ ≥21(age))

在上例中，Mother 和 Woman 都是定义概念，Human 和 Female 都是原子概念。将 child 视为角色，而将 age 视为特征的原因是一个个体可以有多个小孩，但仅有一个年龄。下面的定义将给出 ALC(D_{GFV}) 的语义。

定义 3-6　设 Δ_I 是由抽象域个体组成的非空集合，Δ_D 是由具体域个体组成的非空集合，且 $\Delta_I \bigcap \Delta_D = \emptyset$，则 ALC($D_{\text{GFV}}$) 的解释是一个二元组 $I = (\Delta_I, \cdot^I)$，其中 $\cdot^I$ 是解释函数，它将：

(1) 概念名 C 解释为 Δ_I 的一个子集：$C^I \subseteq \Delta_I$；

(2) 角色名 R 解释为 $\Delta_I \times \Delta_I$ 的一个子集：$R^I \subseteq \Delta_I \times \Delta_I$；

(3) 特征名 f 解释为一个从 Δ_I 到 $\Delta_D \bigcup \Delta_I$ 的部分函数 $f^I: \Delta_I \rightarrow (\Delta_D \bigcup \Delta_I)$。

此外，解释函数 $\cdot^I$ 还必须满足以下等式：

$\text{Top}^I = \Delta_I$，$\text{Bot}^I = \emptyset$，$(\neg C)^I = \Delta_I \setminus C^I$

$$(C \sqcap D)^I = C^I \bigcap D^I, (C \sqcup D)^I = C^I \bigcup D^I$$

$$(\exists R. C)^I = \{a \in \Delta_I \mid \exists b. (a, b) \in R^I \wedge b \in C^I\}$$

$$(\forall R. C)^I = \{a \in \Delta_I \mid \forall b. (a, b) \in R^I \rightarrow b \in C^I\}$$

$P(u_1, u_2, \cdots, u_n)^I = \{x \in \Delta_I \mid \exists r_1, r_2, \cdots, r_n \in \Delta_D : u_1^I(x) = r_1 \wedge u_2^I(x) = r_2 \wedge \cdots \wedge u_n^I(x) = r_n \wedge (r_1, r_2, \cdots, r_n) \in P^D\}$

一个解释 I 是一个 TBox T 的模型当且仅当对 T 中所有形如 $CN \equiv CT$ 的术语公式都有 $CN^I = CT^I$ 及所有形如 $CN \sqsubseteq CT$ 的术语公式都有 $CN^I \subseteq CT^I$。

在具体应用中,常常需要将定义概念转化为原子概念,并保证每个概念项均符合否定范式(Negation Normal Form)的要求。令 D_{GFV} 为定义 3-1 中的具体域,谓词集 $pred(D_{GFV})$ 否定封闭,则概念项之间的等价关系如下:

$$\neg(\neg C) \Rightarrow C$$
$$\neg(\neg C \sqcup \neg D) \Rightarrow C \sqcap D$$
$$\neg(\neg C \sqcap \neg D) \Rightarrow C \sqcup D$$
$$\neg(\forall R. \neg C) \Rightarrow \exists R. C$$
$$\neg(\exists R. \neg C) \Rightarrow \forall R. C$$
$$\neg(\forall f. C) \Rightarrow (\forall f. \neg C) \sqcup Top_{D\_GFV}(f)$$
$$\neg(\exists f. C) \Rightarrow (\forall f. \neg C) \sqcup Top_{D\_GFV}(f)$$
$$\neg P(u_1, u_2, \cdots, u_n) \Rightarrow \overline{P}(u_1, u_2, \cdots, u_n) \sqcup (\forall u_1. Top) \sqcup (\forall u_2. Top) \sqcup \cdots \sqcup (\forall u_n. Top)$$

以上介绍了概念语言的语法和语义,概念语言描述的是某个应用领域中的公理,如概念项 Mother 和 Woman 的定义。在应用 $ALC(D_{GFV})$ 刻画真实世界中的个体时,便需要断言语言来与概念语言相对应,下面给出断言语言的语法和语义。

定义 3-7 令 $N_{AI} \cap N_{CI} = \emptyset$,若 C 是一个概念项,R 是一个角色项,f 是一个特征名,P 是一个 $pred(D_{GFV})$ 中的 n 元谓词名,$a, b \in N_{AI}$,$x \in N_{AI} \cup N_{CI}$,$x_1, x_2, \cdots, x_n \in N_{CI}$,则以下表达式都是断言公式:① $a : C$;② $(a, b) : R$;③ $(a, x) : f$;④ $(x_1, x_2, \cdots, x_n) : P$。

下例将用断言公式刻画了 Lolita 女士的一些属性。Lolita 女士是 Humbert 的女儿,她与 Vladimir 结婚,而 Vladimir 的年纪比 Humbert 还大。应用断言公式,该例子中的属性可刻画如下:

lolita:Woman,(lolita, humbert):Father,(lolita, vladimir):Husband,(humbert, a1):age,(vladimir, a2):age,(a2, a1):>,其中 $a1, a2 \in N_{CI}$,lolita, humbert, vladimir $\in N_{AI}$,Woman 为概念,Father 和 Husband 为角色,age 为特征,> 为谓词。

断言公式的有限集称为 ABox(记为 A)。一个解释 I 是 A 的一个模型当且仅当对 A 中所有形如 $a : C$ 的断言公式都有 $a^I \in C^I$、所有形如 $(a, b) : R$ 的断言公式都有 $(a^I, b^I) \in R^I$、所有形如 $(a, x) : f$ 的断言公式都有 $f^I(a^I) = x^I$ 和所有形如 $(x_1, x_2, \cdots, x_n) : P$ 的断言公式都有 $(x_1^I, x_2^I, \cdots, x_n^I) \in P^D$。

将由术语公式和断言公式组成的一个有限集合称为知识库,记为 $KB = \{T, A\}$,其中 T 表示 TBox,A 表示 ABox。一个解释 I 是 KB 的一个模型当且仅当 I 同时是 A 和 T 的模型。

定义 3-8 设 ψ 是一个断言公式，KB 是一个知识库，称 ψ 相对于 KB 是一致的当且仅当存在某个模型 I 使得 $KB \vDash \psi$；称 ψ 相对于 KB 是不一致的当且仅当没有一个模型 I 使得 $KB \vDash \psi$。

断言公式的一致性判定问题是 $ALC(D_{GFV})$ 中最基本的判定问题，下一节将给出其判定算法。需要指出的是，给定某个 TBox T，T 中的某个概念定义式的右端的某个概念名可能会与其左端的概念名相同，即出现了概念循环定义的情况。循环定义会使得知识库丧失可定义性[36]，而含有循环定义时的可满足性判定算法是长期以来描述逻辑的研究难点。因此，不考虑含有循环定义的情况。

3.2.3 Tableau 判定算法

$ALC(D_{GFV})$ 断言公式的一致性判定问题是一个基于 ABox A 在特定规则下的扩展问题，规则将 A 转化为与其一致性等价的"简单的"ABox A_i，直到所有的 A_i 均包含冲突(断言公式是不一致的)，或者有某个 A_i 是完全的(断言公式是一致的)。令 A 为 ABox，f 为特征名，a、b、$c \in N_{AI}$，x、$y \in N_{CI}$，若 A 中同时包含断言公式 $(a,b):f$ 和 $(a,c):f$ 或 $(a,x):f$ 和 $(a,y):f$，则称这样的断言公式对为 A 中的一组分叉(Fork)。由于 f 被解释为部分函数，故分叉实质上是指 b 和 c 或 x 和 y 被解释为相同的对象。分叉 $(a,b):f$ 和 $(a,c):f$ 可通过用 b 替换 A 中出现的所有 c 来消除；同理，分叉 $(a,x):f$ 和 $(a,y):f$ 可通过用 x 替换 A 中出现的所有 y 来消除。下面给出扩展规则的定义。

定义 3-9 令 M 为所有 ABox 组成的有限集合，A 为 M 中的一个 ABox。以下扩展规则将会把 A 扩展为一个 ABox A' 或两个 ABox A' 和 A''。在规则中，a、$b \in N_{AI}$，x、$y \in N_{CI}$，C、D 表示角色项，R 表示角色名或特征名，P 表示 D_{GFV} 上的 n 元谓词名，$u_1, u_2, \cdots, u_n$ 表示特征链，规则如下：

(1) 合取规则：若 $(a:(C \sqcap D)) \in A$，且 $(a:C) \notin A$ 或 $(a:D) \notin A$，则 $A' \to A \cup \{a:C, a:D\}$；

(2) 析取规则：若 $(a:(C \sqcup D)) \in A$，$(a:C)$，$(a:D) \notin A$，则 $A' \to A \cup \{a:C\}$，$A'' \to A \cup \{a:D\}$；

(3) 存在性限定规则：若 $(a:\exists R.C) \in A$，且不存在个体名 $c \in N_{AI}$ 使得 $((a,c):R) \in A$ 且 $(c:C) \in A$，令 $b \in N_{AI}$ 且 b 未在 A 中出现，则先将断言公式 $(a,b):R$ 和 $b:C$ 加入 A 中。若 R 是一特征名，则此时将产生分叉，按照如前所述的方法，该分叉可通过替换消除，最后得到的 ABox 便是 A'；

(4) 值限定规则：若 $(a:\forall R.C)$，$((a,b):R) \in A$，且 $(b:C) \notin A$，则 $A' \to A \cup \{b:C\}$；

(5) 谓词限定规则：若 $(a:P(u_1, u_2, \cdots, u_n)) \in A$，且如下情况不成立："对特征链 $u_i = f_{i1}f_{i2}\cdots f_{in(i)}$，存在个体名 $b_{i1}b_{i2}\cdots b_{in(i)-1} \in N_{AI}$ 及 $x_i \in N_{CI}$ 满足 ABox A 包含断言公式 $(a, b_{i1}):f_{i1}$，$(b_{i1}, b_{i2}):f_{i2}$，$\cdots$，$(b_{in(i)-1}, x_i):f_{in(i)}$ 和 $(x_1, x_2, \cdots, x_n):P$"。对每一个

特征链 $u_i = f_{i1}f_{i2}\cdots f_{in(i)}$，令 $b_{i1}b_{i2}\cdots b_{in(i)-1} \in N_{AI}$，$x_i \in N_{CI}$ 且它们均未在 A 中出现过，则先将断言公式 $(a, b_{i1}) : f_{i1}, (b_{i1}, b_{i2}) : f_{i2}, \cdots, (b_{in(i)-1}, x_i) : f_{in(i)}$ 加入 A 中，若此时产生分叉，则通过替换的方法将其消除，最后将 $(x_1, x_2, \cdots, x_n) : P$ 加入 A 中便得到 A'。

定义 3-10 设以下出现的相关符号的含义与定义 3-9 中相应符号的含义相同，则一个 ABox A 是不一致的当且仅当其包含以下任一冲突：

(1) 抽象域冲突：$a : C \in A$ 且 $a : \neg C \in A$；

(2) 特征域冲突：$(a, x) : f \in A$ 且 $(a, b) : f \in A$；

(3) 所有域冲突：$(a, x) : f \in A$ 且 $a : \forall f.C \in A$；

(4) 具体域冲突：$(x_1^{(1)}, x_2^{(1)}, \cdots, x_{n1}^{(1)}) : P_1, (x_1^{(2)}, x_2^{(2)}, \cdots, x_{n2}^{(2)}) : P_2, \cdots, (x_1^{(k)}, x_2^{(k)}, \cdots, x_{nk}^{(k)}) : P_k \in A$ 且 D_{GFV} 中的谓词联合式 $\bigwedge_{i \leqslant k}(x_1^i, x_2^i, \cdots, x_n^i) : P_i$ 是不可满足的否则，ABox A 就是一致的。

定义 3-11 一个 ABox A 是完全的当且仅当 A 是一致的且对 A 已无法再应用任何扩展规则。

有了以上扩展规则和定义，可得 ALC(D_{GFV}) 的 Tableau 判定算法，具体如下：

算法 3-1 以下函数以 A_0 作为输入并检测其是否是一致的，函数的伪代码如下：

procedure ALC(D_{GFV})-Tableau(A_0)
    $A_1 \leftarrow$ "对 A_0 消除分叉"
    $r \leftarrow 1$
    $M_1 \leftarrow \{A_1\}$
    while "对 M_r 应用一条扩展规则" do
        $r \leftarrow r + 1$
        $M_r \leftarrow$ "对 M_{r-1} 应用一条扩展规则"
    od
    if "存在一个 $A \in M_r$ 且 A 不包含冲突" then return "A_0 是一致的"
    else return "A_0 是不一致的"
end ALC(D_{GFV})-Tableau

3.2.4 判定算法的性质

通常情况下，一种描述逻辑的 Tableau 判定算法应当满足可终止性、可靠性及完备性，本节将逐一证明这三个性质。

定理 3-1（可终止性） 对任意一个 ALC(D_{GFV}) ABox 集合 M_1，Tableau 判定算法都停机。

证明 要证明 Tableau 判定算法不停机，只要证明不存在一个无限的 ABox 序列 $A_1, A_2, \cdots$（其中 A_{i+1} 是 A_i 的后继）。下面用反证法证明以上命题。假设存在一个无限的 ABox

序列 A_1，A_2，…，则需将每一个 A_i 映射到一个偏序关系($\gg$)的集合 Q 的一个元素 $\Psi(A_i)$。由于关系中的顺序是良序的，若如下引理成立，则可归结出矛盾。

引理 3-1 若 A' 是 A 的一个后继 ABox，则 $\Psi(A) \gg \Psi(A')$。

由以上假设可知，集合 Q 是一个由多个 4 元组组成的多重集合。在 4 元组中，第二、三、四部分是由一个或多个非负整数组成的多重集合，第一部分由一个非负整数组成。与一般集合不同的是，多重集合允许出现多个相同的元素。例如，$\{2,2,2\}$ 是区别于集合 $\{2\}$ 的多重集。在一个集合 T 中，一个给定的序列可以扩展为一个 T 上的有限多重集序列。在该多重集序列中，一个有限多重集 M 的模大于另一个有限多重集 M' 的模当且仅当 M' 是通过用 T 中任意元素来替换 M 中的一个或多个元素而得到的，其中每一个用于替换的元素的模要小于被替换元素的模。已经证明[41]①，如果 T 中的原始序列是良序的，那么在 T 上的有限多重集的诱导序列是良序的。

规定 4 元组中元素的顺序与字母表顺序一致。例如，(c_1, c_2, c_3, c_4) 大于 (c'_1, c'_2, c'_3, c'_4) 当且仅当存在某个 $i(1 \leqslant i \leqslant 4)$ 使得 $c_1 = c'_1$，…，$c_{i-1} = c'_{i-1}$ 但 c_i 大于 c'_i。由于此时 4 元组的每个部分都是良序的，多重集的序列也是良序的，故 Q 上的偏序关系也是良序的。

在定义从 ABox 到集合 Q 中的元素的映射 Ψ 之前，需要作如下定义：对两个非负整数 n、m，用 $n \doteq m$ 表示 n 和 m 之间的非对称差。例如，若 $n \geqslant m$ 则 $n \doteq m = n - m$；若 $n < m$ 则 $n \doteq m = 0$。一个 ALC(D_{GFV}) 概念项 C 的模 $|C|$ 可定义如下：

(1) 对具体域中的所有 n 元谓词及所有特征链 $u_1, u_2, …, u_n$，$|P(u_1, u_2, …, u_n)| = 1$；

(2) 对所有原子概念 B，$|B| = |\neg B| = 1$；

(3) 对所有的值限定和存在性限定，$|\forall R.C| = |\exists R.C| = 1 + |C|$；

(4) 对所有的析取和合取，$|C \sqcup D| = |C \sqcap D| = |C| + |D|$。

证明可终止性的一个难点是，若初始 ABox 中同时存在如 $(a, b): R$，$(b, c): S$ 和 $(c, a): R$ 的循环。但幸运的是，算法不考虑循环定义的情况。因此，可识别出在扩展时哪些个体是 A_1 中已经出现的个体，哪些是通过应用存在性限定规则或谓词限定规则而新增加的个体。映射 Ψ 的定义应保证 A_1 中已经出现的个体的势大于新增加的个体的势。为了达到这个目标，需要定义一个表示 A_1 中出现的不同概念项 C 的个数的常数 M，由于在扩展过程中将有不同的概念出现，因此 M 应大于 $\max\{|C|; C$ 在 A_1 中出现$\}$(这里假设 $\max\varnothing = 0$)。

下面定义从 ABox 到集合 Q 中的元素的映射 Ψ。令 A 表示一个 ABox，则 $\Psi(A)$ 是一个多重集，且对 A 中出现的每一个个体 a，4 元组 $\psi_A(a)$ 的定义如下：

(1) 令 N 表示 A_1 中出现的不同特征名的个数，$\#S$ 表示集合 S 中元素的个数，若个体

---

① 覃裕初，钟艳如，常亮，黄美发. 基于几何公差描述逻辑的公差类型的自动生成. 计算机集成制造系统. 2012 年 9 月录用.

a 已经在 A 中出现,则 4 元组 $\psi_A(a)$ 的第一部分为非负整数 $2M+1-\#\{a:C;a:C\in A\}$ $+N-\#\{(a,b):f;(a,b):f\in A,f\in N_F\}$;否则,4 元组 $\psi_A(a)$ 的第一部分为 $\max\{|C|;a:C\in A\}$。

(2) 若个体 a 已经在 A 中出现,则 4 元组 $\psi_A(a)$ 的第二部分为空的多重集;否则,4 元组 $\psi_A(a)$ 的第二部分为正整数 $|C\sqcap D|$ 或 $|C\sqcup D|$,其中 $(a:(C\sqcap D))\in A$ 或 $(a:(C\sqcup D))\in A$ 且此时正对该断言公式应用合取规则或析取规则。

(3) 4 元组 $\psi_A(a)$ 的第三部分为所有正整数 $|\exists R.C|$ 或 $|P(u_1,u_2,\cdots,u_n)|$ 组成的多重集,其中 $(a:\exists R.C)\in A$ 或 $(a:P(u_1,u_2,\cdots,u_n))\in A$ 且此时正对该断言公式应用存在性限定规则或谓词限定规则。

(4) 4 元组 $\psi_A(a)$ 的第四部分为所有正整数 $|\forall R.C|$ 组成的多重集,其中 $(a:\forall R.C)$,$((a,b):R)\in A$ 且此时正对该断言公式应用值限定规则。

为了证明引理 3-1,需要考察 A 或 A' 中出现的个体名所对应的 4 元组。为了减少所需考察的不同情况的数目,这里引入影响个体(affect objects)的概念且将证明对于所有的非影响个体,$\psi_A(a)\geqslant\psi_{A'}(a)$。因此,在证明该引理时仅仅需要考虑影响个体。

为了不失一般性,假设在消除分叉的过程中,由于应用扩展规则,引入的新个体将替代集合中原有的个体。若此时正在对断言公式 $a:C$ 应用扩展规则且 $(a,b):R$、$(b,a):R$ 或 $a:C$ 在 A' 中但不在 A 中,则满足以上条件的个体 a 为从 A 到 A' 的影响个体 a。

注意:对任意个体 4 元组 $\psi_A(a)$ 的第三、四部分和对新出现的个体 4 元组 $\psi_A(a)$ 的第二部分具有如下相同的结构,首先一个断言公式集被确定;然后该集合在应用扩展规则后发生了较小的变化;最后用 $|\cdot|$ 函数将得到的集合映射到一个元素均为整数的多重集上。

类似地,若存在断言公式 $a:C$,则对新出现的个体 4 元组 $\psi_A(a)$ 的第一部分来说也仅仅是发生较小的变化。因此,为了证明 $\Psi(A')$ 是通过替换 $\Psi(A)$ 中的 4 元组得到的,只需要考虑那些被影响个体,而不用考虑非影响个体。

引理 3-2 假设 a 为 A 中未出现过的个体,则

(1) 如果从 a 到 b 有一条输出边(节点表示个体,边表示角色或特征),则 b 也是 A 中的新个体;

(2) 新个体必有一条输入边;

(3) 若存在断言 $(b,a):R$,则 $\psi_A(a)$ 的第一部分小于 $\psi_A(b)$ 的第一部分或者 $\psi_A(a)=\psi_A(b)=(0,\varnothing,\varnothing,\varnothing)$。

证明 由于所有扩展规则产生的都是输出边,故(1)显然成立。下面考虑该引理中的后两点。若不存在断言 $a:C$,则 $\psi_A(a)=(0,\varnothing,\varnothing,\varnothing)$;否则,通过对 $b:\forall R.C$ 和 $(b,a):R(b:\exists R.C)$ 应用值限定规则(存在性限定规则),$a:C$ 将被引入,对以上两种情

况均有结论成立，这是因为$|\forall R.C|=|\exists R.C|>|C|$。

现在考虑被影响个体。

(1) 合取规则：假设对$a:(C\sqcap D)$应用合取规则，则在该步骤中个体a为唯一的被影响个体。如果a是A中已经存在的个体，则$\psi_A(a)$的第一部分的模数将减少，因为$a:C$和$a:D$至少有一个是新增加到A'中的；如果a是A中未出现过的个体，则$\psi_A(a)$的第一部分的模数将保持不变，因为$|C\sqcap D|>|C|$且$|C\sqcap D|>|D|$。在$\psi_A(a)$的第二部分中，$|C\sqcap D|$被$|C|$和（或）$|D|$所取代，因此该部分的模数将减少。从$\Psi(A)$开始，通过用模数比$\psi_A(a)$小的4元组$\psi'_A(a)$来替换$\psi_A(a)$进而得到$\Psi(A')$，而通过其他方式的替换针对的都是非影响个体。

(2) 析取规则：析取规则的处理方式与合取规则的处理方式类似。

(3) 值限定规则：假设对$a:\forall R.C$和$(a,b):R$应用值限定规则，则a和b都是被影响个体。首先假设a和b相等，由引理3-2的(3)可知，只有当a是A中已经出现过的个体时这种假设才成立。然而在这种假设下第一部分的模数将会减少。

下面假设a和b不相等，首先考虑a。① 如果a是A中已经出现过的个体，则4元组$\psi_{A'}(a)$的模数将减少。这是因为：对被影响个体来说，$\psi_{A'}(a)$的第一部分的模数无法增加；$\psi_{A'}(a)$的第二部分永远是$\varnothing$；由于a和b不相等，故$\psi_{A'}(a)$的第三部分的模数无法增加；由于值限定规则已无法应用于$a:\forall R.C$和$(a,b):R$，故$\psi_{A'}(a)$的第四部分的模数将减少。② 如果a是A中未曾出现过的个体，则4元组$\psi_{A'}(a)$的模数也将减少。这是因为：由于A中没有增加新的断言$a:D$，故$\psi_{A'}(a)$的第一部分和第二部分保持不变；由于a和b不相等，故$\psi_{A'}(a)$的第三部分的模数无法增加；由于值限定规则已无法应用于$a:\forall R.C$和$(a,b):R$中，故$\psi_{A'}(a)$的第四部分的模数将减少。

下面证明$\psi_{A'}(b)<\psi_A(b)$或$\psi_{A'}(b)<\psi_A(a)$。① 如果b是A中已经出现过的个体，则4元组$\psi_{A'}(b)$的模数将减少，因为$\psi_{A'}(b)$的第一部分的模数在减少。② 如果b是A中未曾出现过的个体，那么若a是A中已经出现过的个体，则$\psi_{A'}(b)$的第一部分的模数将小于$\psi_A(a)$的第一部分的模数，因为第一部分定义的常数M已经足够大；若a是A中未曾出现过的个体，则$\psi_{A'}(a)$的第一部分的模数将等于$\psi_A(a)$的第一部分的模数，且由引理3-2(3)可知，$\psi_{A'}(a)$的第一部分的模数将大于则$\psi_{A'}(b)$的第一部分的模数。

(4) 存在性限定规则：假设对$a:\exists R.C$应用存在性限定规则，则将产生新断言$b:C$，此时a和b都将是被影响个体。首先假设a和b相等，由引理3-2(3)可知，只有当a是A中已经出现过的个体时这种假设才成立。然而在这种假设下第一部分的模数将会减少。

下面假设a和b不相等，首先考虑a。① 如果a是A中已经出现过的个体，则4元组$\psi_{A'}(a)$的模数将减少。这是因为：对被影响个体来说，$\psi_{A'}(a)$的第一部分的模数无法增加；

$\psi_{A'}(a)$的第二部分永远是$\varnothing$;由于存在性限定规则已无法应用于$a:\exists R.C$,且a和b不相等,故$\psi_{A'}(a)$的第三部分的模数将减少。② 如果a是A中未曾出现过的个体,则情况与(3)中相应部分类似。对个体b的证明也与(3)中相应部分类似。

(5) 谓词限定规则:假设对$a:P(u_1,u_2,\cdots,u_n)$应用谓词限定规则,则a、b_{ij}或x_i都将是被影响个体。对A中已经出现过的个体,4元组的第一部分的模数无法增加,且当向A中加入一个新的特征断言公式时它将减少;4元组的第二部分永远是$\varnothing$。对A中未曾出现过的个体,由于没有形如$c:C$的断言加入A,故4元组的第一部分和第二部分将保持不变;对个体a,$\psi_{A'}(a)$的第三部分的模数将减少,因为谓词限定规则已无法应用于$a:P(u_1,u_2,\cdots,u_n)$;对其他被影响的个体,4元组的第三部分无法增加,因为没有形如$c:C$的断言加入A;然而,4元组的第四部分的模数将增加,因为将有新的特征断言$(b,c):f$被加入。此时若b是A中已经出现过的个体,则$\psi_{A'}(b)$的第一部分的模数将减少;若b是A中未曾出现过的个体,则$\psi_{A'}(b)$的第一部分的模数将小于$\psi_A(a)$的第一部分的模数。接下来的证明与(3)(4)的最后一部分类似。

至此,引理3-1和引理3-2证明完毕,从而定理3-1得证。

定理3-2 (可靠性) 对给定的Tableau判定算法的运算,若一个ABox A是矛盾的,那么它是不一致的。

证明 若A没有后继,则其必定包含冲突。显然,包含冲突的ABox不存在模型,即A是不一致的。若A有后继,下面以值限定规则的情况进行证明,其他扩展规则的证明类似。

假设值限定规则被应用到$a:\forall R.C$,$((a,b):R)\in A$且得到ABox A',注意:A'实质上是A的超集,即A'就比A多了元素$b:C$,因此,只要证明I满足$b:C$。根据值限定的定义,以上结论是显然的,证毕。

定理3-3 (完备性) 对给定的Tableau判定算法的运算,若初始ABox A_1是不矛盾的,则A_1存在模型。

证明 由于A_1是不矛盾的,故M_r中存在一个ABox A满足$A\supseteq A_1$且对A无法应用任何冲突规则。将A的一个解释I作如下定义:

(1) 由于无法应用具体域冲突规则,故存在一个满足所有以$(x_1,x_2,\cdots,x_n):P$的形式出现的断言公式的合取式的指派α。解释I将$x\in N_{CI}$解释为$\alpha(x)$。

(2) 集合$\text{dom}(I)$由A中出现的所有抽象域个体组成。

(3) 令$B\in N_C$,则置$a\in B^I$当且仅当$a:B\in A$。

(4) 令$R\in(N_R\cup N_F)$,则置$(a,b)\in R^I$当且仅当$(a,b):R\in A$。

设ax为A中的断言公式,通过归约可得I不仅仅是A的一个解释,也是A的一个模型,归约步骤如下:

(1) 若 ax 为 $(a,b):R$，则根据定义得 I 满足 ax；

(2) 若 ax 为 $P(u_1,u_2,\cdots,u_n)$，则 A 中存在一个断言公式 $(x_1,x_2,\cdots,x_n):P$ 满足 $u_i^I(a) = x_i^I(i=1,2,\cdots,n)$，再根据 α 的定义得 I 满足 $a:P(u_1,u_2,\cdots,u_n)$；

(3) 若 ax 为 $a:B(B\in N_C)$，则根据定义得 $a\in B^I$；

(4) 若 ax 为 $a:\neg B(B\in N_C)$，由于 A 是一致的，故 $a:B$ 不在 A 中，再根据定义得 $a\in \neg B^I$；

(5) 若 ax 为 $a:(C\sqcap D)(a:(C\sqcup D))$，故此时无法对 $a:C$ 和 $a:D(a:C$ 或 $a:D)$ 应用扩展规则，通过归约可得 I 满足 ax；

(6) 若 ax 为 $a:\forall R.C$，且 $((a,b):R)\in A$，则 $b\in N_{AI}$，由于此时无法应用所有域冲突规则，因此对 $a:\forall R.C$ 和 $(a,b):R$ 可应用值限定规则，通过归约假设得 I 满足 $b:C$，从而 I 满足 ax；

(7) 若 ax 为 $a:\exists R.C$，应用存在性定义规则后得 $((a,b):R)\in A$ 且 $(b:C)\in A$，通过归约假设得 I 满足 $((a,b):R$ 和 $b:C$，从而 I 满足 ax。

因为 $A\supseteq A_1$ 且 I 是 A 的一个模型，所以 I 也是 A_1 的一个模型，证毕。

3.2.5 实例

在参考文献[42]中，Allen 在区间代数中定义了 13 种基本的区间关系，具体如图 3-2 所示。

区间关系	互逆区间关系	图示
x Before y	x After y	
x Meets y	x Met-by y	
x Equals y	x Equals y	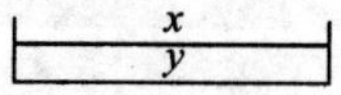
x During y	x Contains y	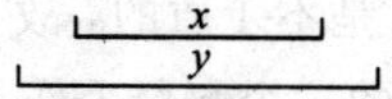
x Starts y	x Srarted-by y	
x Finishes y	x Finished-by y	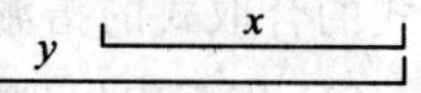
x Overlaps y	x Overlappde-by y	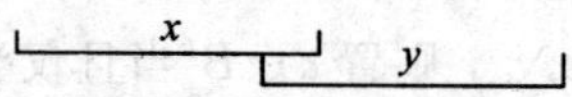

图 3-2 Allen 的 13 种基本区间关系

图 3-2 中，x、y 表示连续的时态区间且 x、$y\in[0,T]$，T 表示足够大的时间值。在这

13种关系中,有6对关系互逆且Equals和它本身互逆。在参考文献[42]中,Allen还提出了一个建立在传递闭包算法上的给定关系集的一致性检测方法。在该方法中,Allen用到了具有如下形式的传播表:给定两个区间关系$c(i_1, i_2)$和$d(i_2, i_3)$,传播表会指明哪一种基本关系将会被应用到(i_1, i_3)。

本节将使用描述逻辑$ALC(D_R)$(其中D_R表示为所有实数定义的具体域)来刻画以上13种基本的区间关系,并通过一致性检测来验证13种关系的不相交性、13种分类的完备性及Allen的传播表的正确性。为了简便,假设$pred(D_R)$仅包含$<, \leqslant, >, \geqslant, =, \neq$6个2元谓词,且将形如$(a, b): \leqslant$的断言写成$a \leqslant b$。

一个区间i可看成是定义在实数域上的一个有序的2元组(a, b),其中$a \leqslant b$。这在概念Interval的定义中体现了出来。该定义涉及具体域中的谓词$\leqslant$且与特征left和right构成**谓词限定**,即

$$Interval \equiv (left \leqslant right)$$

由于Allen的13种基本区间关系是定义在区间上的2元关系,故定义概念Pair来组合两个区间,在组合的过程中需要用到特征first和second,即

$$Pair \equiv \exists first.Interval \sqcap \exists second.Interval$$

现将图3-2中的13种基本区间关系的$ALC(D_R)$表示如下:

Before≡Pair⊓(first right<second left)

After≡Pair⊓(first left>second right)

Meets≡Pair⊓(first right=second left)

Met-by≡Pair⊓(first left=second right)

Equals≡Pair⊓(first left=second left)⊓(first right=second right)

During≡Pair⊓(first left>second left)⊓(first right<second right)

Contains≡Pair⊓(first left<second left)⊓(first right>second right)

Starts≡Pair⊓(first left=second left)⊓(first right<second right)

Started-by≡Pair⊓(first left=second left)⊓(first right>second right)

Finishes≡Pair⊓(first left>second left)⊓(first right=second right)

Finished-by≡Pair⊓(first left<second left)⊓(first right=second right)

Overlaps≡Pair⊓(first left<second left)⊓(first right<second right)>(first right>second left)

Overlapped-by≡Pair⊓(first left>second left)⊓(first right>second right)⊓(first left<second right)

要证明以上13种关系是不相交的,可证明13个概念中任意两个概念的合取是不一致的。例如,要证明Meets和After是不相交的,可证明Meets⊓After是不一致的。

要证明Allen的13种分类是完备的,可证明13个概念的析取包含于Pair是一致的,

即 Before ⊔ After ⊔ Meets ⊔ Met-by ⊔ Equals ⊔ During ⊔ Contains ⊔ Starts ⊔ Started-by ⊔ Finishes ⊔ Finished-by ⊔ Overlaps ⊔ Overlapped-by ⊑ Pair 是一致的。

要证明 Allen 的传播表的正确性,需要用到 ABox 的一致性检测。假设基本区间关系 c 和 d 对应的概念名分别为 C 和 D,且 $pair_j$ 和 l_k 均为具体域个体名,则 ABox A 由如下断言组成:

$(pair_1, l_1)$:first,$(pair_1, l_2)$:second,$(pair_2, l_2)$:first,$(pair_2, l_3)$:second,$pair_1:C$,$pair_2:D$

其中,断言 $pair_1:C$ 和 $pair_2:D$ 分别与 $c(i_1, i_2)$ 和 $d(i_2, i_3)$ 对应。假设想确定一个区间关系 e 是否会被应用到关系 (i_1, i_3),则在第一步用如下公式扩展 ABox A:

$(pair_3, i_1)$:first,$(pair_3, i_3)$:second,$pair_3:E$

其中,$pair_3:E$ 与 $e(i_1, i_3)$ 对应。第二步,一致性检测将检测扩展的 ABox 是否存在一个模型。如果它存在一个模型 M,则对区间 $i_j = (left^M(I_j^M), right^M(I_j^M))(j = 1, 2, 3)$,基本区间关系 $e(i_1, i_3)$ 在 $c(i_1, i_2) \land d(i_2, i_3)$ 中成立;否则,这样的区间不存在。对所有形如 (c, d, e) 的 3 元组反复应用如上方法,可验证 Allen 传播表的正确性。

3.3 本 体

3.3.1 本体的定义

本体(Ontology)原本是一个哲学概念,"世界上客观存在的系统描述"是其在哲学上的定义。随着人工智能的发展,该概念被引入了计算机科学界。1993 年 Gruber[27] 较早的给出本体在信息科学领域的定义,该定义被领域专家所接受并广泛应用,他把本体定义为"概念模型的明确的规范说明"。1997 年 Borst 等[43] 在 Gruber 定义的基础上增加了他们的补充,他们的定义是"共享概念模型的形式化规范说明"。Studer 等[44] 在前人两个定义的基础上对本体进行了深入研究,并认为本体的定义是"共享概念模型的明确的形式化规范说明"。概念模型指的是对客观世界抽象而来的模型。从形式上看,本体在信息科学界的定义多种多样;但从内涵上看,各领域的学者对于本体的认识都是一致的。在他们看来,本体是一种领域内不同概念之间进行信息交流(包括了信息的传递、对话、共享等)的规范平台,换句话说,就是本体提供了一种共享机制,该机制可以使不同概念之间的知识能够共享。

本体在计算机领域被广泛采用的定义是 1998 年 Studer 等[44] 提出的,即"共享概念模型的明确形式化规范说明",该定义中包含了 4 层含义:概念化、明确、形式化和共享。概念化指的是对客观世界事物进行抽象;明确是指本体中定义的概念以及各个概念之间的关系都要明确说明;形式化是指需要用逻辑语言的形式对本体进行描述,具有计算机可理解性；共享是指所定义的本体，必须是领域内公认知识的总和。本体的形式定义如下：

定义 3-12 本体可定义为一个 4 元组 $O = \{I, C, R, A\}$，其中 O 表示某应用领域的本体，I 表示该领域的所有个体或对象的集合，C 表示该领域的所有概念的集合，R 表示概念之间、属性之间或对象之间的关系的集合，A 表示在概念之间、属性之间或对象之间成立的公理的集合。

本体具有解决信息共享问题的能力，它可以使产品信息在设计、制造和检测的过程中实现重用和共享。在构建本体时应遵循一定的原则，这样才能使构建的本体比较完整和通用。针对本体的构造，目前还没有一个确定的准则，但最具影响力的是 1995 年 Gruber[45]提出的 5 条准则：

(1) 准则 1：清晰(Clarity)。对本体中重要术语的定义，应该定义成能表达其含义的术语。尽可能完整地定义领域内的知识，并用形式化的逻辑描述语言对该领域本体进行刻画和描述。

(2) 准则 2：一致(Coherence)。本体中的知识必须具有一致性并且不出现矛盾。一致的本体才能进行推理和查询，本体的一致性可以通过推理机来检测，也可以编写相应的公理来检测。

(3) 准则 3：可扩展性(Extendibility)。本体是一个庞大的知识集合，其收集的知识是动态的知识，因此要随时对知识进行添加和编辑。新知识的添加应该具有独立性，其添加不会影响到原知识，这就要求本体具有可扩展性。

(4) 准则 4：编码偏好程度最小(Minimal Encoding Bias)。本体中描述的概念要从知识的角度进行说明，而不是依赖于具体的编码符号，这就要求编码偏好的程度要最小。

(5) 准则 5：本体约定最小(Minimal Ontological Commitment)。为满足特定领域内知识共享的需求，在本体构建时应尽量减少约束，提高本体知识的通用性。

3.3.2 本体描述语言

本体是一种形式化的规范说明，故用来描述本体的语言也应该是形式化的语言。目前，由于本体的广泛应用，其形式化的描述语言的种类也比较多，这些描述语言包括 RDF、RDF-S、OWL、OIL、KIF、Ontolingua、SHOE、XOL、DAML、OCML、CycL 和 Loom。本书拟在构建公差信息表示的本体时选用 OWL[46]，其优势在于：一方面，OWL 以 Web 资源为描述对象，由一些早期的本体语言发展而来，故具有其他语言的共同优点；另一方面，OWL 是 W3C 所推荐形式化描述语言，故使用该语言描述的本体具有较好的应用前景。

OWL 是 W3C 为语义 Web 设计的本体描述语言。OWL 最初是用来定义和实例化 Web 本体的，自从描述逻辑成为 OWL 的逻辑基础之后，用 OWL 描述的知识便具有了严格的逻辑语义。本体的一个显著特点是用其构建的知识库可以自动地检测类之间的蕴涵、概念的一致性及属性之间的衍推。OWL 是由 RDF 语言和 RDFS 语言发展而来的，其保留了 RDF 和 RDFS 的大部分原语，且语法延续了 XML 和 RDF 的语法格式，这就使得非专业人员读懂 OWL 编码也并非难事。除了继承 RDFS 的类定义构造子（rdfs：class）、属性定义构造子（rdfs：property）、类和属性的层次关系定义构造子（rdfs：subClassOf，rdfs：subPropertyOf）及属性的定义域和值域构造子（rdfs：domain，rdfs：range）外，OWL 自身提供了 4 大类构造子，这些构造子分别用于定义类之间的集合运算（owl：unionOf，owl：inter-sectionOf，owl：complementOf）、枚举类（owl：oneOf）、属性特性（owl：Symmetric Proper-ty，owl：TransitiveProperty，owl：FunctionalProperty）及属性约束（owl：cardinality，owl：allValuesFrom，owl：someValuesFrom，owl：maxCardinality，owl：minCardinality）。

根据不同的应用目的，OWL 提供了具有不同描述能力与可判定性的子语言。这些子语言是 OWL Lite、OWL DL 和 OWL Full，其中 OWL Lite 的描述能力较其他两个弱，但推理能力最强且可判定，它适用于描述一些分类层次关系和简单的约束关系；OWL DL 的描述能力和推理能力居中，但它能保证可判定，故适用于描述那些需要最大描述能力且又追求计算完备和可判定的知识；OWL Full 的描述能力最强，但其无法保证可判定性，故适用于描述那些对描述能力有最大追求但不追求计算完备和可判定的知识。通过比较它们的优点和缺点，根据公差信息表示的实际需求，本书将采用 OWL DL 来构建公差信息表示的本体。

3.3.3 本体的构建方法

一种良好的本体构建方法有利于避免在本体构建过程中遗漏或重复某些类、属性、个体以及它们之间关系。目前，常见的本体构建方法有 7 种，分别为 METHONTOLOGY 法、IDEF5 法、TOVE 法、KACTUS 法、SENSUS 法、骨架法和七步法。这 7 种方法在构建本体的生命周期、相关技术、本体应用领域以及方法的细节文档等方面都不尽相同，具体如表 3-1 所示。

表 3-1 各种本体构建方法之间的比较

方法名称	生命周期	方法细节文档	本体的应用	相关技术
骨架法	无	很少	一个域	不确定
METHONTOLOGY 法	有	详细	多个域	不完全
IDEF5 法	无	详细	多个域	不确定
TOVE 法	不完全	较少	一个域	不确定
KACTUS 法	无	很少	一个域	不确定
SENSUS 法	无	详细	多个域	不确定
七步法	不完全	详细	多个域	不完全

由表 3-1 可知，采用七步法构建本体，有详细的方法细节文档来参考，构建的本体可以应用到多个域。结合本体构建的实际情况，本书拟采用七步法来构建公差信息表示的本体。七步法中的七步为：第一步，本体范围和领域的界定；第二步，考虑现有本体的重用；第三步，重要术语的罗列；第四步，类与类继承的定义；第五步，属性和关系的定义；第六步，属性限制的定义；第七步，实例的构建。

按照七步法，结合实际应用领域中的知识，具体按如下步骤构建领域本体：将本体中重要的术语进行梳理，在重要术语中抽取重要的类，分析类与类的继承关系，并表示出类的结构图。把类与类之间的关系进行梳理和整理，表示出类与类之间的关系，并对类之间的关系进行定义。定义类的属性，把类与类之间或个体与个体之间的属性定义为对象属性，用于联系类与类或个体与个体之间的关系，将联系个体与具体参数的属性定义为数据属性，用于刻画更加详细的个体。创建实例，对实例的各种关系进行刻画，描述出实例的各个属性，使其成为特定的实例。本书将依照以上步骤构建公差表示的本体。

3.3.4 本体的构建工具

根据特定的语言关系，本体的构建工具可分为两类，第一类是基于某种特定语言的构建工具；第二类是基于独立性的特定语言的构建工具。两类本体构建工具之间的比较见表 3-2。本书将选用最为普遍的本体构建工具 Protégé[47]。Protégé 采用了图形化界面，其主界面包含多个标签，并支持多种插件，内置了 FaCT++ 推理机和具有查询功能的 DL Query 插件。这些特点都极大地方便了公差表示的本体的构建。

表 3-2 两类本体构建工具之间的比较

构建工具	代表工具	与语言的关系	支持语言
第一类	Ontolingua, Ontosaurus	基于某种特定语言	多种基于人工智能的本体描述语言
第二类	Protégé, Ontoedit	基于独立的特定语言	RDF(S)、OWL 等

由表 3-2 可以看出，Protégé 属于第二类本体构建工具，且支持 OWL 语言。由于本文采用的本体描述语言是 OWL，因此使用 Protégé 对本体进行构建恰好符合要求。Protégé 本身具有的开放性风格，方便本体的扩展，开发人员可以通过插件的形式来对其进行扩展，增加新的功能。此外，Protégé 还采用图形化的构建形式，具有内置的推理机及提供查询服务功能等特色。

第四章 ISO 极限与配合的 DL_Lite$_R$ 表示

4.1 概述

为使零件具有互换性，必须保证零件的尺寸、几何形状和相互位置以及表面特征技术要求的一致性。就尺寸而言，互换性要求尺寸的一致性，是指要求尺寸在某一合理的范围内，而且在这一范围内，既要保证相互结合的尺寸之间的关系，以满足不同的使用要求，又要在制造上经济、合理，从而形成了"极限与配合"的概念。在机械制造业中，极限用于协调机器零件使用要求与制造经济之间的矛盾，而配合则反映零件组合时相互之间的关系。

尺寸极限与配合标准是机械行业重要的基础标准之一，它在整个 N-GPS 标准体系中占有重要的地位。在机械产品的设计中，合理、经济地确定零件的尺寸精度是一项比较复杂的工作，也是一项很重要的工作，总的指导原则是：以保证产品的技术性能要求为前提，最大限度地降低制造成本，力争达到最佳技术经济综合指标。为实现这一目标，必须搞清楚零件结合的特性和使用要求，以便正确地选用尺寸的极限与配合，并采取恰当的工艺措施来实现。

尺寸极限与配合通常指孔与轴的结合，是机械中应用最广泛的一种结合形式。为了经济地满足使用要求，保证互换性，就必须在零件的结构设计中统一其基本尺寸，在尺寸精度设计中统一规定极限与配合，即对尺寸极限与配合进行标准化。N-GPS 相关规范中给出了尺寸极限与配合的相关标准，利用本体对其进行形式化的表示有助于该部分内容的共享与重用，并可以帮助相关的设计及制造人员快速、准确地完成尺寸精度设计，为协同设计奠定基础，从而有助于保证零件的互换性，推进我国科学技术水平的发展。

极限与配合制的产生、建立和发展与工业生产的发展密切相关，并与社会的技术经济相联系，其发展大致经历了极限与配合制的萌芽、初期极限与配合、旧的极限与配合制和国际极限与配合制等几个阶段，国际 ISO 极限与配合即为现行的极限与配合制。

4.2 尺寸极限与配合知识

ISO 制由"标准公差系列"和"基本偏差系列"组成，其中前者代表公差带的大小，后者

第四章 ISO极限与配合的 DL_Lite$_R$ 表示

代表公差带的位置，二者相结合构成孔、轴的不同公差带，而配合则由孔、轴公差带结合而成。ISO 制不但包括极限与配合制，而且还包括测量与检测制，从而形成了一个比较完整的体制。国际极限与配合制基本结构如图 4-1 所示。

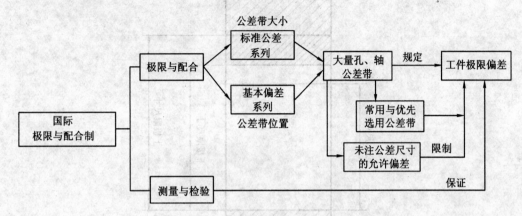

图 4-1 国际极限与配合制基本结构

4.2.1 基本术语

为了与国际标准一致，我国标准 GB/T 1800.1—2009 中确立了极限与配合的基本术语和定义。

（1）轴：通常指工件的圆柱形外表面，也包括非圆柱形外表面（由二平行平面或切面形成的被包容面）。

（2）孔：通常指工件的圆柱形内表面，也包括非圆柱形内表面（由二平行平面或切面形成的包容面）。

（3）尺寸要素：有一定大小的线性尺寸或角度尺寸确定的几何形状。

（4）实际（组成）要素：由接近实际（组成）要素所限定的工件实际表面的组成要素部分。

（5）提取组成要素：按规定方法，由实际（组成）要素提取有限数目的点所形成的实际（组成）要素的近似替代。

（6）拟合组成要素：按规定方法，由提取组成要素形成的并具有理想形状的组成要素。

（7）尺寸：以特定单位表示线性尺寸值的数值。尺寸表示长度的大小，包括直径、长度、宽度、高度、厚度以及中心距、圆角半径等，它由数字和长度单位组成。

① 公称尺寸：由图样规范确定的理想形状要素的尺寸。通过公称尺寸应用上、下偏差可计算出极限尺寸。

② 极限尺寸：尺寸要素允许的尺寸的两个极端。上极限尺寸指尺寸要素允许的最大尺

寸,下极限尺寸指尺寸要素允许的最小尺寸。

公称尺寸、上极限尺寸和下极限尺寸示意图如图 4-2 所示。

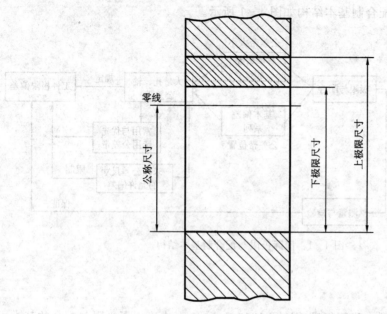

图 4-2 公称尺寸、上极限尺寸和下极限尺寸示意图

(8) 极限制:经标准化的公差与偏差制度。

(9) 零线:在极限与配合图解中,表示公称尺寸的一条直线,以其为基准确定偏差和公差(见图 4-2)。通常,零线沿水平方向绘制,正偏差位于其上,负偏差位于其下,公差带图解参见图 4-3。

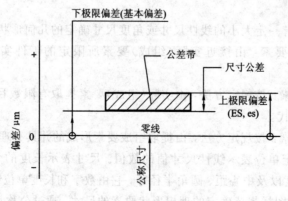

图 4-3 公差带图解

(10) 偏差:某一尺寸减其公称尺寸所得的代数差。

第四章 ISO 极限与配合的 DL_Lite$_R$ 表示

① 极限偏差：上极限偏差和下极限偏差。上极限偏差为上极限尺寸减其公称尺寸所得的代数差。下极限偏差为下极限尺寸减其公称尺寸所得的代数差。

② 基本偏差：在本标准的极限与配合制中，确定公差带相对于零线位置的极限偏差。

(11) 尺寸公差(简称公差)：上极限尺寸减下极限尺寸之差，或上极限偏差减下极限偏差之差，它是允许尺寸的变动量。

① 标准公差：本标准极限与配合制中所规定的任一公差。字母 IT 为"国际公差"的符号，即标准公差的符号，为"International Tolerance"的词头缩写。

② 标准公差等级：在本标准极限与配合制中，同一公差等级（例如 IT7）对所有公称尺寸的一组公差被认为具有同等精确程度。

③ 公差带：在公差带图解中，由代表上偏差和下偏差或最大极限尺寸和最小极限尺寸的两条直线所限定的一个区域。它是由公差大小和其相对零线的位置如基本偏差来确定（见图 4-3）。

(12) 标准公差因子：在本标准极限与配合制中，用以确定标准公差的基本单位。该因子是基本尺寸的函数。

(13) 间隙：孔的尺寸减去相配合的轴的尺寸之差为正。间隙示意图参见图 4-4。

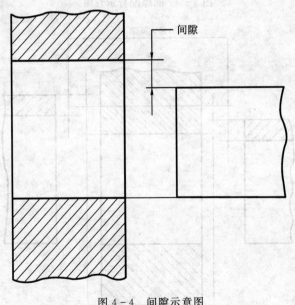

图 4-4 间隙示意图

① 最小间隙：在间隙配合中，孔的下极限尺寸与轴的上极限尺寸之差。间隙配合示意图参见图 4-5。

② 最大间隙：在间隙配合或过渡配合中，孔的上极限尺寸与轴的下极限尺寸之差。间

隙配合和过渡配合示意图分别参见图4-5和图4-6。

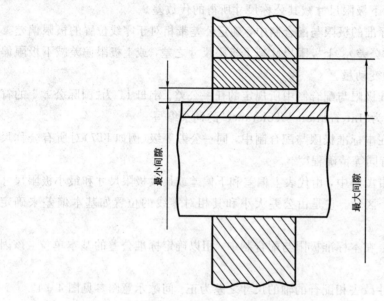

图4-5 间隙配合示意图

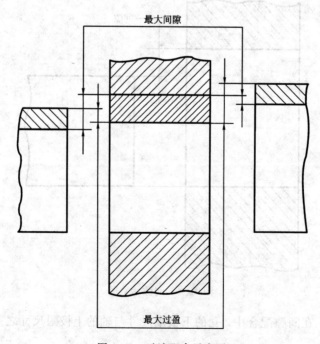

图4-6 过渡配合示意图

(14) 过盈：孔的尺寸减去相配合的轴的尺寸之差为负。过盈示意图参见图 4-7。

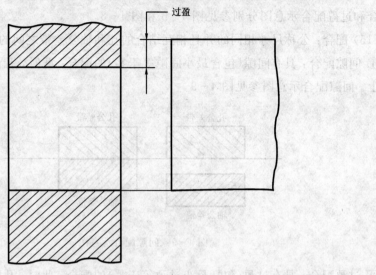

图 4-7　过盈示意图

① 最小过盈：在过盈配合中，孔的上极限尺寸与轴的下极限尺寸之差。过盈配合示意图参见图 4-8。

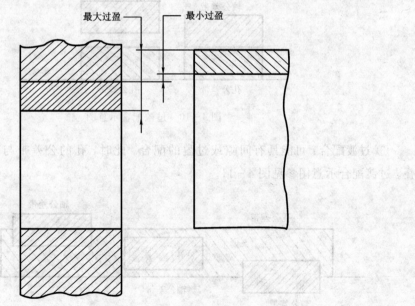

图 4-8　过盈配合示意图

② 最大过盈：在过盈配合或过渡配合中，孔的下极限尺寸与轴的上极限尺寸之差。过渡配合和过盈配合示意图分别参见图 4-6 和图 4-8。

(15) 配合：公称尺寸相同的并且相互结合的孔和轴公差带之间的关系。

① 间隙配合：具有间隙（包含最小间隙等于零）的配合。此时，孔的公差带在轴的公差带之上。间隙配合示意图参见图 4-9。

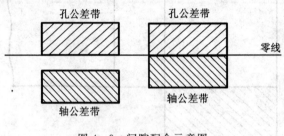

图 4-9　间隙配合示意图

② 过盈配合：具有过盈（包括最小过盈等于零）的配合。此时，孔的公差带在轴的公差带之下。过盈配合示意图参见图 4-10。

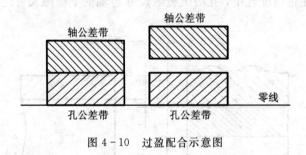

图 4-10　过盈配合示意图

③ 过渡配合：可能具有间隙或过盈的配合。此时，孔的公差带与轴的公差带相互交叠。过渡配合示意图参见图 4-11。

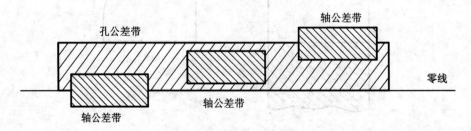

图 4-11　过渡配合示意图

④ 配合公差：组成配合的孔与轴的公差之和。它是允许间隙或过盈的变动量。配合公差是一个没有符号的绝对值。

（16）配合制：统一极限制的孔与轴组成的一种配合制度。

① 基轴制配合：基本偏差为一定的轴的公差带，与不同基本偏差的孔的公差带形成的各种配合的一种制度。对本标准的极限与配合制，是轴的上极限尺寸与公称尺寸相等、轴的上极限偏差为零的一种配合制。基轴制配合参见图 4-12。

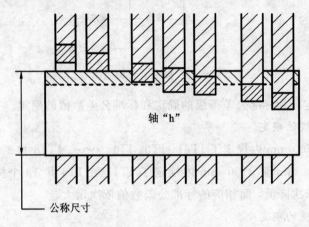

图 4-12 基轴制配合

② 基孔制配合：基本偏差为一定的孔的公差带，与不同基本偏差的轴的公差带形成的各种配合的一种制度。对本标准的极限与配合制，是孔的下极限尺寸与公称尺寸相等、孔的下极限偏差为零的一种配合制。基孔制配合参见图 4-13。

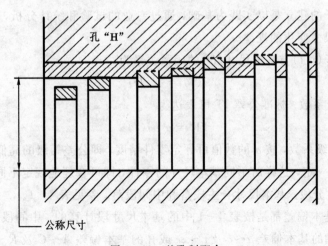

图 4-13 基孔制配合

4.2.2 标准公差值的计算

标准公差是本标准极限与配合制中表列的任一公差,用以确定公差带的大小。标准公差的构成图参见图 4-14。

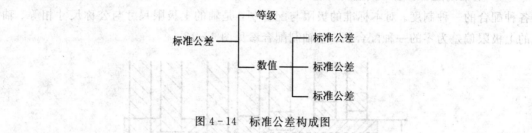

图 4-14 标准公差构成图

标准公差的确定分为标准公差等级的确定和标准公差数值的确定。

1. 标准公差等级的确定

在基本尺寸至 500 mm 内规定了 IT01、IT0、IT1、……、IT18 共 20 个标准公差等级,在基本尺寸大于 500 mm 至 3150 mm 内规定了 IT1 至 IT18 共 18 个标准公差等级。从 IT01 至 IT18 等级依次降低,而相应的标准公差数值依次增大。

2. 标准公差数值的确定

标准公差数值由标准公差因子、公差等级系数和基本尺寸分段确定。标准公差因子是制定标准公差数值表的基础。

(1) 标准公差因子(i, I)。标准公差因子是确定标准公差的基本单位,是基本尺寸的函数。

标准公差因子的建立是以实践为基础,通过专业的试验和统计分析,找出零件加工及测量误差随基本尺寸变化的规律。

标准公差因子(i, I)与基本尺寸(D)的函数关系为

$$i(I) = f(D)$$

(2) 公差等级系数。标准公差 IT 可表达为

$$IT = a \cdot i(I)$$

式中,a 为公差等级系数,按 a 的数值可评定零件精度,即公差等级的高低。对同一精度或公差等级,a 值为一定,这样对不同基本尺寸的零件,即可合理地规定不同的公差。

(3) 基本尺寸分段。基本尺寸分主段落和中间段落,参见表 4-1。

标准公差和基本偏差都是按表 4-1 中的基本尺寸段计算的。中间段落仅用于计算尺寸至 500 mm 的轴的基本偏差 $a \sim c$ 及 $r \sim zc$ 或孔的基本偏差 $A \sim C$ 及 $R \sim ZC$ 和计算尺寸大于 500 mm 至 3150 mm 的轴的基本偏差 $r \sim u$ 及孔的基本偏差 $R \sim U$。

第四章 ISO极限与配合的 DL_Lite$_R$ 表示

表 4-1 基本尺寸分段   单位:mm

主段落 大于	主段落 至	中间段落 大于	中间段落 至	主段落 大于	主段落 至	中间段落 大于	中间段落 至
—	3	无细分段		250	315	250	280
3	6					280	315
6	10			315	400	315	355
						355	400
10	18	10	14	400	500	400	450
		14	18			450	500
18	30	18	24	500	630	500	560
		24	30			560	630
30	50	30	40	630	800	630	710
		40	50			710	800
50	80	50	65	800	1000	800	900
		65	80			900	1000
80	120	80	100	1000	1250	1000	1120
		100	120			1120	1250
120	180	120	140	1250	1600	1250	1400
		140	160			1400	1600
		160	180	1600	2000	1600	1800
						1800	2000
180	250	180	200	2000	2500	2000	2240
		200	225			2240	2500
		225	250	2500	3150	2500	2800
						2800	3150

在计算各基本尺寸段的标准公差和基本偏差时,公式中的 D 用每一尺寸段中首尾两个尺寸(D_1 和 D_2)的几何平均值,即

$$D = \sqrt{D_1 \times D_2}$$

对基本尺寸进行分段,目的是为简化公差与偏差的表格,便于应用。对同一尺寸分段内的所有基本尺寸都规定同样的标准公差因子,这样虽使公差数目减少了,表格简化了,但同时使标准公差因子的计算产生误差。要求公差表格越简化了,则尺寸分段的间隔应越大;而要求标准公差因子计算的相对误差越小,则尺寸分段的间隔应越小。显然,这两方面的要求是矛盾的,而对尺寸分段的基本要求就是要使这两方面的要求达到最好的协调。

(1) 基本尺寸至 500 mm 的标准公差的计算。等级 IT01、IT0 和 IT1 的标准公差数值按表 4-2 给出的公式计算，对等级 IT2、IT3 和 IT4 没有给出计算公式，其标准公差数值在 IT1 和 IT5 的数值之间大致按几何级数递增。

表 4-2 IT01、IT0 和 IT1 的标准公差计算公式   单位：μm

标准公差等级	IT01	IT0	IT1
计算公式	$0.3+0.008D$	$0.5+0.012D$	$0.8+0.020D$

注：式中 D 为基本尺寸段的几何平均值，单位为 mm

等级 IT5 至 IT18 的标准公差数值作为标准公差因子 i 的函数，可由表 4-3 所列计算公式求得。标准公差因子 i 由下式计算

$$i = 0.45\sqrt[3]{D} + 0.001D$$

式中：i——标准公差因子，单位为 μm；D——基本尺寸段的几何平均值，单位为 mm。

表 4-3 基本尺寸至 500 mm 的标准公差计算公式

标准公差等级	IT5	IT6	IT7	IT8	IT9	IT10	IT11
计算公式	$7i$	$10i$	$16i$	$25i$	$40i$	$64i$	$100i$
标准公差等级	IT12	IT13	IT14	IT15	IT16	IT17	IT18
计算公式	$160i$	$250i$	$400i$	$640i$	$1000i$	$1600i$	$2500i$

表 4-3 中计算公式内的 7、10、16、…、2500 等系数是公差等级系数 a，它是各个公差等级的公差数值所含的标准公差因子 i 的倍数。每个公差等级有一个确定的公差等级系数。

(2) 基本尺寸大于 500 mm 至 3150 mm 的标准公差的计算。等级 IT1～IT18 的标准公差数值作为标准公差因子 I 的函数，由表 4-3 所列计算公式求得。标准公差因子 I 由下式计算

$$I = 0.004D + 2.1$$

式中：I——标准公差因子，单位为 μm；D——基本尺寸段的几何平均值，单位为 mm。

表 4-4 基本尺寸大于 500 mm 至 3150 mm 的标准公差计算公式

标准公差等级	IT1	IT2	IT3	IT4	IT5	IT6	IT7	IT8	IT9
计算公式	$2I$	$2.7I$	$3.7I$	$5I$	$7I$	$10I$	$16I$	$25I$	$40I$
标准公差等级	IT10	IT11	IT12	IT13	IT14	IT15	IT16	IT17	IT18
计算公式	$64I$	$100I$	$160I$	$250I$	$400I$	$640I$	$1000I$	$1600I$	$2500I$

表 4-4 中计算公式内的 2、2.7、3.7、…、2500 等系数是标准公差等级系数 a，它是各个公差等级的标准公差数值所含的标准公差因子的倍数。每个公差等级有一个确定的公差等级系数。

等级至 IT11 的标准公差计算结果可按表 4-5 的规则修约；等级大于 IT11 的标准公差数值是由 IT7 至 IT11 的标准公差数值延伸来的，故不需再修约。对上述修约规则有以下几点需要说明：

① 表中所列计算结果"自……至……"的数值，例如自 60 至 100，是计算公式计算后的数值范围，即标准公差计算值的范围。

② 表列数值是化整的倍数值。经过化整的两个数，其和或差不再化整。

③ 为了使标准公差表列数值分布得更好，有的没有采用该修约规则。

表 4-5 等级至 IT11 的标准公差修约

计算结果(mm)		基本尺寸		计算结果(mm)		基本尺寸	
		至 500 mm	至 3150 mm			至 500 mm	至 3150 mm
自	至	修约成整倍数		自	至	修约成整倍数	
0	60	1	1	1000	2000	—	50
60	100	1	2	2000	5000	—	100
100	200	5	5	5000	10 000	—	200
200	500	10	10	10 000	20 000	—	500
500	1000	—	20	20 000	50 000	—	1000

标准公差数值按以上计算方法，通过对基本尺寸分段内各个标准公差等级的公差数值的计算，经修约化整而得到。

4.2.3 基本偏差的计算

基本偏差是用以确定公差带相对零线位置的那个极限偏差。它可以是上偏差或下偏差，一般为靠近零线的那个偏差。

1. 轴的基本偏差计算

轴的基本偏差按表 4-6 给出的公式计算。由表中计算公式求得的轴的基本偏差，一般是靠近零线的那个极限偏差，即 a 至 h 为轴的上偏差(es)，k 至 zc 为轴的下偏差(ei)。除轴 j 和 js(严格地说两者无基本偏差)外，轴的基本偏差的数值与选用的标准公差等级无关。表 4-6 中轴的基本偏差的计算公式是以基孔制配合为基础来考虑的，即根据配合性质给定的。

表 4-6 轴和孔的基本偏差计算公式

单位：mm

基本尺寸		轴			公式	孔			基本尺寸	
大于	至此	基本偏差	符号	极限偏差		极限偏差	符号	基本偏差	大于	至此
1	120	a	−	es	$256+1.3D$	EI	+	A	1	120
120	500				$3.5D$				120	500
1	160	b	−	es	$140+0.85D$	EI	+	B	1	160
160	500				$1.8D$				160	500
0	40	c	−	es	$52D^{0.2}$	EI	+	C	0	40
40	500				$95+0.8D$				40	500
0	10	cd	−	es	$C、c$ 和 $D、d$ 值的几何平均值	EI	+	CD	0	10
0	3150	d	−	es	$16D^{0.44}$	EI	+	D	0	3150
0	3150	e	−	es	$11D^{0.44}$	EI	+	E	0	3150
0	10	ef	−	es	$E、e$ 和 $F、f$ 值的几何平均值	EI	+	EF	0	10
0	3150	f	−	es	$5.5D0.41$	EI	+	F	0	3150
0	10	fg	−	es	$F、f$ 和 $G、g$ 值的几何平均值	EI	+	FG	0	10
0	3150	g	−	es	$2.5D^{0.34}$	EI	+	G	0	3150
0	3150	h	无符号	es	偏差=0	EI	无符号	H	0	3150
0	500	j			无公式			J	0	500
0	3150	js	+ −	es ei	$0.5IT_n$	EI ES	+ −	JS	0	3150
0	500	k	+		$0.6\sqrt[3]{D}$	ES	−	K	0	500
500	3150		无符号	ei	偏差=0		无符号		500	3150
0	500	m	+	ei	IT7 − IT6	ES	−	M	0	500
500	3150				$0.024D+12.6$				500	3150

第四章 ISO极限与配合的 DL_Lite$_R$ 表示

续表

基本尺寸		轴			公式	孔			基本尺寸	
大于	至此	基本偏差	符号	极限偏差		极限偏差	符号	基本偏差	大于	至此
0	500	n	+	ei	$5D^{0.34}$	ES	−	N	0	500
500	3150				$0.04D+21$				500	3150
0	500	p	+	ei	IT7+(0 至 5)	ES	−	P	0	500
500	3150				$0.072D+37.8$				500	3150
0	3150	r	+	ei	P、p 和 S、s 值的几何平均值	ES	−	R	0	3150
0	50	s	+	ei	IT8+(1 至 4)	ES	−	S	0	50
50	3150				IT7+$0.4D$				50	3150
24	3150	t	+	ei	IT7+$0.63D$	ES	−	T	24	3150
0	3150	u	+	ei	IT7+D	ES	−	U	0	3150
14	500	v	+	ei	IT7+$1.25D$	ES	−	V	14	500
0	500	x	+	ei	IT7+$1.6D$	ES	−	X	0	500
18	500	y	+	ei	IT7+$2D$	ES	−	Y	18	500
0	500	z	+	ei	IT7+$2.5D$	ES	−	Z	0	500
0	500	za	+	ei	IT8+$3.15D$	ES	−	ZA	0	500
0	500	zb	+	ei	IT9+$4D$	ES	−	ZB	0	500
0	500	zc	+	ei	IT10+$5D$	ES	−	ZC	0	500

续表

> 注:
> (1) 公式中 D 是基本尺寸段的几何平均值(mm);基本偏差的计算结果以 μm 计。
> (2) j、J 只在基本偏差数值表中给出其值。
> (3) 基本尺寸至 500 mm 轴的基本偏差 k 的计算公式仅适用于标准公差等级 IT4~IT7,对所有其他基本尺寸和所有其他 IT 等级的基本偏差 $k=0$,孔的基本偏差 K 的计算公式仅适用于标准公差等级小于或等于 IT8,对所有其他基本尺寸和所有其他 IT 等级的基本偏差 $K=0$。
> (4) 孔的基本偏差 K 至 ZC 的计算见情况 2 给出的特殊规则。

2. 孔的基本偏差计算

孔的基本偏差亦按表 4-6 中所给出的公式计算。计算求得孔的基本偏差,一般是最靠近零线的那个极限偏差,即 A 至 H 为孔的下偏差 EI,K 至 ZC 为孔的上偏差 ES。除孔 J 和 JS(严格地说两者无基本偏差)外,基本偏差的数值与选用的标准等级无关。轴 j 和孔 J 只在其数值表内给出其值,无计算公式。

由表 4-6 可见,由于孔与轴的基本偏差采用同一计算公式,因此孔的基本偏差可由轴的基本偏差换算得到。

一般对同一只母孔的基本偏差与轴的基本偏差相对于零线是完全对称的。即孔与轴的基本偏差对应时,两者的基本偏差的绝对值相等,而符号相反:

$$EI = -es \text{ 或 } ES = -ei$$

该规则适用于所有的基本偏差,但以下情况例外:

(1) 情况 1:基本尺寸大于 3 mm 至 500 mm,标准公差等级大于 IT8 的孔的基本偏差 N,其数值(ES)等于零。

(2) 情况 2:在基本尺寸大于 3 mm 至 500 mm 的基孔制或基轴制配合中,给定某一公差等级的孔要与更精一级的轴相配(例如 H7/p6 和 P7/h6),并要求具有同等的间隙或过盈。此时,计算孔的基本偏差应附加一个 Δ 值,即

$$ES = ES(计算值) + \Delta$$

式中,Δ 是基本尺寸段内给定的某一标准公差等级 IT_n 与更精一级的标准公差等级 $IT(n-1)$ 的差值。

情况 2 给出的特殊规则,仅适用于基本尺寸大于 3 mm,标准公差等级小于或等于 IT8 的孔的基本偏差 K、M、N 和标准公差等级小于或等于 IT7 的孔的基本偏差 P 至 ZC。

3. 基本偏差数值的修约

由表 4-6 计算得到的轴、孔基本偏差的计算结果可按表 4-7 的规则修约。由计算公式和孔、轴基本偏差换算规则,计算求得轴与孔的基本偏差数值。

表 4-7 基本偏差数值的修约

计算结果(mm)		基本尺寸		
		至 500 mm		大于 500 mm 至 3150 mm
		基本偏差		
		a 至 g A 至 G	k 至 zc K 至 ZC	d 至 u D 至 U
自	至	修约成整倍数		
5	45	1	1	1
45	60	2	1	1
60	100	5	1	2
100	200	5	2	5
200	300	10	2	10
300	500	10	5	10
500	560	10	5	20
560	600	20	5	20
600	800	20	10	20
800	1000	20	20	20
1000	2000	50	50	50
2000	5000	100	100	100
⋮	⋮	⋮	⋮	⋮
20×10^n	50×10^n	100×10^n		1×10^n
50×10^n	200×10^n			2×10^n
100×10^n				5×10^n

4.2.4 公差与配合的标准表示

现阶段我国尺寸极限和配合相关标准及其与国际标准的对应情况如表 4-8 所示。

表 4-8　最新国家标准与国际标准对应情况

国家标准	国际标准
GB/T 1800—2009《产品几何技术规范(GPS)极限与配合》	ISO 286:1988《ISO 极限与配合制》
GB/T 1801—2009《产品几何技术规范(GPS)极限与配合　公差带和配合的选择》	ISO 1829:1975《一般用途公差带的选择》
GB/T 1803—2003《公差与配合　尺寸至 18 mm 孔、轴公差带》	—
GB-T 1804—2000《一般公差　未注公差的线性和角度尺寸的公差》	ISO 2768-1:1989《一般公差　第 1 部分：未单独注出公差的线性和角度尺寸的公差》
GB/T 3177—2009《产品几何技术规范(GPS)光滑工件尺寸的检验》	ISO/DIS 1938-3:1938《光滑工件检验　第 3 部分：极限指示量规》
GB/T 5371—2004《极限与配合过盈配合的计算和选用》	—

4.2.5　尺寸公差的标注

GB/T 4458.5—2003《机械制图　尺寸公差与配合的标注》规定了在机械制图中标注尺寸公差与配合的方法，适用于《机械图样中尺寸公差(线性尺寸公差和角度尺寸公差)与配合的标注方法》。

1. 在零件图中的标注方法

(1) 线性尺寸公差的标注。线性尺寸的公差应按下列 3 种形式之一标注：

① 当采用公差代号标注线性尺寸的公差时，公差带的代号应注在基本尺寸的右边。注写公差带代号公差标注法(一)、(二)分别参见图 4-15、图 4-16。

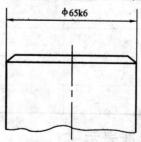

图 4-15　注写公差带代号公差标注法(一)

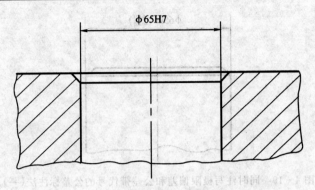

图 4-16　注写公差带代号公差标注法(二)

②　当采用极限偏差标注线性尺寸的公差时,上偏差应注在基本尺寸的右上方;下偏差应与基本尺寸注在同一底线上。上、下偏差数字的字号应比基本尺寸数字的字号小一号。注写极限偏差的公差标注法(一)、(二)分别参见图 4-17、图 4-18。

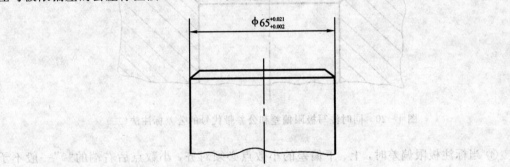

图 4-17　注写极限偏差标的公差标注法(一)

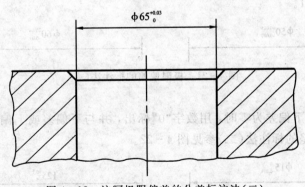

图 4-18　注写极限偏差的公差标注法(二)

③　当要求同时标注公差代号和相应的极限偏差时,则后者应加上圆括号。同时注写极限偏差和公差带代号的公差标注法(一)、(二)分别参见图 4-19、图 4-20。

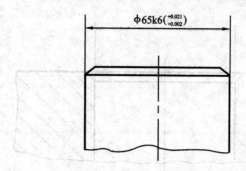

图 4-19 同时注写极限偏差和公差带代号的公差标注法（一）

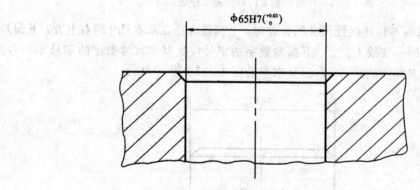

图 4-20 同时注写极限偏差和公差带代号的公差标注法（二）

④ 当标注极限偏差时，上、下偏差的小数点必须对齐，小数点后右端的"0"一般不予注出；如果为了使上、下偏差值的小数点后的位数相同，可以用"0"补齐。极限偏差的标注法（一）参见图 4-21。

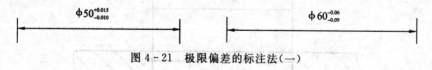

图 4-21 极限偏差的标注法（一）

⑤ 当上偏差或下偏差为零时，用数字"0"标出，并与下偏差或上偏差的小数点前的个位数对齐。极限偏差的标注法（二）参见图 4-22。

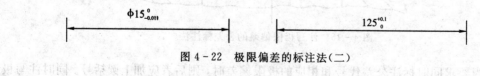

图 4-22 极限偏差的标注法（二）

⑥ 当公差带相对于基本尺寸对称地配置，即两个偏差相同时，偏差只需注写一次，并应在偏差与基本尺寸之间注出符号"±"且两者数字高度相同。极限偏差的标注法（三）参见图 4-23。

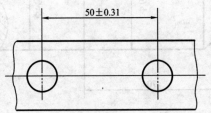

图 4-23　极限偏差的标注法（三）

（2）线性尺寸公差的附加符号注法。当尺寸仅需要限制单个方向的极限时，应在该极限尺寸的右边加注符号"max"或"min"。单向极限尺寸的标注法（一）、（二）分别参见图 4-24、图 4-25。

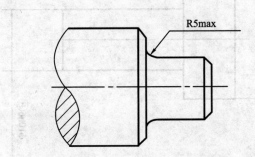

图 4-24　单向极限尺寸的标注法（一）

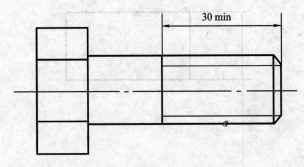

图 4-25　单向极限尺寸的标注法（二）

同一基本尺寸的表面，若具有不同的公差时，应用细实线分开，并按线性尺寸的公差标注形式分别标注其公差。同一基本尺寸的表面具有不同公差要求的标注法参见图 4-26。

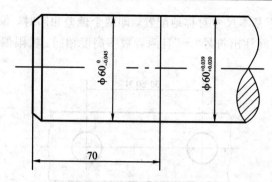

图 4-26 同一基本尺寸的表面具有不同公差要求的标注法

如果要素的尺寸公差和形状公差的关系遵循包容原则时，应在尺寸公差的右边加注符号"Ⓔ"。采用包容要求时的标注法（轴）和标注法（孔）分别参见图 4-27、图 4-28。

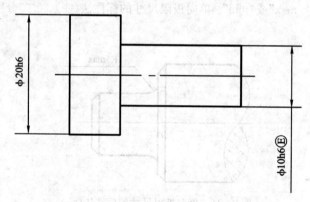

图 4-27 采用包容要求时的标注法（轴）

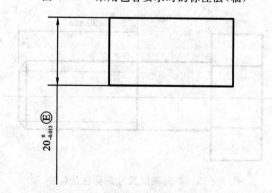

图 4-28 采用包容要求时的标法注（孔）

2. 在装配图中的标注方法

(1) 在装配图中标注线性尺寸的配合代号时，必须在基本尺寸的右边，用分数的形式注出,其中分子为孔的公差带代号,分母为轴的公差带代号。线性尺寸的配合代号标注法一参见图4-29。必要时也允许按图4-30或图4-31所示的形式标注。

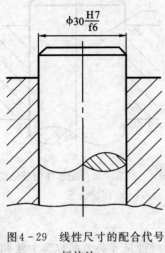

图4-29 线性尺寸的配合代号
标注法一

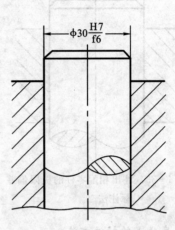

图4-30 线性尺寸的配合代号
标注法二

(2) 在装配图中标注相配零件的极限偏差时,一般按图4-32所示的形式标注,孔的基本尺寸和极限偏差注写在尺寸线的上方,轴的基本尺寸和极限偏差注写在尺寸线的下方;也允许按图4-33所示的形式标注。

若需要明确指出装配件的代号,则可按图4-34所示的形式标注。

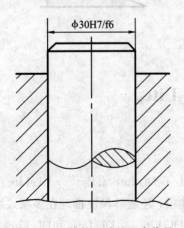

图4-31 线性尺寸的配合代号
标注法三

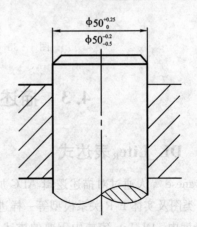

图4-32 注出相配零件的极限偏差
标注法一

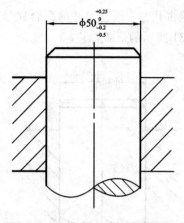 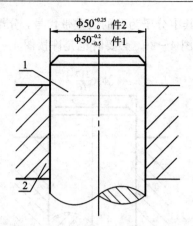

图 4-33 注出相配零件的极限偏差标注法二   图 4-34 注出相配零件的极限偏差标注法三

3. 角度公差的标注方法

角度公差的标注如图 4-35 所示，其基本规则与线性尺寸公差的标注方法相同。

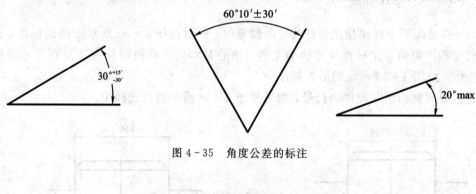

图 4-35 角度公差的标注

4.3 描述逻辑 DL_Lite$_R$

4.3.1 DL_Lite$_R$ 表达式

Calvanese 等人通过对描述逻辑 ALC 加以限制而得出了 DL-Lite 家族[132]，DL-Lite 可以像 UML 类图及实体 E-R 关系模型等一样进行概念等的建模，还能够保证推理在多项式级的时间复杂度内。DL-Lite 家族中重要的描述逻辑主要有：DL-Lite$_{core}$、DL-Lite$_R$ 和 DL-Lite$_F$。其中，DL-Lite$_{core}$ 是 DL-Lite 家族的核心语言；DL-Lite$_R$ 是在 DL-Lite$_{core}$ 的基础上通过增加角色包含公理而得来的；DL-Lite$_F$ 是在 DL-Lite$_{core}$ 的基础上通过增加函数约束功能而得来的。

DL-Lite$_R$ 的基本符号包括：① 原子概念 A；② 基本概念 B；③ 通用概念 C；④ 原子关

系 P；⑤ 基本关系 R；⑥ 通用关系 E；⑦ P 的逆 P^-；⑧ 空集 $\bot$；⑨ 全域 $\top$；⑩ 非限定性存在量词 $\exists$。其中，B 为一个原子概念或形如 $\exists R$ 的概念，即：$B::= A \mid \exists R$；C 为一个基本概念或基本概念的否定，即：$C::= B \mid \neg B$（当 $C = A$ 时，$\neg C = \neg A$；当 $C = \neg A$ 时，$\neg C = A$）；R 为一个原子角色或原子角色的逆，即：$R::= P \mid P^-$（当 $R = P$ 时，$R^- = P^-$；当 $R^- = P$ 时，$R = P^-$）；E 为一个基本角色或基本角色的否定，即：$E::= R \mid \neg R$（当 $E = R$ 时，$\neg E = \neg R$；当 $\neg E = R$ 时，$E = \neg R$）。

4.3.2 DL_Lite$_R$ 本体语法和语义

描述逻辑表示的本体 O 可表示为 $O = <\mathcal{T}, \mathcal{A}>$，其中 $\mathcal{T}$ 为 TBox，是由形如 $B \sqsubseteq C$ 的概念包含断言和形如 $R \sqsubseteq E$ 的关系包含断言所组成的有限集；$\mathcal{A}$ 为 ABox，是由形如 $A(a)$ 的原子概念成员断言和形如 $P(a,b)$ 的原子关系成员断言所组成的有限集，其中 $A(a)$ 表示常量 a 是概念 A 的一个实例，$P(a,b)$ 表示常量对 (a,b) 是关系 P 的一个实例。

DL-Lite$_R$ 本体语义解释为 $I = (\Delta^I, \cdot^I)$。其中，Δ^I 是由个体组成的非空论域；映射函数 $\cdot^I$ 将每个概念 C 映射为论域 Δ^I 的某个子集 C^I，将每个角色 R 映射为 $\Delta^I \times \Delta^I$ 上的某个 2 元关系 R^I；将每个个体 a 解释为 Δ^I 中的某个元素 a^I，且每个个体名都是唯一的，即要满足唯一命名假设（unique name assumption）。DL-Lite$_R$ 中的各构造子及公理的语法及语义解释如表 4-9 所示。

表 4-9 DL-Lite$_R$ 构造子及公理的语法及语义解释

构造子语义解释		
构造子	语法	语义
原子概念	A	$A^I \subseteq \Delta^I$
原子关系	P	$P^I \subseteq \Delta^I \times \Delta^I$
概念否定	$\neg B$	$(\neg B)^I = \Delta^I \setminus B^I$
关系的逆	P^-	$(P^-)^I = \{(O_2, O_1) \mid (O_1, O_2) \in P^I\}$
非限定性存在量词	$\exists R$	$(\exists R)^I = \{O \mid \exists O'. (O, O') \in R^I\}$
关系的否定	$\neg R$	$(\neg R)^I = \Delta^I \times \Delta^I \setminus R^I$
公理语义解释		
公理所属类别	语法	语义
ABox 成员断言	$A(a)$	$a^I \in A^I$
ABox 成员断言	$P(a,b)$	$(a^I, b^I) \in P^I$
TBox 包含断言	$B \sqsubseteq C$	$B^I \subseteq C^I$
TBox 包含断言	$C_1 \sqsubseteq C_2$	$C_1^I \subseteq C_2^I$
TBox 包含断言	$E_1 \sqsubseteq E_2$	$E_1^I \subseteq E_2^I$

4.3.3 基于 DL_Lite$_R$ 本体查询

DL_Lite$_R$ 本体主要用于基于本体的数据查询（Ontology Based Data Access，OBDA）中，OBDA 技术由意大利波尔察诺自由大学 Diego Calvanese 教授等人于 2007 年正式提出，并已被视为一个独立的研究方向。该技术的提出主要用于解决大规模数据的访问效率问题，或实现对各数据源的集成，其关键就在于以一个概念层的形式可抽象地表示数据源中的数据，并通过该概念层去访问数据，而本体是概念层表示的最佳选择。在 OBDA 系统中，用户只需要了解概念层即可，底层数据则由数据库管理系统（DataBase Management System，DBMS）进行管理和维护，用户无需了解其结构及具体内容。该方法具有以下特点：

（1）基于本体对数据进行访问有助于实现数据语义信息的重用；

（2）本体在应用程序和数据之间构建了一个新的语义层，有助于软件的模块化，可方便软件的管理和维护；

（3）借助已有本体推理算法可从数据中发现新知识，从而有助于数据的管理和使用；

（4）将本体推理算法引入对数据的查询之中，使系统能够处理更为复杂的查询，也从语义上保证了查询到的数据能够满足用户的需求。

OBDA 系统基本架构如图 4-36 所示。

图 4-36 OBDA 系统基本框架图

在图 4-36 中，本体 $\mathcal{O}$ 由 TBox 和 ABox 两部分组成，即 $\mathcal{O}=<\mathcal{T},\mathcal{A}>$。其中 TBox $\mathcal{T}$ 是内涵断言的一个有限集合，描述了领域的内涵知识，可充当 OBDA 系统的概念视图；ABox $\mathcal{A}$ 是外延断言的一个有限集合。OBDA-Enabled 系统用于推理和查询处理，它并不直接操作数据源中的数据，而是通过语义映射来查询数据。

OBDA 系统中主要有两种查询处理方式：① 自底向上（Bottom-up）；② 自顶向下（Top-down）。在自底向上方法中，通过语义映射可生成本体的 ABox 中的实例，而且这些实例是通过复制数据源中的数据，然后将其存储在系统的内部数据库 H2 中的方式物化生成的，再通过查询重构和查询处理对相关查询进行推理。由此可见，该方法会占用大量的存储空间，而且当外部数据发生变化时，已生成的本体实例无法对该变化进行感知，为保证数据的准确性，必须重新对整个 ABox 进行填充和计算。而且，该方法所采用的推理机处理能力比较低，只能够处理个体数量大约为 10^4 的 ABox，但通常情况下，实际的信息系统的规模要大得多，个体数量一般大约为 $10^6 \sim 10^9$，所以，该方法无法满足实际信息系统的数据处理需求。而在自顶向下方法中可直接处理语义连接生成的虚拟的 ABox，此时，本体的 ABox 并没有作为一个独立的语法对象存在，而且 ABox 中也并没有真正的实例，数据仍然以数据库的形式存在，只是通过映射 M 和本体概念、属性相关联，因此当数据库内容发生变化时，这些变化可以通过映射立即反映到查询结果上，但其处理查询方式比自底向上方法复杂，主要分为 3 个步骤：查询重构、查询展开和查询处理[126]。OBDA 自顶向下的方法处理流程如图 4-37 所示。

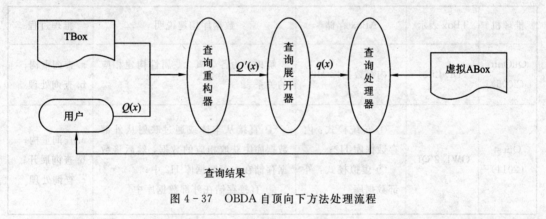

图 4-37　OBDA 自顶向下方法处理流程

在图 4-37 中，查询重构器将基于本体的一个查询 $Q(x)$ 通过最优重构的方法转化为组合与查询 $Q'(x)$；查询展开器再根据映射语句 M 把 $Q'(x)$ 转化为一个基于数据源的查询 $q(x)$，此时 $q(x)$ 与本体已没有任何关系；查询处理器则根据 $q(x)$ 在数据库中查找结果。该方法整个过程的执行主要依赖 OBDA 系统推理机，使用者需给出的关键是语义映射部分。

4.3.4　基于 DL_Lite$_R$ 本体推理

OBDA 技术有其专用的推理机（参见图 4-36），目前已有的推理机主要是 QuOnto 和 Quest，另外还有许多以 QuOnto 推理机为核心所开发的系统或插件，现仅给出 QuOnto 和 Quest 的比较，如表 4-10 所示。由表 4-10 可知，QuOnto 与 Quest 在所支持的描述逻辑即 TBox 表示语言、ABox 存储方式以及推理执行过程等方面都有所不同：

① OWL 2 QL 是以 DL-Lite 家族尤其是 DL-Lite$_R$ 作为理论支撑的，并且是由 OWL 2

DL 扩展而来的专门用于处理具有大量个体实例的本体的一种分支语言，这恰好满足尺寸极限与配合本体处理大量数据实例的要求。

② 在 ABox 个体实例存储方面，QuOnto 在解析时，分别为各个概念、属性构建相应的关系表，并将其存储在内置的 H2 数据库中，且其数据源仅来自于输入的本体相关文件；而 Quest 在两种不同的模式下数据存储的方式也不同，传统模式下的数据存储与 QuOnto 类似，但其来源更加广泛，不仅仅局限于本体，虚拟模式下的数据则完全存储在外部数据库中，由数据库管理系统进行管理，本体与数据之间的交互通过映射语句来实现，且当数据发生变化时，可马上反映到查询结果中去，利用这一特性可以方便地维护知识库系统。

③ Quest 相比 QuOnto 的推理过程有了进一步的扩展，由于有映射的存在，通过查询展开可以使得生成一个新的基于数据库的 SQL 查询，而与映射无关。通过以上分析可知，Quest 推理机更适合 SLFKBS 知识库系统的推理查询。

表 4-10　推理机比较

推理机	TBox 表示	ABox 存储	数据库构建说明	推理过程
QuOnto (2005)	DL-Lite	内存数据库 H2	解析时为各个概念、属性构建相应的关系表	a. 查询重构； b. 查询处理
Quest (2011)	OWL 2 QL	① 传统模式：内存数据库 H2； ② 虚拟模式：外部数据库	① 直接从本体或通过映射从外部数据库中获取相应的数据，然后将数据存储在内存数据库 H2 中； ② 直接存储在外部数据库中	a. 查询重构； b. 查询展开； c. 查询处理

Quest 的核心架构包括 3 个组件：

(1) QuestConnection(Quest 连接)组件：当给定一个 Quest 实例时，可能会同时存在多个连接，通过这些连接可以获得 Quest 的状态声明，并且可以像普通的 SQL 连接那样通过提交或回滚的方式将改变存储在日志中，从而可以实现事务维护。

(2) QuestStatement(Quest 状态声明)组件：通过 Quest 状态声明可以查询或更新日志。Quest 状态声明的作用与 JDBC 状态声明的功能基本相似，但也存在一些内部差异，例如：Quest 状态声明主要用于负责协调通过查询重写的方式来进行查询应答时的不同步骤。

(3) QuestResultSet(Quest 结果集)组件：Quest 结果集与 JDBC 结果集类似，其中包含有某个查询执行后得到的所有结果，可采用一定的方法访问结果集中的所有数据。

Quest 支持传统的和虚拟的两种 OBDA 模型。传统模型中推理机可从本体文件或通过映射从外部数据源中读取数据，并将其存储在系统内置的 H2 内存数据库中，再进行相应的推理查询,由此可见,该模型处理效率比较低。本节采用虚拟 OBDA 模型的方式,将其引入 N-GPS 尺寸极限与配合的背景知识中,完成相关数据库、本体、OBDA 模型的构建及相关查询推理的实现。

给定一个查询后,Quest 处理虚拟 OBDA 模型流程如下:
① 加载本体及已连接好数据源的 OBDA 模型;
② 基于 TBox 对查询进行重构;
③ 根据 OBDA 模型中的映射生成一个基于数据源的 SQL 查询;
④ 执行查询并返回查询结果。

4.4 尺寸精度与配合设计本体表示

4.4.1 未注公差

未注公差也叫一般公差,是指在车间通常的加工条件下即可保证的公差。国标 GB/T 1804—2000《一般公差 未注公差的线性和角度尺寸的公差》规定了未注出公差的线性和角度尺寸的一般公差的公差等级和极限偏差数值。在实际应用时,它具有以下几点应用原则:

(1) 一般公差具有一定的尺寸适用范围。国标 GB/T 1804—2000 仅适用于:① 线性尺寸,包括外尺寸、内尺寸、阶梯尺寸、直径、半径、距离、倒圆半径和倒角高度;② 角度尺寸,包括通常不注出角度值的角度尺寸,如直角;③ 机加工组装件的线性和角度尺寸。它不适用于:① 其他一般公差标准涉及的线性和角度尺寸;② 括号内的参考尺寸;③ 矩形框格内的理论正确尺寸。

(2) 依据相关规定选取公差等级并确定极限值。一般公差分为精密(f)、中等(m)、粗糙(c)和最粗(v)共 4 个公差等级。选取该公差等级时,应考虑通常的车间精度以及相应技术文件或标准的具体规定。

(3) 未注公差尺寸通常只需标注基本尺寸。采用一般公差的尺寸,只需标注基本尺寸,在该尺寸后无需注出其极限偏差数值,但应在图样标题栏附近或技术要求中标注。技术文件中注出该标准号及公差等级代号。

(4) 一般情况下可不检验。在保证正常加工精度的条件下,采用国标 GB/T 1804—2000 规定的一般公差的工件一般可不检验,只有当零件的功能受到损害时,超出一般公差的工件才被拒收。

由以上应用原则,可提取如表 4-11 所示的一般公差本体概念表。

表 4-11　一般公差本体概念表

中文概念		英文全称（简称）	
未注公差尺寸	线性尺寸	Size Without Individual Tolerance Indications(SizeWithoutITI)	Linear Size(SizeLinear)
	角度尺寸		Angular Size(SizeAngular)
加工方法		Processing Method(ProcMethod)	
公差等级		Tolerance Grade(NIGrade)	
基本尺寸		Nominal Size(NomSize)	
极限偏差		Limit Deviation(LimDev)	
标注		Indication(Indication)	
检验		Rejection(Rejection)	
材质		Material(Material)	

同时，提取概念之间的对象属性，一般公差对象属性表如表 4-12 所示；属性的定义域、值域参见一般公差属性关系图如图 4-38 所示。

表 4-12　一般公差对象属性表

属性名	说　　明
hasNIDev	未注公差尺寸与偏差之间的关系
hasNIGrade	未注公差尺寸与公差等级间的关系
hasMaterial	未注公差尺寸与所属工件的材料的关系
hasProcMethod	未注公差尺寸与加工方法的关系
hasNomSize	未注公差尺寸与基本尺寸间的关系
hasIndication	未注公差尺寸与标注间的关系
hasRejection	未注公差尺寸与检验间的关系

第四章 ISO极限与配合的 DL_Lite$_R$ 表示

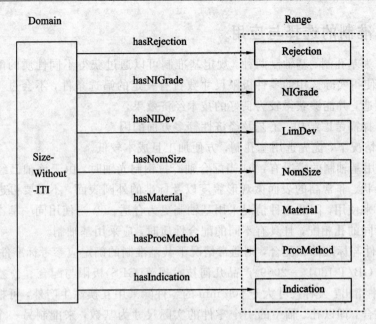

图 4-38 一般公差属性关系图

根据以上提取的概念及属性，可构建如下 TBox。

SizeAngular ⊑ AngleRig
SizeWithoutITI ⊑ ∃hasNomSize
∃hasNomSize⁻ ⊑ NomSize
SizeWithoutITI ⊑ ∃hasNIGrade
∃hasNIGrade⁻ ⊑ NIGrade
SizeWithoutITI ⊑ ∃hasNIDev
∃hasNIDev⁻ ⊑ LimDev
SizeWithoutITI ⊑ ∃hasMaterial
∃hasMaterial⁻ ⊑ Material
SizeWithoutITI ⊑ ∃hasProcMethod
∃hasProcMethod⁻ ⊑ ProcMethod
SizeWithoutITI ⊑ ∃hasIndication
∃hasIndication⁻ ⊑ Indication
SizeWithoutITI ⊑ ∃hasRejection
∃hasRejection⁻ ⊑ Rejection

4.4.2 基准制的选择与应用

基准制分为基孔制、基轴制两种。规定基准制可以通过获得不同性质的配合,以满足广泛的需要,使得实际选用的零件极限尺寸数目有一定的筛选条件,不会过于繁多,从而可方便机械制造,并能够获得较为良好的技术经济效果。

基准制选择需考虑结构、工艺及经济性等多方面的因素。

(1) 通常情况下,优先选用基孔制,方便加工且成本较低。

(2) 宜采用基轴制的情况有:① 当配合轴冷拉钢制光轴时,由于该轴已经具有相当准确的尺寸和形状、非常高的表面微观形貌度以及标准的外圆表面,不需要再进行切削加工就可以直接拿来使用,因此这种情况采用基轴制更为合适。② 当使用同一基本尺寸的轴的各个部位与不同的孔相配,且具有不同的配合性质时,应采用基轴制。

(3) 若零件与标准件相配合,则通常情况下其基准制的确定应参考标准件。

(4) 国标 GB/T 1801—2009《产品几何技术规范(GPS)极限与配合 公差带和配合的选择》在附录中指出:公称尺寸大于 500 mm 的零件除采用互换性生产外,可根据其制造特点采用配制配合,即以孔、轴中的一个零件的实际尺寸为基数,来配制另一个零件。配制配合一般用于公差等级较高、单件小批生产的配合零件[146]。

(5) 当有特殊配合需要时,允许采用任一孔、轴公差带组成配合的非基准制配合。

就目前各种机器配合的情况来看,大多数情况下都是采用基孔制,少数情况下采用基轴制,个别情况下采用非基准制配合。

通过以上分析,可提取如表 4-13 所示的基准制选择与应用相关概念。相关的对象属性仅有 hasBasisSys,其定义域为 FitSitu,值域为 BasisSys。

表 4-13 基准制选择与应用相关概念

	中文概念		英文全称(简称)
基准制	基孔制	Basis System (BasisSys)	Hole-basis System(HoleSys)
	基轴制		Shaft-basis System(ShaftSys)
配合情况	普通配合	Fit Situation (FitSitu)	Ordinary Fit(OrdFit)
	与冷拉标准轴配合		Fit with Cold-Drown Shaft(CDShaftFit)
	与标准件配合		Fit with Standard Parts(StanPartFit)
	均匀轴与多孔配合		Fit of Uniform Shaft and Holes(USHFit)
	均匀孔与多轴配合		Fit of Uniform Hole and Shafts(UHSFit)
	配制配合		Matched Fit(MatchFit)
	特殊要求配合		Special Fit(SpecFit)

上述内容对应的 TBox 可表示为：

BasisSys ≡ HoleSys ⊔ ShaftSys

FitSitu ≡ OrdFit ⊔ CDShaftFit ⊔ StanPartFit ⊔ USHFit ⊔ UHSFit ⊔ MatchFit ⊔ SpecFit

FitSitu ⊑ ∃hasBasisSys

∃hasBasisSys⁻ ⊑ BasisSys

4.4.3 公差等级选用

正确地选用公差等级，可以在一定程度上解决零件使用要求与制造经济性之间的矛盾。选用公差等级时应考虑以下因素：

(1) 保证使用要求，这是最基本也是最主要的因素。极限与配合在公称尺寸至 500 mm 内规定了 IT01、IT0、IT1、…、IT18 共 20 个标准公差等级；在公称尺寸 500 mm～3150 mm 内规定了 IT1～IT18 共 18 个标准公差等级，每一个公差等级都有其通常情况下的应用条件。这一因素的考虑主要参照已有的应用实例，即运用类比法进行选择。例如：公差等级 IT01 一般用于特别精密的标准量规的精度设计。

(2) 保证使用要求的前提下，考虑工艺的可能性和加工的难易程度。配合公差 T_f 与相配合的孔、轴公差 T_H 和 T_s 满足公式 $T_f = T_H + T_s$，即配合公差等于孔、轴公差之和。据此计算出孔、轴预选公差值 $T_H = T_s = T_f/2$，然后查询标准公差表即可确定公差等级。所选公差等级既要符合使用要求，又要满足工艺等价的原则。该工艺等级原则如表 4-14 所示，其中 STG 表示轴偏差符号，HTG 表示孔偏差符号。在满足使用要求的前提下，应尽量选择较低的公差等级，这样有利于加工成本的降低。这一因素的考虑主要依据计算法进行选择。

表 4-14 工艺等级原则

公称尺寸/mm	STG	HTG	公差等级关系
NomSize>500	所有公差等级	所有公差等级	STG=HTG
3<NomSize≤500	STG≤8	HTG≤8	STG=HTG+1
	STG≥9	HTG≥9	STG=HTG
NomSize≤3	1≤STG≤3	1≤HTG≤3	依据实际情况选择

(3) 要综合考虑配合的具体情况。孔、轴的公差等级、公差值直接影响配合的精度，因此配合要求必然包含对孔、轴公差的要求。就过渡配合或过盈配合而言，为满足定心和传力的要求，一般要求配合要有较高的稳定性，不允许其间隙或过盈有太大的变动量，通常选用比较高的公差等级。因此，公差等级的选择应该与配合综合考虑。

(4) 综合考虑典型零件和部件的精度。当与齿轮相配合时，孔、轴的公差等级应与齿轮的精度等级匹配，若齿轮精度等级为 6 级，则其齿轮孔与轴的公差等级应取 IT6 及 IT5 等。

（5）综合考虑尺寸精度、形位精度以及表面粗糙度之间关系的协调问题。几何精度之间是相互影响的，因此不能孤立对待。

据此可提取如表4-15所示的公差等级选用相关概念和如表4-16所示的公差等级选用对象属性；对象属性的定义域、值域参见公差等级选择对象属性关系图，如图4-39所示，图中箭头的起始端表示定义域Domain、终端表示值域Range。

表4-15 公差等级选用相关概念

中文概念		英文全称（简称）
公称尺寸		Nominal Size(NomSize)
公差等级		Tolerance Grade(Grade)
公差		Tolerance(Tolerance)
加工方法		Processing Method(ProcMethod)
表面粗糙度		Surface Roughness(SurRoug)
工件	孔	Hole(Hole)
	轴	Shaft(Shaft)

（注：工件对应 Part(Part)）

表4-16 公差等级选用对象属性

属性	说明
hasGrade	表示公差、加工方法、表面粗糙度、工件与公差等级的关系
hasNomSize	表示公差、表面粗糙度、工件与公称尺寸之间的关系
hasTolerance	表示工件与公差之间的关系
hasSurRoug	表示工件与表面粗糙度之间的关系

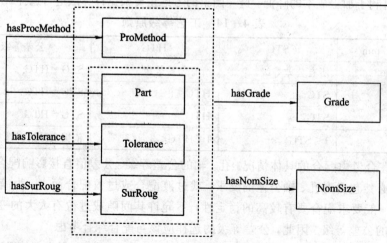

图4-39 公差等级选择对象属性关系图

上述内容对应的 TBox 可表示为：

Part≡Hole ⊔ Shaft

Part ⊑ ∃hasProcMethod

∃hasProcMethod⁻ ⊑ ProcMethod

Part ⊑ ∃hasTolerance

∃hasTolerance⁻ ⊑ Tolerance

Part ⊑ ∃hasSurRoug

∃hasSurRoug⁻ ⊑ SurRoug

Tolerance ⊔ Part ⊔ ProcMethod ⊔ SurRoug ⊑ ∃hasGrade

∃hasGrade⁻ ⊑ Grade

Tolerance ⊔ Part ⊔ SurRoug ⊑ ∃hasNomSize

∃hasNomSize⁻ ⊑ NomSize

4.4.4 配合的选择与应用

为合理地解决结合零件在工作时的相互关系，保证机器的正常运转，必须正确地选择配合，从而可以提高机器的工作性能，延长其使用寿命并降低成本。所谓配合就是指相互结合的、具有相同基本尺寸的孔、轴公差带之间的关系。配合包括间隙配合、过渡配合和过盈配合[147]。选择配合主要从以下两方面入手：

(1) 根据工作条件确定配合种类。应根据工件工作时是否有相对运动，是否要求定心，是否有传递运动或受力等来确定配合类别。

① 当有相对运动时，则只能选择间隙配合。

② 当无相对运动但是用键、销或螺钉等来固定时，同样可选间隙配。

③ 当无相对运动，又要求定心时，则有两种选择：过盈配合、过渡配合，此时还需根据配合件工作是否会有传递运动或受力来选择：若有，则为过盈配合；若无，则为过渡配合。

(2) 确定了配合类别以后，需要结合使用要求，通过计算或类比的方法对配合的间隙或过盈量进行确定，即确定配合的松紧。配合的松紧可用偏差代号表示，基本偏差代号与配合种类间的对应关系如图 4-40 所示。

由于基准件的基本偏差代号已确定，对孔来说为 H，对轴来说为 h，那么只需根据已有的间隙或过盈量来确定配合件中的非基准件的基本偏差、基本偏差代号即可。先假设非基准件为轴，通过计算来确定基本偏差的方法，各种配合相关计算如表 4-17 所示。类比法则主要参考轴的各种基本偏差的配合特性和应用来进行选择。同时，由于具体的工作情况对间隙或过盈会有一定的影响，因此，间隙或过盈应根据具体的工作情况进行适当的增或减。

产品几何规范的知识表示

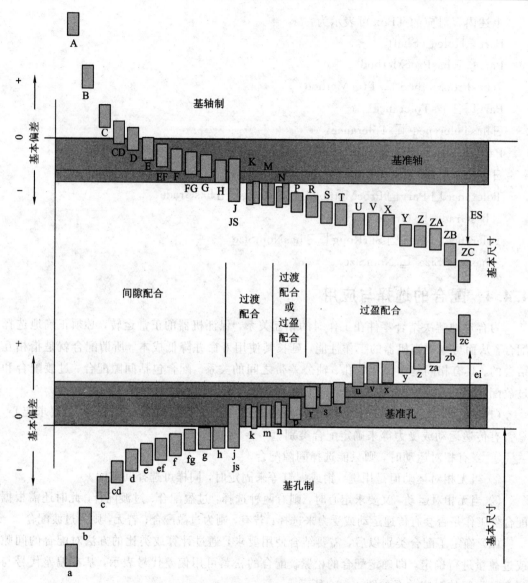

图 4-40 基本偏差代号与配合种类对应关系

表 4-17 各种配合相关计算

配合类别	所涉及的计算量		关系式
间隙配合	基本偏差 es	配合的最小间隙 $X_{\min}$	$|es|=|X_{\min}|$
过盈配合	基本偏差 ei	基准孔的公差 T_H 最小过盈量 $Y_{\min}$	$ei=T_H+|Y_{\min}|$
过渡配合	基本偏差 ei	配合的最松情况 $X_{\max}$	$ei=T_H-|X_{\max}|$

第四章 ISO极限与配合的 DL_Lite$_R$ 表示

（3）国标 GB/T 1801—2009《产品几何技术规范（GPS）极限与配合 公差带和配合的选择》中给出了公称尺寸至 500 mm 的常用尺寸段的优先、常用配合，在进行配合地选择时，应优先选用。

（4）选择配合时，还应综合考虑热变形的影响、装配变形的影响以及装配方法与尺寸分布特性的影响等。就热变形影响来说，由于国家标准规定的标准温度是 20℃，则要求检验也应在 20℃的条件下进行，当实际工作温度不是 20℃时，孔、轴热胀冷缩会对配合间隙或过盈造成一定的影响，故应按公式计算热变形所引起的变化量。这一影响对高温或低温下的机械来说尤为重要，不可忽视。换算公式为

$$\Delta = D(\alpha_H \cdot \Delta t_H - \alpha_S \cdot \Delta t_S)$$

其中，D 表示配合件的基本尺寸；α_H、α_S 分别表示孔、轴材料的线性膨胀系数；Δt_H、Δt_S 分别表示孔、轴实际工作温度与 20℃的标准温度的差值。

根据以上分析，可提取如表 4-18 所示的配合选择与应用相关概念表和如表 4-19 所示的配合选择与应用对象属性表。概念与主要对象属性之间的关系可参见配合选择与应用对象属性关系图，如图 4-41 所示。

表 4-18 配合选择与应用相关概念

中文概念				英文全称（简称）	
	间隙配合			Clearance Fit(ClrncFit)	
	过盈配合			Interference/Tight Fit(TigFit)	
	过渡配合			Transition Fit(TransFit)	
配合	优先常用配合	优先配合	基孔制优先	Fit(Fit) / Special Fit(SpecFit)	Prior Fit (PriorFit) / Prior Fit of Hole-basis System(PriorFitHSys)
			基轴制优先		Prior Fit of Shaft-basis System(PriorFitSSys)
		常用配合	基孔制常用		Ordinary Fit (OrdFit) / Ordinary Fit of Hole-basis System (OrdFitHSys)
			基轴制常用		Ordinary Fit of Shaft-basis System (OrdFitSSys)
偏差	孔偏差			Deviation (Deviation)	Hole Deviation(HoleDeviation)
	轴偏差				Shaft Deviation(ShaftDeviation)

续表

中文概念		英文全称(简称)	
基本偏差代号	孔基本偏差代号	Fundamental Deviation Symbol (FDSymbol)	Fundamental Deviation Symbol of Hole (HFDSymbol)
	轴基本偏差代号		Fundamental Deviation Symbol of Shaft (SFDSymbol)
公差带	孔公差带	Tolerance Zone (TolZone)	Tolerance Zone of Hole(HTolZone)
	轴公差带		Tolerance Zone of Shaft(STolZone)
影响因素	表面粗糙度	Influence Factor (InflFactor)	Surface Rougness(SurRoug)
	工作条件		Work Condition(WorkCond)
	其他因素		Other Factor(OtherFactor)
表达式		Expression(Exp)	
配合件		Fit Parts(FitParts)	
公称尺寸		Nominal Size(NomSize)	
公差等级		Tolerance Grade(Grade)	

表 4-19 配合选择与应用对象属性

对象属性名	说 明
hasFDSymbol	偏差、公差带与基本偏差代号之间的关系
hasGrade	偏差、公差带与公差等级之间的关系
hasTolZone	配合与公差带之间的关系
hasFitKind	配合件与配合类别之间的关系
hasFitExp	间隙配合、过盈配合、过渡配合与表达式之间的关系
hasNomSize	配合件、偏差与公称尺寸之间的关系
hasWorkCond	配合件与工作条件之间的关系

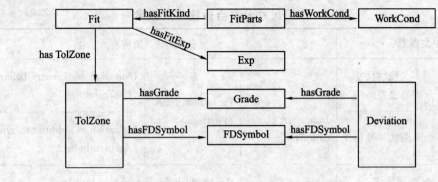

图 4-41 配合选择与应用对象属性关系图

上述内容对应的 TBox 可表示为：

Fit≡ClrncFit ⊔ TigFit ⊔ TransFit ⊔ SpecFit

SpecFit≡PriorFit ⊔ OrdFit

PriorFit≡PriorFitHSys ⊔ PriorFitSSys

OrdFit≡OrdFitHSys ⊔ OrdFitSSys

Deviation≡HoleDeviation ⊔ ShaftDeviation

FDSymbol≡HFDSymbol ⊔ SFDSymbol

TolZone≡HTolZone ⊔ STolZone

InflFactor≡WorkCond ⊔ OtherFactor ⊔ SurRoug

Deviation ⊔ TolZone ⊑ ∃ hasFDSymbol

∃ hasFDSymbol⁻ ⊑ FDSymbol

Deviation ⊔ TolZone ⊑ ∃ hasGrade

∃ hasGrade⁻ ⊑ Grade

Fit ⊑ ∃ hasTolZone

∃ hasTolZone⁻ ⊑ TolZone

FitParts ⊑ ∃ hasWorkCond

∃ hasWorkCond⁻ ⊑ WorkCond

FitParts ⊑ ∃ hasOtherFactor

∃ hasOtherFactor⁻ ⊑ OtherFactor

FitParts ⊑ ∃ hasFitKind

∃ hasFitKind⁻ ⊑ Fit

4.4.5　尺寸公差与配合标注

据 4.2.5 节介绍的内容可提取如表 4-20 所示的尺寸公差与标准相关概念，相关对象属性为 hasAddSymbol，用于表示标注附加符号标注与附加符号之间的关系。

表 4-20 尺寸公差与标注相关概念

中文概念			英文全称(简称)	
标注	零件图标注	线性尺寸公差标注	Indication (Indication)	Parts Indication (PartIndn)	Indication of Linear Tolerance (LinTolIndn)
		附加符号标注			Indication of Additional Symbol (AddSymIndn)
	装配图标注		Assembly Indication(AssemIndn)	
附加符号			Additional Symbol(AddSymbol)	

上述内容对应的 TBox 可形式化地表示为：

Indication ≡ PartIndn ⊔ AssemIndn
PartIndn ≡ LinTolIndn ⊔ AddSymIndn
AddSymIndn ⊑ ∃hasAddSymbol
∃hasAddSymbol ⊑ AddSymbol

4.5 尺寸精度检验本体表示

国标 GB/T 3177—2009《产品几何技术规范光滑工件尺寸的检验》规定了工件尺寸检验的相关规范，包括验收条件、验收极限、检验尺寸用计量器具的选择和仲裁等内容。

验收条件主要就是指验收时的温度。在标准中规定，验收的标准温度应为 20℃，实际测量时应根据被测工件与计量器具的材料考虑测量结果：① 两者材料相同时，线膨胀系数相同，这时，只要在测量时保证两者温度相同即可，即使偏离了 20℃ 的标准温度也不会影响测量结果；② 两者材料不同时，由于线性膨胀系数不同会引起不同的膨胀量，从而影响测量结果，因此应尽量在接近 20℃ 的时候检验，而在偏离 20℃ 的情况下检验时，应考虑测量误差对测量结果的影响。

验收极限是指在检验工件尺寸时，用于判断尺寸是否合格的一个尺寸界线。合理地规定验收极限就显得至关重要。验收极限的确定主要有两种方法：内缩验收极限法和不内缩验收极限法，具体选择时需结合被检尺寸的功能要求、重要程度、公差等级、测量不确定度和工艺能力 C_p 等因素综合考虑，验收极限确定方法选择如表 4-21 所示。验收极限确定方法选定后，对内缩方式来说，需确定向内移动的内缩量即安全裕度 A，标准中规定了 A 为被检尺寸公差的十分之一；对不内缩方式来说，A 为零。

表 4-21 验收极限确定方法选择

验收极限确定方法	应用情况
双边内缩	$C_p<1$ 且遵循包容要求的被检尺寸
	采用高公差等级的被检尺寸
最大实体边内缩	$C_p \geqslant 1$ 且被检尺寸遵循包容要求时的最大实体尺寸
尺寸偏向边内缩	尺寸偏态分布时,尺寸所偏向的那边的检验
双边不内缩	非配合尺寸或一般公差尺寸的被检尺寸
	$C_p \geqslant 1$ 但不遵循包容要求的被检尺寸
最小实体边不内缩	$C_p \geqslant 1$ 且被检尺寸遵循包容要求时的最小实体尺寸

计量器具的合理选择也是非常重要的,合理的选择能够在很大程度上保证验收质量。常用的计量器具主要有千分尺、游标卡尺、比较仪和指示表。选择计量器具主要依据测量不确定度 u,计量器具的测量不确定度允许值 u_1 应为 $0.9u$。具体数值按照公差等级具有一定的分挡,分挡相关数值如表 4-22 所示。其中 T 为被检尺寸的尺寸公差,表中同时给出了内缩方法中安全裕度 A 的值。进行选择时,还应参考计量器具的测量不确定度允许值表。同时,该标准中分别给出了按照内缩方式和不内缩方式确定验收极限来验收工件时的误判概率值表,具体数值又由于工件尺寸的分布特性的不同而不同。

根据以上内容可提取如表 4-23 所示的尺寸精度检验相关概念以及如表 4-24 所示的尺寸精度检验对象属性;对象属性的关系参见尺寸精度检验对象属性关系图,如图 4-42 所示,图中箭头的起始端表示 Domain,终端表示 Range。

表 4-22 分挡相关数值

分挡	公差等级	u 的挡值	u_1 的挡值	安全裕度 A
I	IT6~IT11 或 IT12~IT18	$\frac{1}{10}T$	$0.09T$	$A=u=\frac{1}{10}T$
II	IT6~IT11 或 IT12~IT18	$\frac{1}{6}T$	$0.15T$	$A=\frac{3u}{5}=\frac{1}{10}T$
III	IT6~IT11	$\frac{1}{4}T$	$0.225T$	$A=\frac{2u}{5}=\frac{1}{10}T$

表 4-23　尺寸精度检验相关概念

中文概念		英文全称(简称)	
计量器具		Measuring Instrument(MeasInstr)	
被检工件尺寸		Measuring Size(MeasSize)	
验收极限确定方法	内缩法	Method of Determining AcceptingLimit(MethDetAL)	Inside Shrink(InShr)
	不内缩法		No Inside Shrink(NoInShr)
测量不确定度		Uncertainty of Measurement(MeasUncer)	
安全裕度		Safe Margin(SafMarg)	
公差		Tolerance(Tolerance)	
公差等级		Grade(Grade)	
尺寸分布特性		Size Distribution Characteristic(SizeDistrChar)	
检验评估参数	误废率	Evaluation Parameters (EvalParam)	Mistakenly Accept Rate(MARate)
	误收率		Mistakenly Waste Rate(MWRate)
公称尺寸		Nominal Size(NomSize)	

表 4-24　尺寸精度检验对象属性

属性名	说明
hasDetMeth	被检工件尺寸与其验收极限确定方法之间的关系
hasA	验收极限确定方法与安全裕度之间的关系
hasNomSize	公差及安全裕度与公称尺寸之间的关系
hasGrade	安全裕度与公差等级之间的关系
hasMstkWasteRate	被检工件尺寸与误废率之间的关系
hasMstkAccRate	被检工件尺寸与误收率之间的关系
hasExp	验收极限确定方法与表达式之间的关系
hasMeasInstr	被检工件尺寸与测量器具之间的关系
hasMaterial	被检工件尺寸、测量器具与材质之间的关系

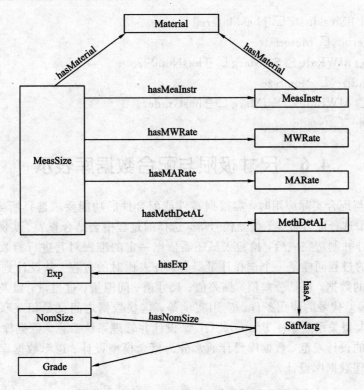

图 4-42　尺寸精度检验对象属性关系图

上述内容对应的 TBox 可形式化地表示为：

MethDelAL≡InShr ⊔ NoInShr
EvalParam≡MARate ⊔ MWRate
MeasSize ⊑ ∃hasMARate
∃hasMARate⁻ ⊑ MARate
MeasSize ⊑ ∃hasMWRate
∃hasMWRate⁻ ⊑ MWRate
MeasSize ⊑ ∃hasMeasInstr
∃hasMeasInstr⁻ ⊑ MeasInstr
MeasSize ⊑ ∃hasMethDelAL
∃hasMethDelAL⁻ ⊑ MethDelAL
MethDelAL ⊑ ∃hasA
∃hasA⁻ ⊑ SafMarg
MethDelAL ⊑ ∃hasExp
∃hasExp⁻ ⊑ SafMarg

$$\text{MeasSize} \sqcup \text{MeasInstr} \sqsubseteq \exists \text{hasMaterial}$$
$$\exists \text{hasMaterial} \sqsubseteq \text{Material}$$
$$\text{MARate} \sqcup \text{MWRate} \sqcup \text{SafMarg} \sqsubseteq \exists \text{hasNomSize}$$
$$\exists \text{hasNomSize} \sqsubseteq \text{NomSize}$$
$$\text{MARate} \sqcup \text{MWRate} \sqcup \text{SafMarg} \sqsubseteq \exists \text{hasGrade}$$
$$\exists \text{hasGrade} \sqsubseteq \text{Grade}$$

4.6 尺寸极限与配合数据库表示

尺寸极限与配合实际应用时，需根据零件或配合件的功能要求选择所采用的基准制、选择公差等级、选择配合种类、偏差代号等，选择的过程中会结合查表、实例比对、计算等方法，工件设计并制造完成后，检验人员还需依据一定的准则对其进行验收，判断工件是否合格，验收的过程同样是一个选择计量器具、查表比对的过程。从设计到检验的整个过程中涉及大量的数据，包括公差值、偏差值、尺寸值、间隙量、过盈量，以及公差等级、基准制、配合、偏差代号的应用条件、应用实例等，这些数据之间又是相互联系、相互制约的。这里选用大型关系数据库 PostGreSQL 来设计并管理系统数据。数据库的设计必须符合关系数据库的设计规范，数据库设计通常分为概念模型设计、逻辑数据库设计、规范化理论应用和物理数据库设计。

4.6.1 概念数据模型设计

概念模型设计通常以 E-R 图的方式来进行描述，通常也用概念数据模型（Conceptual Data Model，CDM）代替，这是因为 CDM 完全继承了 E-R 图的所有要素和精髓，而且能更简洁地描述属性。CDM 是一组严格定义的模型元素的集合，这些模型元素精确地描述了系统的静态特性、动态特性以及完整性约束条件等，其中包括了数据结构、数据操作和完整性约束三部分。

(1) 数据结构表达为实体和属性；

(2) 数据操作表达为实体中的记录的插入、删除、修改、查询等操作；

(3) 完整性约束表达为数据的自身完整性约束（如数据类型、检查、规则等）和数据间的参照完整性约束（如联系、继承联系等）。

针对尺寸精度与配合设计部分，设计了如图 4-43 所示的尺寸精度与配合设计 CDM 图。图中，初步提取的实体有公称尺寸、标准公差等级、孔偏差代号、轴偏差代号、加工方法、基孔制优先常用配合、基轴制优先常用配合，而公差、孔偏差、轴偏差、公差等级与表面粗糙度关系、优先常用配合极限间隙或极限过盈、优先常用配合的应用选择则作为已有实体间的关联实体出现。

尺寸精度检验 CDM 图如图 4-44 所示。

第四章 ISO 极限与配合的 DL_Lite$_R$ 表示

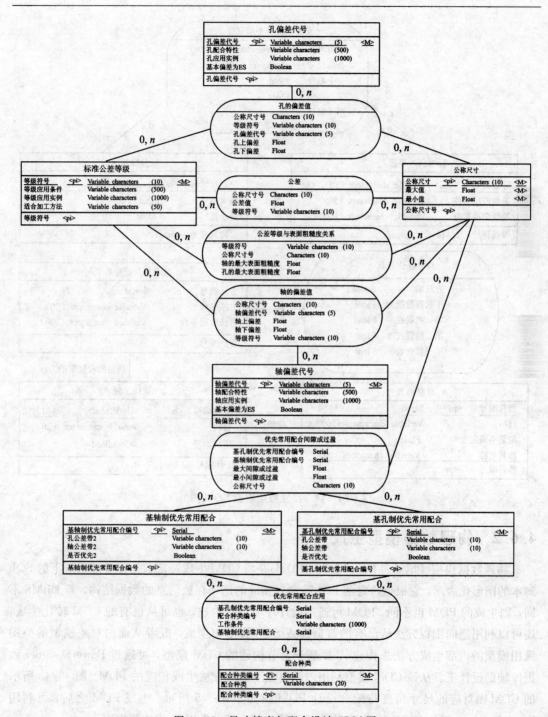

图 4-43 尺寸精度与配合设计 CDM 图

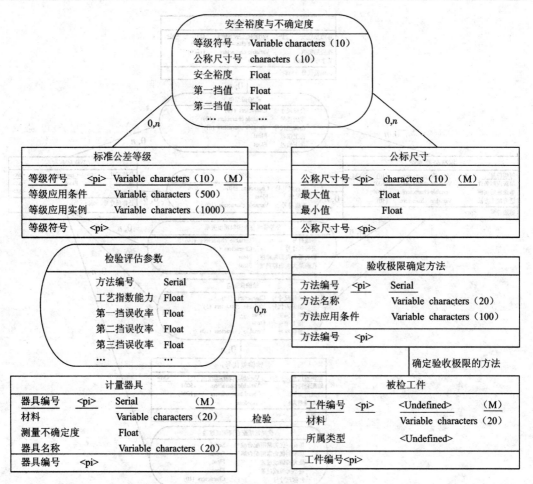

图 4-44 尺寸精度检验 CDM 图

4.6.2 物理数据模型生成

物理数据模型（Physical Data Model，PDM）是将 CDM 生成特定数据库管理系统下的 SQL 脚本的图形化表示，它根据特定的 DBMS 建立相应的用于存放信息的数据结构，若 DBMS 不同，则生成的 PDM 也不同。PDM 可通过设计环境直接构建，也可从已有的 CDM 转化生成，还可以利用逆向工程方法从已有的数据库或 SQL 脚本中生成，或者从面向对象模型的类图采用模型的内部生成方法来构建[148]。基于上节构建的 CDM 模型，可通过 PowerDesigner 数据库辅助设计工具从该 CDM 模型利用内部模型生成的方法生成相应的 PDM。图 4-43 所示的 CDM 图对应的尺寸精度与配合设计 PDM 图如图 4-45 所示。生成 PDM 之后，可利用 PowerDesigner 工具直接生成 SQL 脚本或直接连接所选的 DBMS 构建数据库。

第四章 ISO 极限与配合的 DL_Lite$_R$ 表示

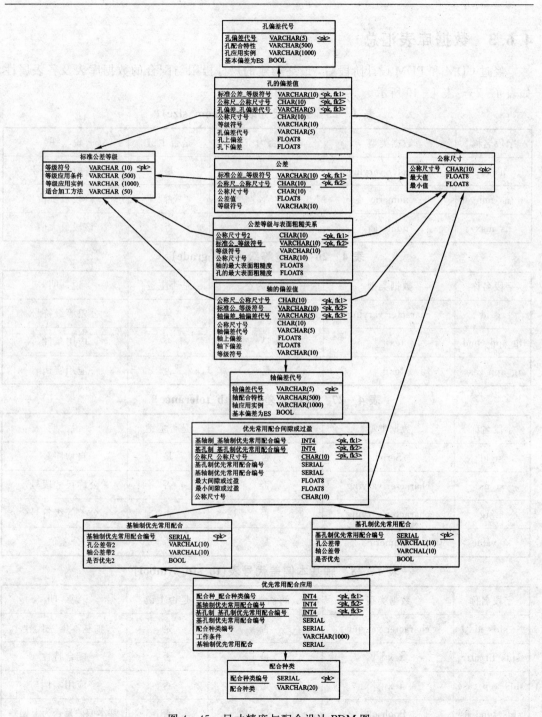

图 4-45 尺寸精度与配合设计 PDM 图

4.6.3 数据库表汇总

经过 CDM 和 PDM 设计阶段后,最终构建的尺寸极限与配合的数据库表及各表属性如表 4-25~表 4-49 所示。

表 4-25 公称尺寸表(tb_nom_size)

字段名称	数据类型	可否为空	是否主键	说 明
ns_id	character varying	否	是	公称尺寸段号
ns_min	numeric	否	否	该段最小值
ns_max	numeric	否	否	该段最大值

表 4-26 公差等级表(tb_grade)

字段名称	数据类型	可否为空	是否主键	说 明
tg_id	character varying	否	是	公差等级符号
tg_app_cond	text[]	是	否	应用条件
tg_app_case	text[]	是	否	应用实例

表 4-27 标准公差值表(tb_tolerance)

字段名称	数据类型	可否为空	是否主键	说 明
st_id	Serial	否	是	自增序号
st_ns	character varying	否	否	公称尺寸段号
st_tg	character varying	否	否	公差等级符号
st_value	Numeric	是	否	公差值

表 4-28 轴基本偏差代号表(tb_sfd_symbol)

字段名称	数据类型	可否为空	是否主键	说 明
sfds_id	character varying	否	是	轴基本偏差代号
sfds_fit_attr	text[]	是	否	配合特性
sfds_app_case	text[]	是	否	应用实例
sfds_fund_es	Boolean	是	否	基本偏差是否为上偏差

表 4-29 孔基本偏差代号表(tb_hfd_symbol)

字段名称	数据类型	可否为空	是否主键	说明
hfds_id	character varying	否	是	孔基本偏差代号
hfds_fund_ES	boolean	是	否	基本偏差是否为上偏差

表 4-30 孔极限偏差表(tb_hole_devition)

字段名称	数据类型	可否为空	是否主键	说明
hfd_id	Serial	否	是	自增序号
hfd_ns	character varying	否	否	公称尺寸段号
hfd_tg	text[]	否	否	对应公差等级
hfd_hfds	character varying	否	否	孔基本偏差代号
hfd_value	Numeric	是	否	孔基本偏差值
hfd_upper	Numeric	是	否	上偏差值
hfd_lower	Numeric	是	否	下偏差值

表 4-31 轴极限偏差表(tb_shaft_devition)

字段名称	数据类型	可否为空	是否主键	说明
sfd_id	Serial	否	是	自增序号
sfd_ns	character varying	否	否	公称尺寸段号
sfd_tg	text[]	否	否	对应公差等级
sfd_sfds	character varying	否	否	轴基本偏差代号
sfd_value	Numeric	是	否	轴基本偏差值
sfd_upper	Numeric	是	否	上偏差值
sfd_lower	Numeric	是	否	下偏差值

表 4-32 公差等级对应表面粗糙度表(tb_sur_roughness)

字段名称	数据类型	可否为空	是否主键	说明
sr_id	serial	否	是	自增序号
sr_ns	character varying	否	否	公称尺寸段号
sr_tg	character varying	否	否	公差等级符号
sr_hmax	numeric	否	否	孔最大表面粗糙度
sr_smax	numeric	否	否	轴最大表面粗糙度

表4-33 加工方法表(tb_proc_method)

字段名称	数据类型	可否为空	是否主键	说明
pm_id	Serial	否	是	自增序号
pm_name	character varying	否	否	加工方法名称

表4-34 加工方法精度表(tb_meth_grade)

字段名称	数据类型	可否为空	是否主键	说明
mg_pm	character varying	否	是	加工方法编号
mg_tg	character varying	否	是	公差等级符号

表4-35 孔公差带表(tb_hole_tol_zone)

字段名称	数据类型	可否为空	是否主键	说明
htz_id	Serial	否	是	自增序号
htz_hfds	character varying	否	否	孔基本偏差代号
htz_tg	character varying	否	否	公差等级符号
htz_priority	character varying	是	否	孔公差带优先级

表4-36 轴公差带表(tb_shaft_tol_zone)

字段名称	数据类型	可否为空	是否主键	说明
stz_id	Serial	否	是	自增序号
stz_sfds	character varying	否	否	轴基本偏差代号
stz_tg	character varying	否	否	公差等级符号
stz_priority	character varying	是	否	轴公差带优先级

表4-37 配合种类表(tb_fit_kind)

字段名称	数据类型	可否为空	是否主键	说明
fk_id	Serial	否	是	自增序号
fk_name	character varying	否	否	配合种类
fk_work_cond	text[]	是	否	工作条件
fk_hfds	text[]	是	否	对应的孔偏差符号
fk_sfds	text[]	是	否	对应的轴偏差符号
fk_exp	Serial	是	否	非基准件极限偏差与基准件公差关系

第四章 ISO极限与配合的DL_Lite$_R$表示

表4-38 基准制选择表(tb_basis_system)

字段名称	数据类型	可否为空	是否主键	说　明
basis_id	serial	否	是	自增序号
basis_name	character varying	否	否	基准制名称
basis_spec_cond	text[]	是	否	特殊应用条件

表4-39 优先常用配合表(tb_spec_fit)

字段名称	数据类型	可否为空	是否主键	说　明
sfit_id	Serial	否	是	自增序号
sfit_hole_tol_zone	character varying	否	否	孔公差带
sfit_shaft_tol_zone	character varying	否	否	轴公差带
sfit_priority	character varying	是	否	配合优先级
sfit_fk	Serial	否	否	所属配合种类
sfit_basis	Serial	是	否	基准制

表4-40 基轴制优先常用配合极限间隙或极限过盈表(tb_shaft_spec_value)

字段名称	数据类型	可否为空	是否主键	说　明
ssv_sfit	serial	否	是	配合编号
ssv_ns	character varying	否	是	公称尺寸段号
ssv_max	numeric	是	否	上极限值
ssv_min	numeric	否	否	下极限值

表4-41 基孔制优先常用配合极限间隙或极限过盈表(tb_hole_spec_value)

字段名称	数据类型	可否为空	是否主键	说　明
hsv_id	serial	否	是	自增序号
hsv_ns	character varying	否	否	公称尺寸段号
hsv_sfit	serial	否	否	配合种类
hsv_max	numeric	是	否	上极限值
hsv_min	numeric	否	否	下极限值

表 4-42 材质表(tb_material)

字段名称	数据类型	可否为空	是否主键	说　明
mat_id	Serial	否	是	自增序号
mat_name	character varying	否	否	材质名称
mat_type	Numeric	否	否	材质类别

表 4-43 计量器具表(tb_meas_instr)

字段名称	数据类型	可否为空	是否主键	说　明
mi_id	Serial	否	是	自增序号
mi_name	character varying	否	否	计量器具名称
mi_mat	Serial	否	否	计量器具材质
mi_meas_uncer	Serial	否	否	计量器具的测量不确定度
mi_division	character varying	是	否	计量器具分度值
mi_ns	character varying	否	否	适用尺寸范围

表 4-44 安全裕度与计量器具的测量不确定度允许值表(tb_meas_uncer)

字段名称	数据类型	可否为空	是否主键	说　明
uncer_id	serial	否	是	自增序号
uncer_ns	character varying	否	否	公称尺寸编号
uncer_tg	character varying	否	否	公差等级符号
uncer_A	numeric	否	否	安全裕度
uncer_fu	numeric	是	否	第一挡 u_1 值
uncer_su	numeric	是	否	第二挡 u_1 值
uncer_tu	numeric	是	否	第三挡 u_1 值

表4-45 验收极限确定方法表(tb_meth_det_al)

字段名称	数据类型	可否为空	是否主键	说明
md_id	serial	否	是	自增序号
md_name	character varying	否	否	验收极限确定方法
md_condition	text[]	否	否	选用条件
md_A	numeric	否	否	安全裕度
md_hole_upp	serial	是	否	孔尺寸上验收极限式
md_hole_low	serial	是	否	孔尺寸下验收极限式
md_shaft_upp	serial	是	否	轴尺寸上验收极限式
md_shaft_low	serial	是	否	轴尺寸下验收极限式

表4-46 质量评估参数表(tb_eval_param)

字段名称	数据类型	可否为空	是否主键	说明
eval_id	Serial	否	是	自增序号
eval_distr	character varying	否	否	尺寸分布特性
eval_C_p	numeric	否	否	工艺指数能力 C_p
eval_block	character varying	否	否	挡值
eval_m	numeric	是	否	误收率
eval_n	numeric	是	否	误废率

表4-47 相关表达式表(tb_expression)

字段名称	数据类型	可否为空	是否主键	说明
exp_id	Serial	否	是	自增序号
exp_form	character varying	否	否	表达式
exp_name	character varying	是	否	表达式名称
exp_explain	character varying	是	否	说明

表 4-48　标注说明表 (tb_indication)

字段名称	数据类型	可否为空	是否主键	说　明
ind_id	Serial	否	是	自增序号
ind_type	character varying	否	否	标注类型
ind_attention	character varying	是	否	说明
ind_hole_picture	Bytea	是	否	孔标注图示
ind_shaft_picture	Bytea	是	否	轴标注图示

表 4-49　被检尺寸表 (tb_meas_size)

字段名称	数据类型	可否为空	是否主键	说　明
ms_id	Serial	否	是	自增序号
ms_ns	Numeric	是	否	公称尺寸值
字段名称	数据类型	可否为空	是否主键	说明
ms_type	character varying	是	否	被检尺寸类型
ms_material	Serial	否	否	所属工件材质
ms_E	Boolean	是	否	是否遵守包容要求
ms_tg	character varying	是	否	公差等级
ms_C_p	Numeric	是	否	工艺指数能力
ms_method	Serial	是	否	验收极限确定方法
ms_distr	character varying	是	否	尺寸分布特性

第五章 公差指标的自动生成

5.1 概 述

公差信息的表示模型要求在计算机中合理且有效地表示公差信息。它主要涉及两个问题[58,59]：一是如何将各种类型的公差信息以相对独立的方式组织和表示，同时体现不同类型的公差之间的语义差别；二是如何设计一种数据结构，并将其作为公差信息在计算机中存储与表示的载体，且显式地给出公差表示所需的几何与尺寸，从而实现按公差的语义自动地生成公差指标，为后续的公差分析与公差综合等工作奠定良好的基础。

针对以上两个问题，Clement 等[71,72]提出了拓扑与技术相联表面（TTRS）公差信息表示模型。该模型首先从 CAD 系统中提取必要的信息，并将零件的各表面以二叉树的形式组织；然后构建 TTRS 的最小几何基准要素（MGDE）；最后根据 MGDE 及其相互之间的关系确定出公差类型。TTRS 模型的最大特色在于对 CAD 系统所提供的几何信息进行了重新组织，以便于在计算机上实现公差类型的自动生成。但它在实现时主要考虑了拓扑表面上的关联，未真正考虑技术表面上的关联[74]。

针对 TTRS 未考虑技术表面关联的问题，刘玉生[75]等提出了基于特征的层次式公差信息表示模型。在已有的 TTRS 表示模型的基础上，通过构造各特征的拓扑与技术相联表面（FTTRS）、各 FTTRS 的最小特征基准要素（MFDE）及各 MFDE 的约束元（CP），形成层次式公差信息表示模型的底层框架；再按公差语义将所需的公差类型依次添加到框架中便形成了基于特征的层次式公差信息表示模型。该模型的主要特点是具有很强的语义，实现了按语义表示公差，且同时考虑了拓扑表面和技术表面的关联。但它能处理的特征种类比较有限，且如何进行公差信息的评价还需进一步研究[74]。

针对基于特征的层次式模型能处理的特征种类比较有限的问题，李宗斌等[55,84]对其中的特征表面进行再次分解，将能处理的特征表面的种数从 7 扩增至 11，并采用多色集合的方式构建了公差信息的表示模型。根据多色集合中隐含的装配特征表面之间的关系，模型便可自动地生成相应的可选装配公差类型。该模型的主要特点是能处理的特征种类较多，且采用多色集合来表示公差信息，便于计算机实现公差类型的自动生成。然而，对于同一组特征表面，该模型生成的可选装配公差类型的数目较多，且不适用于公差分析与公差综合[55]。

针对多色集合模型生成的可选公差类型的数目较多且不适用于公差分析与公差综合的问题，本章在其基础上增加空间关系层，构建基于特征表面和空间关系的层次式公差信息表示模型，并研究基于所构建模型的装配公差类型的自动生成。本章介绍的内容框架如下：首先，采用邻接矩阵的方式定义模型的各个层次；其次，研究模型在装配公差类型的自动生成中的应用；最后，通过实例验证模型的有效性。

公差指标包括公差类型和公差值两部分，因此生成公差指标就包括了生成公差类型和公差值。新公差标准[51-53]的提出为公差设计理论的研究提供了全新的思路和方法，然而，该标准目前尚未提供生成公差指标的实用方法[54]。如何自动地生成公差类型和公差值是计算机辅助公差设计(CAT)中亟待解决的问题之一，原因如下：

第一，在实际设计中，公差指标大多由设计者在设计图纸或 CAD 系统中手工指定。在这种情况下，公差指标往往由设计者根据自己的经验来指定，对于相同的名义实体，不同的设计者有可能指定不同的公差指标。对设计一个简单的产品，这种情况的影响可能较小，但对设计一个复杂的产品，则会降低设计效率并最终影响到产品质量。

第二，公差指标的设计过程是一个十分复杂的设计过程。在这个过程中，设计者需要综合地考虑几何要素、功能要求、公差类型、公差值及公差原则等因素，因此一个复杂产品的设计通常需要多个设计者合作设计。由于现今公差指标往往由设计者根据自己的经验来指定，不同的设计者其经验很可能不一样，这就导致了公差指标设计的不确定性。

第三，在现今主流的 CAD 系统中，自动生成公差指标仍然没有得以完全实现。在 CE/TOL 6 Sigma 和 eM-TolMate 系统中，公差类型和公差值需要由设计者手工指定。在 CATIA.3D、VSA-GDT 和 VSA-3D 系统中，大部分零件的公差类型和公差值可自动生成，但仍有部分非 TTRS(Technologically and Topologically Related Surfaces)零件的公差类型无法自动生成[56]。

当前，已有很多工作都致力于研究如何自动地生成公差类型和公差值[50]。这些工作所给出的自动生成公差指标的方法对公差指标设计做出了一定的贡献。然而，这些方法依然存在着一些问题，因此对于现有的典型方法：

第一，公差类型的生成过程是半自动而非全自动的。该类别的一个典型代表就是 Salomons 等[48,49]开发的 FROOM 系统，该系统实现了基于 TTRS 理论[71,72]的公差类型生成方法。在 FROOM 系统中，TTRS 零件的公差类型可以自动地生成，但公差值需要设计者手工指定。该系统实现了在计算机集成制造环境下的公差表示和公差分析，但不能处理非 TTRS 零件。该类别的其他典型方法有 GD&T 全局法[82]、公差超图法[83]、位置特征法[65]及多色集合法[55,84]。其中 GD&T 全局法和公差超图法在理论上可自动地生成零件的公差类型，但它们均无法在计算机上实现。位置特征法通过位置表获取到的装配信息进而实现公差类型的自动生成，但对复杂的位置表面，公差类型无法自动生成。多色集合法以 LTG 算法[85]提取到的各零件间的装配约束关系及 AME 算法[86]提取到的各零件的装配特征表面作为输入,通过多色集合的相关推理自动生成可选装配公差类型和公差带类型,但生成的可选装配公差类型的数目较多,且该方法不适用于装配公差分析。

第二,公差类型的自动生成方法仍需进一步完善。该类别的一个典型方法是 Chase 等提出的广义法[87]。该方法基于装配公差模型的矢量回路(Vector Loops)对几何公差进行刻画,并对这些几何公差值的大小进行估算。然而,如何将该方法真正应用到一个装配体中尚需进一步研究。该类别的其他典型方法有 Mejbri 等提出的方法[88]、公差图法[61]及 Anselmetti 等提出的方法[89]。其中 Mejbri 等提出的方法可识别并指定零件的公差类型,它为设计者提供了一个能保证产品装配要求的有效工具。然而,自动生成复杂零件的公差类型的规则需要进一步完善。公差图法可以处理公差带的变动,但其只能生成形状公差类型和位置公差类型。在 Anselmetti 等提出的方法中,单一零件的公差类型可通过利用位置表及接触表面的链接而自动生成,但该方法没有解决如何自动生成装配公差类型的问题。

第三,部分步骤极为复杂以至于在应用时难以操作。该类型的典型方法有公差网络法[60]及变动几何约束网络(VGCN)法[90,91]。其中公差网络法可自动地生成零件和简单装配体的公差类型,但当装配体由很多零件组成时,其公差网络极有可能是多环的,表示网络中的各环及其之间关系的过程是一个极其复杂的过程,这给计算机实现该方法带来了很大的困难。VGCN 法可自动地生成完全约束的刚性零件的公差类型,但该方法需要数目庞大的规则作为支撑,这就大大增加了为复杂装配体构建变动几何约束网络的难度。

从上面的分析中可以看到,如何自动地生成公差类型的问题已经成为了 CAT 领域的一个热门问题,且大量的方法都致力于解决这个问题,但是到目前为止,还没有一种方法能完全地解决这个问题。有鉴于此,借助于本体语言的表示能力与推理能力,实现公差类型的自动生成是解决该问题的有效途径。

本章将第三章介绍的描述逻辑 ALC(D_{GFV}) 引入公差指标设计,提出一个基于 ALC(D_{GFV})、完全自动、相对完善及相对高效的公差指标自动生成方法,其中,5.2 节将给出公差类型的自动生成方法;5.3 节将给出公差值的自动生成方法,5.4 节将给出基于 ALC(D_{GFV}) 的 CAT 原型系统的框架;5.5 节将通过一个工程实例验证公差指标生成方法的有效性。

5.2 公差表示模型

5.2.1 表示模型的基本结构

基于空间关系的公差表示模型在多色集合模型的基础上增加了空间关系层,通过装配特征表面的几何要素之间的空间关系与公差类型之间的映射,对由装配特征表面之间的约束关系确定出的可选公差类型进行筛选,进一步减少生成的可选公差类型的数目。该模型由4个层次构成,它们自顶向下依次是零件层、装配特征表面层、空间关系层及公差类型层(参见图5-1),其中,零件层中的约束关系为各零件之间的装配约束关系;装配特征表面层中的约束关系为各装配特征表面之间的装配约束关系;空间关系层中的约束关系为各装配特征表面的几何要素之间的空间关系;公差类型层中的约束关系为空间关系与公差类型之间的映射关系。

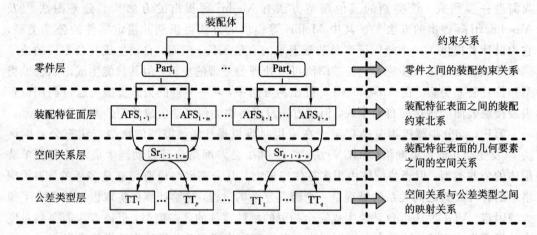

Part—零件; AFS—装配特征表面; SR—空间关系; TT—公差类型

图5-1 表示模型的基本结构

5.2.2 零件层

零件层是模型的第一层,它的主要作用是从装配体中提取各零件之间的装配约束关系信息,为模型的后三层的构建奠定基础。

装配体可以看成是由一个或多个零件按一定的装配约束关系组成的集合。零件层中各零件之间的装配约束关系的形式定义如下:

定义5-1 假设给定的装配体为 $A = \{P_1, P_2, \cdots, P_k\}$,其中 P_1、P_2、$\cdots$、P_k 是构成装配体 A 的 k 个零件,则 A 所对应的零件层的装配约束关系可用如下矩阵来表示:

$$\mathbf{MP}_{k \times k} = \begin{bmatrix} \alpha_{11} & \alpha_{12} & \cdots & \alpha_{1k} \\ \alpha_{21} & \alpha_{22} & \cdots & \alpha_{2k} \\ \vdots & \vdots & & \vdots \\ \alpha_{k1} & \alpha_{k2} & \cdots & \alpha_{kk} \end{bmatrix} \quad (5-1)$$

其中,$\alpha_{ij}(i, j = 1, 2, \cdots, k)$ 表示 P_i 和 P_j 之间的约束关系,且规定:若 $i = j$,或者 $i \neq j$ 且 P_i 和 P_j 之间无配合关系,则 $\alpha_{ij} = \alpha_{ji} = \infty$;若 $i \neq j$ 且 P_i 和 P_j 之间有配合关系,则 $\alpha_{ij} = \alpha_{ji} = \mathrm{MAT}_h$($\mathrm{MAT}_h$ 表示 P_i 和 P_j 之间的配合为装配体 A 中的第 h 对配合)。

5.2.3 装配特征表面层

装配特征表面层是模型的第二层,它的主要作用是提取各零件的装配特征表面,存储各装配特征表面之间的装配约束关系,为模型后两层的构建奠定基础。

装配体中的每个零件都可以看成是由多个特征表面围成的闭合几何体[92]。在某零件的所有特征表面中,与其他零件的特征表面有装配约束关系的特征表面称为该零件的装配特征表面。由于装配体中的每个零件都至少有一个装配特征表面,故零件之间的装配约束关系可进一步分解为各零件的装配特征表面之间的约束关系。装配特征表面层中装配特征表面之间的约束关系的形式定义如下:

定义 5-2 假定 $P_i = \{S_1(P_i), S_2(P_i), \cdots, S_m(P_i)\}$ 为某装配体中的第 i 个零件,其中 $S_1(P_i), S_2(P_i), \cdots, S_m(P_i)$ 为零件 P_i 的 m 个装配特征表面;同样地,再假定 $P_j = \{S_1(P_j), S_2(P_j), \cdots, S_n(P_j)\}$ 为该装配体中的第 j 个零件,其中 $S_1(P_j)$、$S_2(P_j)$、$\cdots$、$S_n(P_j)$ 为零件 P_j 的 n 个装配特征表面。若 P_i 和 P_j 之间有配合关系,则它们的装配特征表面之间的约束关系可用如下矩阵来表示:

$$\mathbf{MS}_{m \times n} = \begin{bmatrix} R_{11} & R_{12} & \cdots & R_{1n} \\ R_{21} & R_{22} & \cdots & R_{2n} \\ \vdots & \vdots & & \vdots \\ R_{m1} & R_{m2} & \cdots & R_{mn} \end{bmatrix} \quad (5-2)$$

其中,对 $R_{pq}(p=1, 2, \cdots, m$ 且 $q=1, 2, \cdots, n)$ 有如下规定:若 $S_p(P_i)$ 和 $S_q(P_j)$ 之间有约束关系,则 $R_{pq} = \langle S_p(P_i), S_q(P_j) \rangle$;否则 $R_{pq} = \infty$。

5.2.4 空间关系层

空间关系层是模型的第三层,它的主要作用是确定各组相互约束的装配特征表面的几何要素之间的空间关系,为公差类型层的构建奠定基础。

根据 Srinivasan[25] 对几何变动的研究,特征表面有球面、圆柱面、平面、螺旋面、旋转面、棱柱面及复杂面 7 种。在参考文献[55]中将特征表面的种数从 7 扩增至 11,它们分别是:内/外球面、内/外圆柱面、平面、内/外螺旋面、内/外旋转面及内外棱柱面。由于该文献不处理自由度信息,故其认为复杂面可分解为以上 11 种特征表面中的某几种,这也正是多色集合模型不适用于公差分析和公差综合的关键所在。在以上 11 种特征表面的基础上,这里增加内/外复杂面,故此时特征表面的种数为 13,这 13 种特征表面之间可能存在的约束及其对应的拟合导出要素如表 5-1 所示。

产品几何规范的知识表示

表 5-1 13 种特征表面之间的约束

CT	约束关系	ADFs	CT	约束关系	ADFs
T01	(SOS, SOS)	(f_{PT}, f_{PT})	T13	(SOC, SOC)	(f_{SL}, f_{SL})
T02	(SOS, SIS)	(f_{PT}, f_{PT})	T14	(SOC, SIC)	(f_{SL}, f_{SL})
T03	(SOS, SPL)	(f_{PT}, f_{PL})	T15	(SOC, SOH)	$(f_{SL}, (f_{PT}, f_{SL}))$
T04	(SOS, SOC)	(f_{PT}, f_{SL})	T16	(SOC, SOR)	$(f_{SL}, (f_{PT}, f_{SL}))$
T05	(SOS, SIC)	(f_{PT}, f_{SL})	T17	(SOC, SOP)	$(f_{SL}, (f_{SL}, f_{PL}))$
T06	(SOS, SOH)	$(f_{PT}, (f_{PT}, f_{SL}))$	T18	(SOH, SOH)	$((f_{PT}, f_{SL}), (f_{PT}, f_{SL}))$
T07	(SOS, SIH)	$(f_{PT}, (f_{PT}, f_{SL}))$	T19	(SOH, SIH)	$((f_{PT}, f_{SL}), (f_{PT}, f_{SL}))$
T08	(SPL, SPL)	(f_{PL}, f_{PL})	T20	(SOR, SOR)	$((f_{PT}, f_{SL}), (f_{PT}, f_{SL}))$
T09	(SPL, SOC)	(f_{PL}, f_{SL})	T21	(SOR, SIR)	$((f_{PT}, f_{SL}), (f_{PT}, f_{SL}))$
T10	(SPL, SOH)	$(f_{PL}, (f_{PT}, f_{SL}))$	T22	(SOP, SOP)	$((f_{SL}, f_{PL}), (f_{SL}, f_{PL}))$
T11	(SPL, SOR)	$(f_{PL}, (f_{PT}, f_{SL}))$	T23	(SOP, SIP)	$((f_{SL}, f_{PL}), (f_{SL}, f_{PL}))$
T12	(SPL, SOP)	$(f_{PL}, (f_{SL}, f_{PL}))$	T24	(SOX, SIX)	$((f_{PT}, f_{SL}, f_{PL}), (f_{PT}, f_{SL}, f_{PL}))$

注:CT—约束类型;ADFs—拟合导出要素;SIS/SOS—内/外球面;SIC/SOC—内/外圆柱面;SPL—平面;SIH/SOH—内/外螺旋面;SIR/SOR—内/外旋转面;SIP/SOP—内/外棱柱面;SIX/SOX—内/外复杂面;f_{PT}—点;f_{SL}—直线;f_{PL}—平面。

由表 5-1 可知,所有类型的特征表面的拟合导出要素都是点、直线、平面或它们的组合。因此,拟合导出要素之间的空间关系实质上是点、直线及平面之间的空间关系。由表 2-3 可知,点、直线及平面之间的空间关系有如下 7 种:重合(COI)、分离(DIS)、包含(INC)、平行(PAR)、垂直(PER)、斜交(INT)及异面(NON)。此外,由表 2-4 可知,13 种实际特征表面与它们各自对应的理想特征表面具有约束(CON)的空间关系。

第五章 公差指标的自动生成

表 5-2 装配特征表面的几何要素之间的空间关系与公差类型之间的映射关系

注：CT—约束类型；S01, S02, …, S07—见表2-3; C01, C02, …, C27—见表2-4; ●—存在映射关系。

有了以上 8 种基本空间关系,可定义装配特征表面的几何要素之间的空间关系:

定义 5-3 假设矩阵 $MS_{m \times n}$ 中有 k 组装配特征表面之间有约束关系,分别记为 R_1、$R_2,\cdots,R_k$ 并作为矩阵的行标,另设矩阵的列标 C_1、C_2、$\cdots$、C_8 分别为 8 种基本空间关系 COI、DIS、INC、PAR、PER、INT、NON 及 CON,则这些装配特征表面的几何要素之间的空间关系矩阵为如下 k 行 8 列矩阵:

$$MR_{k \times 8} = \begin{bmatrix} \aleph_{11} & \aleph_{12} & \cdots & \aleph_{18} \\ \aleph_{21} & \aleph_{22} & \cdots & \aleph_{28} \\ \vdots & \vdots & & \vdots \\ \aleph_{k1} & \aleph_{k2} & \cdots & \aleph_{k8} \end{bmatrix} \quad (5-3)$$

其中,若 $R_i(i=1,2,\cdots,k)$ 的空间关系为 $C_j(j=1,2,\cdots,8)$,则 $\aleph_{ij}=\Theta$;否则 $\aleph_{ij}=\infty$。

5.2.5 公差类型层

公差类型层是模型的最后一层,它的主要作用是根据装配特征表面的几何要素之间的空间关系确定出可选公差类型,并存储相应的自由度信息,为公差分析与公差综合做准备。

公差类型主要包含几何公差、角度公差及线性尺寸公差。一个几何要素可以看成是由一个面或多个面的组合。描述单个要素属性的公差有——(直线度)、□(平面度)、○(圆度)、⌀(圆柱度)、⌒(线轮廓度)及⌓(面轮廓度),它们都与基准无关但与理想形状有关。描述多个要素属性的公差有∥(平行度)、⊥(垂直度)、∠(倾斜度)、⌖(位置度)、◎(同轴度,同心度)、≡(对称度)、↗(圆跳动)、↗↗(全跳动)及⌒(角度公差),它们都需要一个基准来控制其变动。表 5-2 给出了装配特征表面的几何要素之间的空间关系与公差类型,即几何公差、角度公差及线性尺寸公差(↙)之间的映射关系。

5.3 基于 ALC(D_{GFV})的公差类型的自动生成

对于不同的装配体,表示模型的零件层、装配特征表面层和空间关系层中的约束关系亦不相同,这些约束关系可用描述逻辑 ALC(D_{GFV})的 ABox 来表示。无论在何种情况下,公差类型层中装配特征表面的几何要素之间的空间关系与公差类型之间的映射关系都是不变的,这些映射关系可用描述逻辑 ALC(D_{GFV})的 TBox 来表示。在构建的 ABox、TBox 及 ALC(D_{GFV})的 Tableau 判定算法的基础上,可设计公差类型的自动生成算法。生成算法的有效性可通过工程实例来验证。

5.3.1 公差类型的 ALC(D_{GFV})表示

零件层、装配特征表面层和空间关系层中的约束关系皆为二元关系,描述逻辑 ALC

(D_{GFV})的断言公式可形式定义这些二元关系,即:

定义 5-4 若给定的装配体为 $A = \{p_1, p_2, \cdots, p_k\}$,其中 p_1、p_2、$\cdots$、p_k 是构成装配体 A 的 k 个零件。令 p_i 和 p_j($i, j = 1, 2, \cdots, k$)为 A 中的任意两个零件,若 $i \neq j$ 且 p_i 和 p_j 之间具有装配约束关系,则有断言公式(p_i, p_j):MAT 和(p_j, p_i):MAT 成立,表示 p_1、p_2、$\cdots$、p_k 之间的装配约束关系的 ABox $\mathcal{A}_{PC}$ 为以上断言公式的有限集合。

定义 5-5 假定 $p_i = \{s_1(p_i), s_2(p_i), \cdots, s_m(p_i)\}$ 为某装配体中的第 i 个零件,其中 $\{s_1(p_i), s_2(p_i), \cdots, s_m(p_i)\}$ 为零件 p_i 的 m 个装配特征表面;同样地,再假定 $p_j = \{s_1(p_j), s_2(p_j), \cdots, s_n(p_j)\}$ 为该装配体中的第 j 个零件,其中 $\{s_1(p_j), s_2(p_j), \cdots, s_n(p_j)\}$ 为零件 p_j 的 n 个装配特征表面。若 $s_u(p_i)$($u = 1, 2, \cdots, m$)和 $s_v(p_j)$($v = 1, 2, \cdots, n$)之间具有装配约束关系,则有断言公式($s_u(p_i), s_v(p_j)$):MAT 和($s_v(p_j), s_u(p_i)$):MAT 成立,表示 $s_1(p_i), s_2(p_i), \cdots, s_m(p_i), s_1(p_j), s_2(p_j), \cdots, s_n(p_j)$ 之间的装配约束关系的 ABox $\mathcal{A}_{AC}$ 为以上断言公式的有限集合。

定义 5-6 假定 $p_i = \{s_1(p_i), s_2(p_i), \cdots, s_m(p_i)\}$ 为某装配体中的第 i 个零件,其中 $\{s_1(p_i), s_2(p_i), \cdots, s_m(p_i)\}$ 为零件 p_i 的 m 个装配特征表面;同样地,再假定 $p_j = \{s_1(p_j), s_2(p_j), \cdots, s_n(p_j)\}$ 为该装配体中的第 j 个零件,其中 $\{s_1(p_j), s_2(p_j), \cdots, s_n(p_j)\}$ 为零件 p_j 的 n 个装配特征表面。令谓词名 SR $\in$ { COI, DIS, INC, PAR, PER, INT, NON, CON },adf(x) 表示装配特征表面 x 的拟合导出要素,ifs(y) 表示装配特征表面 y 所对应的理想特征表面。若断言公式($s_u(p_i), s_v(p_j)$):MAT($u = 1, 2, \cdots, m$; $v = 1, 2, \cdots, n$)成立,则断言公式(adf($s_u(p_i)$), adf($s_v(p_j)$)):SR、($s_u(p_i)$, ifs($s_u(p_i)$)):CON 和($s_v(p_j)$, ifs($s_v(p_j)$)):CON 亦成立,表示 $s_1(p_i), s_2(p_i), \cdots, s_m(p_i), s_1(p_j), s_2(p_j), \cdots, s_n(p_j)$ 的几何要素之间的空间关系的 ABox $\mathcal{A}_{SC}$ 为断言公式(adf($s_u(p_i)$), adf($s_v(p_j)$)):SR、($s_u(p_i)$, ifs($s_u(p_i)$)):CON 和($s_v(p_j)$, ifs($s_v(p_j)$)):CON 的有限集合。

公差类型层中装配特征表面的几何要素之间的空间关系与公差类型之间的映射关系都是不变的,这些映射关系可用描述逻辑 ALC(D_{GFV}) 的术语公式来定义。一个约束关系可看成是一个约束要素与其被约束要素之间的二元空间关系。概念 Constraint-relation 的定义很好地体现了这个事实。该定义涉及具体域 D_{GFV} 中的二元空间谓词 CON、COI、DIS、INC、PAR、PER、INT、NON 和 MAT,并将这些谓词应用到特征 SIS、SOS、SIC、SOC、SPL、SIH、SOH、SIR、SOR、SIP、SOP、SIX、SOX、fPT、fSL、fPL、spherical、cylindrical、planar、helical、revolute、prismatic 和 complex 中。令特征 left, right $\in$ {SIS, SOS, SIC, SOC, SPL, SIH, SOH, SIR, SOR, SIP, SOP, SIX, SOX, fPT, fSL, fPL, spherical, cylindrical, planar, helical, revolute, prismatic, complex},谓词 Constraint-relation-predicate $\in$ {CON, COI, DIS, INC, PAR, PER, INT, NON, MAT},则概念 Constraint-relation 的定义如下:

Constraint-relation$\equiv$Constraint-relation-predicate(left,right)

下面定义概念 Tolerance-type 来表示公差类型。由表 5-2 可知，公差类型与装配特征表面的几何要素之间的空间关系之间存在映射关系，而这些空间关系实质上为约束要素与其相应的被约束要素之间的约束关系。概念 Tolerance-type 可通过利用特征 constraint 和 constrained 将其中的约束要素与被约束要素组合起来，其定义如下：

Tolerance-type≡∃constraint.Constraint-relation ⊓ ∃constrained.Constraint-relation

在以上两个概念的基础上，表 2-3 和表 2-4 中的约束关系可用 ALC(D_{GFV}) 的术语公式来定义，具体如下：

S01（T(3)，R(0)）：CRS01≡Tolerance-type ⊓ CON(constraint SOS(SIS), constrained spherical)

S02（T(2)，R(2)）：CRS02≡Tolerance-type ⊓ CON(constraint SOC(SIC), constrained cylindrical)

S03（T(1)，R(2)）：CRS03≡Tolerance-type ⊓ CON(constraint SPL(SPL), constrained planar)

S04（T(2)，R(2)）：CRS04≡Tolerance-type ⊓ CON(constraint SOH(SIH), constrained helical)

S05（T(3)，R(2)）：CRS05≡Tolerance-type ⊓ CON(constraint SOR(SIR), constrained revolute)

S06（T(2)，R(3)）：CRS06≡Tolerance-type ⊓ CON(constraint SOP(SIP), constrained prismatic)

S07（T(3)，R(3)）：CRS07≡Tolerance-type ⊓ CON(constraint SOX(SIX), constrained complex)

C01（T(3)，R(0)）：CRC01≡Tolerance-type ⊓ COI(constraint fPT, constrained fPT)

C02（T(3)，R(0)）：CRC02≡Tolerance-type ⊓ DIS(constraint fPT, constrained fPT)

C03（T(2)，R(0)）：CRC03≡Tolerance-type ⊓ INC(constraint fPT, constrained fSL)

C04（T(2)，R(0)）：CRC04≡Tolerance-type ⊓ DIS(constraint fPT, constrained fSL)

C05（T(1)，R(0)）：CRC05≡Tolerance-type ⊓ INC(constraint fPT, constrained fPL)

C06（T(1)，R(0)）：CRC06≡Tolerance-type ⊓ DIS(constraint fPT, constrained fPL)

C07（T(2)，R(0)）：CRC07≡Tolerance-type ⊓ INC(constraint fSL,

第五章 公差指标的自动生成

$\quad\quad\quad\quad\quad\quad\quad\quad\quad$ constrained fPT)

C08（T(2), R(0)）：CRC08≡Tolerance-type $\sqcap$ DIS(constraint fSL,
$\quad\quad\quad\quad\quad\quad\quad\quad\quad$ constrained fPT)

C09（T(2), R(2)）：CRC09≡Tolerance-type $\sqcap$ COI(constraint fSL,
$\quad\quad\quad\quad\quad\quad\quad\quad\quad$ constrained fSL)

C10（T(2), R(2)）：CRC10≡Tolerance-type $\sqcap$ PAR(constraint fSL,
$\quad\quad\quad\quad\quad\quad\quad\quad\quad$ constrained fSL)

C11（T(1), R(1)）：CRC11≡Tolerance-type $\sqcap$ PER(constraint fSL,
$\quad\quad\quad\quad\quad\quad\quad\quad\quad$ constrained fSL)

C12（T(1), R(1)）：CRC12≡Tolerance-type $\sqcap$ INT(constraint fSL,
$\quad\quad\quad\quad\quad\quad\quad\quad\quad$ constrained fSL)

C13（T(1), R(1)）：CRC13≡Tolerance-type $\sqcap$ NON(constraint fSL,
$\quad\quad\quad\quad\quad\quad\quad\quad\quad$ constrained fSL)

C14（T(1), R(1)）：CRC14≡Tolerance-type $\sqcap$ INC(constraint fSL,
$\quad\quad\quad\quad\quad\quad\quad\quad\quad$ constrained fPL)

C15（T(1), R(1)）：CRC15≡Tolerance-type $\sqcap$ PAR(constraint fSL,
$\quad\quad\quad\quad\quad\quad\quad\quad\quad$ constrained fPL)

C16（T(0), R(2)）：CRC16≡Tolerance-type $\sqcap$ PER(constraint fSL,
$\quad\quad\quad\quad\quad\quad\quad\quad\quad$ constrained fPL)

C17（T(0), R(2)）：CRC17≡Tolerance-type $\sqcap$ INT(constraint fSL,
$\quad\quad\quad\quad\quad\quad\quad\quad\quad$ constrained fPL)

C18（T(1), R(0)）：CRC18≡Tolerance-type $\sqcap$ INC(constraint fPL,
$\quad\quad\quad\quad\quad\quad\quad\quad\quad$ constrained fPT)

C19（T(1), R(0)）：CRC19≡Tolerance-type $\sqcap$ DIS(constraint fPL,
$\quad\quad\quad\quad\quad\quad\quad\quad\quad$ constrained fPT)

C20（T(1), R(1)）：CRC20≡Tolerance-type $\sqcap$ INC(constraint fPL,
$\quad\quad\quad\quad\quad\quad\quad\quad\quad$ constrained fSL)

C21（T(1), R(1)）：CRC21≡Tolerance-type $\sqcap$ PAR(constraint fPL,
$\quad\quad\quad\quad\quad\quad\quad\quad\quad$ constrained fSL)

C22（T(0), R(2)）：CRC22≡Tolerance-type $\sqcap$ PER(constraint fPL,
$\quad\quad\quad\quad\quad\quad\quad\quad\quad$ constrained fSL)

C23（T(0), R(2)）：CRC23≡Tolerance-type $\sqcap$ INT(constraint fPL,
$\quad\quad\quad\quad\quad\quad\quad\quad\quad$ constrained fSL)

C24（T(1), R(2)）：CRC24≡Tolerance-type $\sqcap$ COI(constraint fPL, constrained fPL)

C25（T(1)，R(2)）：CRC25≡Tolerance-type ⊓ PAR(constraint fPL,
constrained fPL)

C26（T(0)，R(1)）：CRC26≡Tolerance-type ⊓ PER(constraint fPL,
constrained fPL)

C27（T(0)，R(1)）：CRC27≡Tolerance-type ⊓ INT(constraint fPL,
constrained fPL)

基于以上术语公式及表 5-2，可定义公差类型的 ALC(D_{GFV})表示。为了方便阅读，将公差类型符号——□、○、⌀、⌒、⌒、∕、∥、⊥、∠、⌖、◎、≡、⌒ 和 ∕ 直接定义为相应的 ALC(D_{GFV})概念。也就是说，在本章中这些符号不仅仅有可能表示相应的公差类型，还有可能表示相应的 ALC(D_{GFV})概念，其含义需根据实际情况确定。公差类型的 ALC(D_{GFV})表示可用如下 TBox 来表示：

$\mathcal{T}_{SL} = \{ - \equiv CRS02 \sqcup CRS03 \sqcup CRS05 \sqcup CRS06, \square \equiv CRS03, \bigcirc \equiv CRS01 \sqcup CRS02 \sqcup CRS05, \cancel{N} \equiv$
CRS02, ⌒ ≡ CRS05 ⊔ CRS06 ⊔ CRS07, ⌒ ≡ CRS05 ⊔ CRS06 ⊔ CRS07, ∕ ≡ CRC09 ⊔
CRC24, ∕∕ ≡ CRC09 ⊔ CRC24, ∥ ≡ CRC10 ⊔ CRC15 ⊔ CRC21 ⊔ CRC25, ⊥ ≡ CRC11 ⊔
CRC16 ⊔ CRC22 ⊔ CRC26, ∠ ≡ CRC12 ⊔ CRC17 ⊔ CRC23 ⊔ CRC27, ⌖ ≡ CRC02 ⊔ CRC03
⊔ CRC04 ⊔ CRC05 ⊔ CRC06 ⊔ CRC07 ⊔ CRC08 ⊔ CRC10 ⊔ CRC13 ⊔ CRC14 ⊔ CRC15
⊔ CRC18 ⊔ CRC19 ⊔ CRC20 ⊔ CRC21 ⊔ CRC24 ⊔ CRC25, ◎ ≡ CRC01 ⊔ CRC09, ≡ ≡ CRC14
⊔ CRC20 ⊔ CRC24, ⌒ ≡ CRC12 ⊔ CRC17 ⊔ CRC23 ⊔ CRC27, ∕ ≡ CRC02 ⊔ CRC04 ⊔
CRC06 ⊔ CRC08 ⊔ CRC13 ⊔ CRC15 ⊔ CRC19 ⊔ CRC21 ⊔ CRC25 \}$

5.3.2 公差类型的自动生成算法

在现今商用的 3D 实体造型软件中，设计者可以方便地设计出复杂的装配体，所设计的装配体以配合特征树的形式存储在计算机中。Mathew 等[85]设计的 LTG 算法可从配合特征树中提取出各零件之间的装配约束关系；Mathew 等[86]设计的 AME 算法可从配合特征树中提取出零件的装配特征表面。基于公差类型的 ALC(D_{GFV})表示和 ALC(D_{GFV})的 Tableau 判定算法，可得公差类型的自动生成算法如下：

算法 5-1 设"→"表示逻辑蕴含，对任意装配体，按以下步骤确定其中隐含的公差类型：

（1）构建产品的 3D 装配模型。根据产品的功能要求及各零件的理想尺寸，使用 3D 实体造型软件构建出产品的 3D 装配模型。

（2）解装配产品的 3D 装配模型。使用 3D 实体造型软件对产品的 3D 装配模型进行解装配。

（3）提取装配约束关系及装配特征表面。应用 LTG 算法[85]提取出各零件之间的装配约束关系；应用 AME 算法[86]提取出各零件的装配特征表面。

（4）构建表示零件之间的装配约束关系的 ABox $\mathcal{A}_{RL}$。根据定义 5-4 及提取到的装配约束关系，构建表示装配体中各零件之间的装配约束关系的 ABox $\mathcal{A}_{PC}$。

(5) 构建表示装配特征表面之间的约束关系的 ABox $\mathcal{A}_{AC}$。根据定义 5-5、构建的 $\mathcal{A}_{PC}$ 及提取到的各零件的装配特征表面，构建表示各零件的装配特征表面之间的约束关系的 ABox $\mathcal{A}_{AC}$。

(6) 构建表示几何要素之间的空间关系的 ABox $\mathcal{A}_{SL}$。根据构建的 $\mathcal{A}_{AC}$ 和表 5-1，确定每一对相互约束的装配特征表面的约束类型；根据这些约束类型和定义 5-6，构建表示装配特征表面的几何要素之间的空间关系的 ABox $\mathcal{A}_{SL}$。

(7) 确定可选公差类型。令 x 和 y 为具体域 D_{GFV} 中的个体，根据 $\mathcal{A}_{SL}$、$\mathcal{T}_{SL}$ 及 ALC(D_{GFV})的 Tableau 判定算法，执行 GenerateTS(x, y)函数确定可选公差类型(记为集合 T_S)：

```
procedure GenerateTS(x, y)
    T_S ← ∅
    T(16) ← {—, □, ○, ⌒, ∩, ⌓, ⌖, ⌰, //, ⊥, ∠, ⌯, ◎, ≡, ⌴, ⌵}
    for integer i←1 to 16 do
        if ALC(D_GFV)-Tableau( (x, y) : (A_SL ⋃ T_ST) → T(i) ) then return T_S = T_S ⋃ { T(i) }
    repeat
    end GenerateTS
```

(8) 确定最终标注的公差类型。根据产品的功能要求、公差标准、公差原则及设计经验，从 T_S 中选出最终标注的公差类型(记为集合 T_F)。

产品的功能要求需要根据实际情况进行分析，这里不作讨论。下面研究公差标准、公差原则及设计经验在确定 T_F 时发挥的作用。公差原则包括独立原则(IP)和相关要求，相关要求又可分为包容要求(ER)、最大实体要求(MMR)、最小实体要求(LMR)及可逆要求(RR)。根据以上原则及设计经验，设计者在确定 T_F 时应遵循以下规则：

规则 5-1　在 ISO/GB/T 标准中，ER 仅适用于尺寸公差，而不适用于位置公差、方向公差及尺寸要素之间的内部关系。因此，在根据 ER 确定装配公差类型时应注意，几何公差主要用于控制几何要素的位置、方向及尺寸要素之间的内部关系。此外，—不适用于尺寸要素。

规则 5-2　当要素的位置或形状独立于其尺寸时，不考虑形态尺寸(RFS)。在考虑 ◎、⌰、⌯ 及 ≡ 时，不需考虑 RFS、MMR 及 LMR。

规则 5-3　⌒用于表示实际圆柱面相对于理想圆柱面的变动，它可以控制圆柱的纵截面或横截面方向的几何公差，如○、轴心线直线度—及素线直线—等。因此，如果⌒被选为一个圆柱面的几何公差，则不需要再选择○和—。

规则 5-4　∩可以控制一个圆柱轴或圆柱孔的横截面方向的○，即∩可以代替○。通常情况下，在圆弧曲线设计时选择○是比较直观且清晰的，而在非圆弧曲线设计时则选择∩。

规则 5-5　◎可以控制装配特征表面的轴线的平移、倾斜及弯曲。因此，如果已经选取了◎，两装配特征表面的轴线之间的//可不选取。

规则 5-6　一条直线相对于一条基准直线或一个基准平面的⊥可以由⌯来控制，此时可根据实际情况在⊥和⌖中选取一种。

规则 5-7 根据工程语义，⌖可以控制◎或≡。但是从含义上讲，选择◎或≡比选择⌖更为清晰。因此，在这种情况下应优先选择◎或≡。

规则 5-8 如果已经选择了径向∥，则不需要再选择◎或○。如果一个零件可以绕其基准中心线旋转，则应选择轴向∥。当确定一个无法绕其基准中心线旋转的零件的位置公差时，应当选择⊥。

根据以上步骤及规则，可实现计算机辅助公差类型的自动生成，基于 ALC(D_{GFV})的公差类型的自动生成流程如图 5-2 所示。

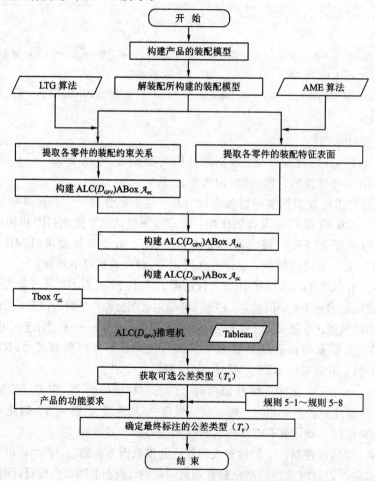

图 5-2 基于 ALC(D_{GFV})的公差类型的自动生成流程

5.3.3 实例研究

以图 5-3 所示的齿轮减速器[55]为例，研究基于 ALC(D_{GFV}) 的公差类型的自动生成。为了降低研究的复杂度，下面仅仅研究减速器的两传动轴之间的传动结构。当装配减速器时，两个滚动轴承都可以看做标准零件，故将它们视为一个整体来研究，而不考虑它们内部各零件之间的公差类型。根据算法 5-1，具体的公差类型的自动生成步骤如下：

（1）构建产品的 3D 装配模型。根据减速器的功能要求及各零件的理想尺寸，使用 SolidWorks 可构建出减速器的 3D 装配模型，齿轮减速器的局部视图参见图 5-3。

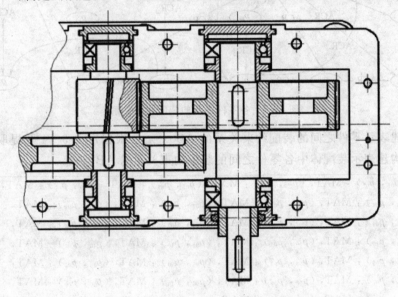

图 5-3　齿轮减速器的局部视图

（2）解装配产品的 3D 装配模型。根据减速器的结构，使用 SolidWorks 对其 3D 装配模型进行解装配。减速器传动结构的解装配图参见图 5-4。

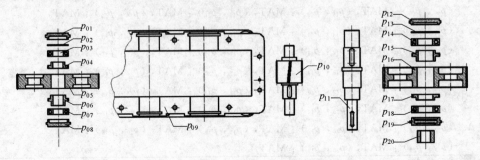

图 5-4　减速器传动结构的解装配图

(3) 提取装配约束关系及装配特征表面。应用 LTG 算法[85]提取出各零件之间的装配约束关系,如图 5-5 所示;应用 AME 算法[86]提取出各零件的装配特征表面。

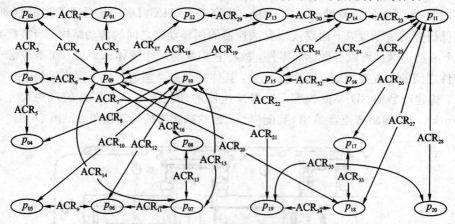

图 5-5 各零件之间的装配约束关系

(4) 构建表示零件之间的装配约束关系的 ABox $\mathcal{A}_{PL}$。根据定义 5-4 及提取到的装配约束关系,构建表示装配体中各零件之间的装配约束关系的 ABox $\mathcal{A}_{PL}$。

$$\begin{aligned}
\mathcal{A}_{PL}^{(20)} = \{ & (p_{01}, p_{02}) : \text{MAT}, (p_{02}, p_{01}) : \text{MAT}, (p_{01}, p_{09}) : \text{MAT}, (p_{09}, p_{01}) : \text{MAT}, \\
& (p_{02}, p_{03}) : \text{MAT}, (p_{03}, p_{02}) : \text{MAT}, (p_{02}, p_{09}) : \text{MAT}, (p_{09}, p_{02}) : \text{MAT}, \\
& (p_{03}, p_{04}) : \text{MAT}, (p_{04}, p_{03}) : \text{MAT}, (p_{03}, p_{09}) : \text{MAT}, (p_{09}, p_{03}) : \text{MAT}, \\
& (p_{03}, p_{10}) : \text{MAT}, (p_{10}, p_{03}) : \text{MAT}, (p_{04}, p_{10}) : \text{MAT}, (p_{10}, p_{04}) : \text{MAT}, \\
& (p_{05}, p_{06}) : \text{MAT}, (p_{06}, p_{05}) : \text{MAT}, (p_{05}, p_{10}) : \text{MAT}, (p_{10}, p_{05}) : \text{MAT}, \\
& (p_{06}, p_{07}) : \text{MAT}, (p_{07}, p_{06}) : \text{MAT}, (p_{06}, p_{10}) : \text{MAT}, (p_{10}, p_{06}) : \text{MAT}, \\
& (p_{07}, p_{08}) : \text{MAT}, (p_{08}, p_{07}) : \text{MAT}, (p_{07}, p_{09}) : \text{MAT}, (p_{09}, p_{07}) : \text{MAT}, \\
& (p_{07}, p_{10}) : \text{MAT}, (p_{10}, p_{07}) : \text{MAT}, (p_{08}, p_{09}) : \text{MAT}, (p_{09}, p_{08}) : \text{MAT}, \\
& (p_{09}, p_{12}) : \text{MAT}, (p_{12}, p_{09}) : \text{MAT}, (p_{09}, p_{13}) : \text{MAT}, (p_{13}, p_{09}) : \text{MAT}, \\
& (p_{09}, p_{14}) : \text{MAT}, (p_{14}, p_{09}) : \text{MAT}, (p_{09}, p_{18}) : \text{MAT}, (p_{18}, p_{09}) : \text{MAT}, \\
& (p_{09}, p_{19}) : \text{MAT}, (p_{19}, p_{09}) : \text{MAT}, (p_{10}, p_{16}) : \text{MAT}, (p_{16}, p_{10}) : \text{MAT}, \\
& (p_{11}, p_{14}) : \text{MAT}, (p_{14}, p_{11}) : \text{MAT}, (p_{11}, p_{15}) : \text{MAT}, (p_{15}, p_{11}) : \text{MAT}, \\
& (p_{11}, p_{16}) : \text{MAT}, (p_{16}, p_{11}) : \text{MAT}, (p_{11}, p_{17}) : \text{MAT}, (p_{17}, p_{11}) : \text{MAT}, \\
& (p_{11}, p_{18}) : \text{MAT}, (p_{18}, p_{11}) : \text{MAT}, (p_{11}, p_{20}) : \text{MAT}, (p_{20}, p_{11}) : \text{MAT}, \\
& (p_{12}, p_{13}) : \text{MAT}, (p_{13}, p_{12}) : \text{MAT}, (p_{13}, p_{14}) : \text{MAT}, (p_{14}, p_{13}) : \text{MAT}, \\
& (p_{14}, p_{15}) : \text{MAT}, (p_{15}, p_{14}) : \text{MAT}, (p_{15}, p_{16}) : \text{MAT}, (p_{16}, p_{15}) : \text{MAT}, \\
& (p_{17}, p_{18}) : \text{MAT}, (p_{18}, p_{17}) : \text{MAT}, (p_{18}, p_{19}) : \text{MAT}, (p_{19}, p_{18}) : \text{MAT}, \\
& (p_{19}, p_{20}) : \text{MAT}, (p_{20}, p_{19}) : \text{MAT} \}
\end{aligned}$$

(5) 构建表示装配特征表面之间的约束关系的 ABox $\mathcal{A}_{AL}$。根据定义 5-5、构建的

$\mathcal{A}_{PL}^{(20)}$ 及提取到的各零件的装配特征表面，构建表示各零件的装配特征表面之间的约束关系的 ABox $\mathcal{A}_{AL}$。下面以零件 p_{10} 为例说明 $\mathcal{A}_{AL}$ 的构建过程。由 $\mathcal{A}_{PL}^{(20)}$ 可知，与 p_{10} 有装配约束关系的零件有 p_{03}、p_{04}、p_{05}、p_{06}、p_{07} 及 p_{16}。这 7 个零件的装配特征表面及其之间的装配约束关系如图 5-6。根据图 5-6 及定义 5-5 可构建表示这 7 个零件的装配特征表面之间的约束关系的 ABox $\mathcal{A}_{AL}^{(7)}$：

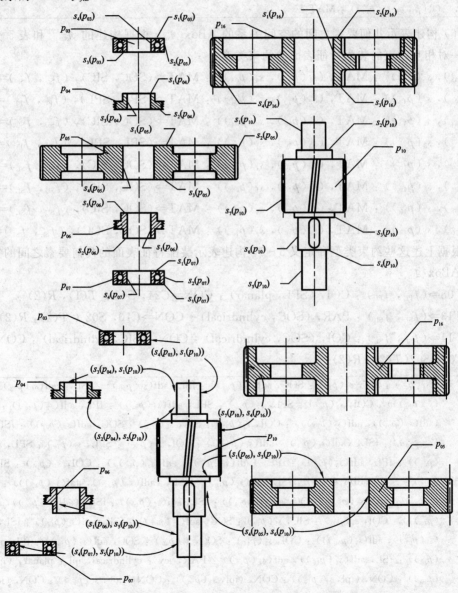

图 5-6　零件 p_{03}、p_{04}、p_{05}、p_{06}、p_{07}、p_{10} 及 p_{16} 的装配特征表面及其之间的装配约束关系

$$\mathcal{A}_{\mathcal{AL}}^{(7)} = \{ (s_4(p_{03}), s_1(p_{10})) : \text{MAT}, (s_1(p_{10}), s_4(p_{03})) : \text{MAT}, (s_2(p_{04}), s_2(p_{10})) : \text{MAT},$$
$$(s_2(p_{10}), s_2(p_{04})) : \text{MAT}, (s_3(p_{04}), s_1(p_{10})) : \text{MAT}, (s_1(p_{10}), s_3(p_{04})) : \text{MAT},$$
$$(s_1(p_{05}), s_3(p_{10})) : \text{MAT}, (s_3(p_{10}), s_1(p_{05})) : \text{MAT}, (s_4(p_{05}), s_6(p_{10})) : \text{MAT},$$
$$(s_6(p_{10}), s_4(p_{05})) : \text{MAT}, (s_1(p_{06}), s_5(p_{10})) : \text{MAT}, (s_5(p_{10}), s_1(p_{06})) : \text{MAT},$$
$$(s_4(p_{07}), s_5(p_{10})) : \text{MAT}, (s_5(p_{10}), s_4(p_{07})) : \text{MAT}, (s_7(p_{10}), s_4(p_{16})) : \text{MAT},$$
$$(s_4(p_{16}), s_7(p_{10})) : \text{MAT} \}$$

(6) 构建表示几何要素之间的空间关系的 ABox $\mathcal{A}_{\mathcal{SL}}$。根据构建的 $\mathcal{A}_{\mathcal{AL}}^{(7)}$ 和表 5-1，确定每一对相互约束的装配特征表面的约束类型：

$(s_4(p_{03}), s_1(p_{10})) : \text{MAT}, (s_1(p_{10}), s_4(p_{03})) : \text{MAT} \Rightarrow (\text{SOC}, \text{SIC}), (f_{\text{SL}}, f_{\text{SL}}) \Rightarrow T14$

$(s_2(p_{04}), s_2(p_{10})) : \text{MAT}, (s_2(p_{10}), s_2(p_{04})) : \text{MAT} \Rightarrow (\text{SPL}, \text{SPL}), (f_{\text{PL}}, f_{\text{PL}}) \Rightarrow T08$

$(s_3(p_{04}), s_1(p_{10})) : \text{MAT}, (s_1(p_{10}), s_3(p_{04})) : \text{MAT} \Rightarrow (\text{SOC}, \text{SIC}), (f_{\text{SL}}, f_{\text{SL}}) \Rightarrow T14$

$(s_1(p_{05}), s_3(p_{10})) : \text{MAT}, (s_3(p_{10}), s_1(p_{05})) : \text{MAT} \Rightarrow (\text{SPL}, \text{SPL}), (f_{\text{PL}}, f_{\text{PL}}) \Rightarrow T08$

$(s_4(p_{05}), s_6(p_{10})) : \text{MAT}, (s_6(p_{10}), s_4(p_{05})) : \text{MAT} \Rightarrow (\text{SOC}, \text{SIC}), (f_{\text{SL}}, f_{\text{SL}}) \Rightarrow T14$

$(s_1(p_{06}), s_5(p_{10})) : \text{MAT}, (s_5(p_{10}), s_1(p_{06})) : \text{MAT} \Rightarrow (\text{SOC}, \text{SIC}), (f_{\text{SL}}, f_{\text{SL}}) \Rightarrow T14$

$(s_4(p_{07}), s_5(p_{10})) : \text{MAT}, (s_5(p_{10}), s_4(p_{07})) : \text{MAT} \Rightarrow (\text{SOC}, \text{SIC}), (f_{\text{SL}}, f_{\text{SL}}) \Rightarrow T14$

$(s_7(p_{10}), s_4(p_{16})) : \text{MAT}, (s_4(p_{16}), s_7(p_{10})) : \text{MAT} \Rightarrow (\text{SOC}, \text{SOC}), (f_{\text{SL}}, f_{\text{SL}}) \Rightarrow T13$

根据上述这些约束类型和定义 5-6，构建表示装配特征表面的几何要素之间的空间关系的 ABox $\mathcal{A}_{\mathcal{SL}}^{(7)}$：

$T08 \Rightarrow (f_{\text{PL}}, f_{\text{PL}}) : \text{COI}, (\text{SPL}, \text{planar}) : \text{CON} \Rightarrow C24, S03 (T(1), R(2))$

$T13 \Rightarrow (f_{\text{SL}}, f_{\text{SL}}) : \text{PAR}, (\text{SOC}, \text{cylindrical}) : \text{CON} \Rightarrow C10, S02 (T(2), R(2))$

$T14 \Rightarrow (f_{\text{SL}}, f_{\text{SL}}) : \text{COI}, (\text{SOC}, \text{cylindrical}) : \text{CON}, (\text{SIC}, \text{cylindrical}) : \text{CON} \Rightarrow C09, S02(T(2), R(2))$

$$\mathcal{A}_{\mathcal{SL}}^{(7)} = \{ s_4(p_{03}) : \text{SIC}, s_1(p_{10}) : \text{SOC}, \text{adf}(s_4(p_{03})) : \text{fSL}, \text{adf}(s_1(p_{10})) : \text{fSL}, (\text{adf}(s_4(p_{03})), \text{adf}$$
$$(s_1(p_{10}))) : \text{COI}, s_2(p_{04}) : \text{SPL}, s_2(p_{10}) : \text{SPL}, \text{adf}(s_2(p_{04})) : \text{fPL}, \text{adf}(s_2(p_{10})) : \text{fPL},$$
$$(\text{adf}(s_2(p_{04})), \text{adf}(s_2(p_{10}))) : \text{COI}, s_3(p_{04}) : \text{SIC}, s_1(p_{10}) : \text{SOC}, \text{adf}(s_3(p_{04})) : \text{fSL}, \text{adf}$$
$$(s_1(p_{10})) : \text{fSL}, (\text{adf}(s_3(p_{04})), \text{adf}(s_1(p_{10}))) : \text{COI}, s_1(p_{05}) : \text{SPL}, s_3(p_{10}) : \text{SPL}, \text{adf}(s_1$$
$$(p_{05})) : \text{fPL}, \text{adf}(s_3(p_{10})) : \text{fPL}, (\text{adf}(s_1(p_{05})), \text{adf}(s_3(p_{10}))) : \text{COI}, s_4(p_{05}) : \text{SIC}, s_6$$
$$(p_{10}) : \text{SOC}, \text{adf}(s_4(p_{05})) : \text{fSL}, \text{adf}(s_6(p_{10})) : \text{fSL}, (\text{adf}(s_4(p_{05})), \text{adf}(s_6(p_{10}))) : \text{COI},$$
$$s_1(p_{06}) : \text{SIC}, s_5(p_{10}) : \text{SOC}, \text{adf}(s_1(p_{06})) : \text{fSL}, \text{adf}(s_5(p_{10})) : \text{fSL}, (\text{adf}(s_1(p_{06})), \text{adf}(s_5$$
$$(p_{10}))) : \text{COI}, s_4(p_{07}) : \text{SIC}, s_5(p_{10}) : \text{SOC}, \text{adf}(s_4(p_{07})) : \text{fSL}, \text{adf}(s_5(p_{10})) : \text{fSL}, (\text{adf}$$
$$(s_4(p_{07})), \text{adf}(s_5(p_{10}))) : \text{COI}, s_4(p_{16}) : \text{SOC}, s_7(p_{10}) : \text{SOC}, \text{adf}(s_4(p_{16})) : \text{fSL}, \text{adf}(s_7$$
$$(p_{10})) : \text{fSL}, \text{adf}(s_4(p_{16})), \text{adf}(s_7(p_{10})) : \text{PAR}, \text{icy} : \text{cylindrical}, \text{ipl} : \text{planar}, (\text{icy}, s_1$$
$$(p_{10})) : \text{CON}, (\text{ipl}, s_2(p_{10})) : \text{CON}, (\text{ipl}, s_3(p_{10})) : \text{CON}, (\text{icy}, s_5(p_{10})) : \text{CON}, (\text{icy}, s_6$$
$$(p_{10})) : \text{CON}, (\text{icy}, s_7(p_{10})) : \text{CON} \}$$

第五章 公差指标的自动生成

(7) 确定可选公差类型。根据 $\mathcal{A}_{S\mathcal{L}}^{(7)}$、$\mathcal{T}_{S\mathcal{L}}$ 及 ALC(D_{GFV}) 的 Tableau 判定算法，执行 GenerateTS(x, y) 函数确定集合 T_S。例如，为了确定 T_S(icy, $s_1(p_{10})$) 和 T_S($s_4(p_{03})$, $s_1(p_{10})$)，需要执行 GenerateTS($s_4(p_{03})$, $s_1(p_{10})$) 和 GenerateTS(icy, $s_1(p_{10})$)，此时问题转化为判定 ($\mathcal{T}_{S\mathcal{L}} \cup \mathcal{A}_{S\mathcal{L}}^{(7)}$) ⊨ (icy, $s_1(p_{10})$) : TT 和 ($\mathcal{T}_{S\mathcal{L}} \cup \mathcal{A}_{S\mathcal{L}}^{(7)}$) ⊨ ($s_4(p_{03})$, $s_1(p_{10})$) : TT (TT∈{一, □, ○, ⌀, ⌒, ⌓, ⌒, ⌇, //, ⊥, ∠, ⌖, ◎, ≡, ⌒, ⌀}) 中有哪几个成立。下面以判定 ($\mathcal{T}_{S\mathcal{L}} \cup \mathcal{A}_{S\mathcal{L}}^{(7)}$) ⊨ (icy, $s_1(p_{10})$) : 一 是否成立为例，跟踪 ALC(D_{GFV}) 推理机的推理过程。首先，将结论否定并加入 $\mathcal{A}_{S\mathcal{L}}^{(7)}$，且化为否定范式后得 ABox $\mathcal{A}_1$：

$\mathcal{A}_1 = \mathcal{A}_{S\mathcal{L}}^{(7)} \cup \{$ (icy, $s_1(p_{10})$) : ¬ 一 $\}$

将 TBox $\mathcal{T}_{S\mathcal{L}}$ 中一的定义代入 $\mathcal{A}_1$ 并将所有式子化为否定范式，得：

$\mathcal{A}_2 = \mathcal{A}_{S\mathcal{L}}^{(7)} \cup \{$ (icy, $s_1(p_{10})$) : ((¬ Tolerance-type ⊔ ¬ CON(constraint SOC(SIC), constrained cylindrical)) ⊓ (¬ Tolerance-type ⊔ ¬ CON(constraint SPL(SPL), constrained planar)) ⊓ (¬ Tolerance-type ⊔ ¬ CON(constraint SOR(SIR), constrained revolute)) ⊓ (¬ Tolerance-type ⊔ ¬ CON(constraint SOP(SIP), constrained prismatic))) $\}$

对 $\mathcal{A}_2$ 应用定义 3-9 中的合取规则，得：

$\mathcal{A}_3 = \mathcal{A}_2 \cup \{$ (icy, $s_1(p_{10})$) : (¬ Tolerance-type ⊔ ¬ CON(constraint SOC(SIC), constrained cylindrical), ¬ Tolerance-type ⊔ ¬ CON(constraint SPL(SPL), constrained planar), ¬ Tolerance-type ⊔ ¬ CON(constraint SOR(SIR), constrained revolute), ¬ Tolerance-type ⊔ ¬ CON(constraint SOP(SIP), constrained prismatic)) $\}$

对 $\mathcal{A}_3$ 应用定义 3-9 中的析取规则，得：

$\mathcal{A}_4 = \mathcal{A}_3 \cup \{$ (icy, $s_1(p_{10})$) : ¬ Tolerance-type $\}$

$\mathcal{A}_4' = \mathcal{A}_3 \cup \{$ (icy, $s_1(p_{10})$) : (¬ CON(constraint SOC(SIC), constrained cylindrical), ¬ CON(constraint SPL(SPL), constrained planar), ¬ CON(constraint SOR(SIR), constrained revolute), ¬ CON(constraint SOP(SIP), constrained prismatic)) $\}$

因 $\mathcal{A}_4$ 同时包含 $s_1(p_{10})$: SOC、icy : cylindrical、(icy, $s_1(p_{10})$) : CON 和 (icy, $s_1(p_{10})$) : (¬ CON(constraint SOC(SIC), constrained cylindrical))，由定义 3-10 可知此时发生了具体域冲突。将概念 Tolerance-type 和 Constraint-relation 的定义代入 $\mathcal{A}_4$ 并化简，得：

$\mathcal{A}_5 = \mathcal{A}_3 \cup \{$ (icy, $s_1(p_{10})$) : (∀ constraint. ¬ Constraint-relation-predicate(left, right) ⊔ ∀ left. Top ⊔ ∀ right. Top ⊔ ∀ constrained. ¬ Constraint-relation-predicate(left, right)) ⊔ Top(constraint) ⊔ Top(constrained)) $\}$

对 $\mathcal{A}_5$ 应用定义 3-9 中的析取规则，得：

$\mathcal{A}_6 = \mathcal{A}_5 \cup \{ (\text{icy}, s_1(p_{10})) : \forall \text{constraint}. \neg \text{Constraint-relation-predicate}(\text{left}, \text{right}) \}$

$\mathcal{A}_6' = \mathcal{A}_5 \cup \{ (\text{icy}, s_1(p_{10})) : \forall \text{constrained}. \neg \text{Constraint-relation-predicate}(\text{left}, \text{right}) \}$

将 Constraint-relation-predicate 的定义分别代入 $\mathcal{A}_6$ 和 $\mathcal{A}_6'$，得：

$\mathcal{A}_7 = \mathcal{A}_6 \cup \{ (\text{icy}, s_1(p_{10})) : \forall \text{constraint}. (\neg \text{MAT}(\text{left}, \text{right}) \sqcap \neg \text{COI}(\text{left}, \text{right}) \sqcap \neg \text{DIS}(\text{left}, \text{right}) \sqcap \neg \text{INC}(\text{left}, \text{right}) \sqcap \neg \text{PAR}(\text{left}, \text{right}) \sqcap \neg \text{PER}(\text{left}, \text{right}) \sqcap \neg \text{INT}(\text{left}, \text{right}) \sqcap \neg \text{NON}(\text{left}, \text{right}) \sqcap \neg \text{CON}(\text{left}, \text{right})) \}$

$\mathcal{A}_7' = \mathcal{A}_6' \cup \{ (\text{icy}, s_1(p_{10})) : \forall \text{constrained}. (\neg \text{MAT}(\text{left}, \text{right}) \sqcap \neg \text{COI}(\text{left}, \text{right}) \sqcap \neg \text{DIS}(\text{left}, \text{right}) \sqcap \neg \text{INC}(\text{left}, \text{right}) \sqcap \neg \text{PAR}(\text{left}, \text{right}) \sqcap \neg \text{PER}(\text{left}, \text{right}) \sqcap \neg \text{INT}(\text{left}, \text{right}) \sqcap \neg \text{NON}(\text{left}, \text{right}) \sqcap \neg \text{CON}(\text{left}, \text{right})) \}$

因为 left, right ∈ {SIS, SOS, SIC, SOC, SPL, SIH, SOH, SIR, SOR, SIP, SOP, SIX, SOX, fPT, fSL, fPL, spherical, cylindrical, planar, helical, revolute, prismatic, complex}，故 $\mathcal{A}_6$ 和 $\mathcal{A}_6'$ 均同时存在 $s_1(p_{10})$：SOC、icy：cylindrical、(icy, $s_1(p_{10})$)：CON 和 (icy, $s_1(p_{10})$)：¬CON(cylindrical, SOC)，由定义 3-10 可知在 $\mathcal{A}_6$ 和 $\mathcal{A}_6'$ 中均发生了具体域冲突。至此，扩展得出的所有分支均发生冲突，故有 $(\mathcal{T}_{SL} \cup \mathcal{A}_{SL}^{(7)}) \models (\text{icy}, s_1(p_{10}))$：——成立。类似地，可证明 $(\mathcal{T}_{SL} \cup \mathcal{A}_{SL}^{(7)}) \models (\text{icy}, s_1(p_{10}))$：○、$(\mathcal{T}_{SL} \cup \mathcal{A}_{SL}^{(7)}) \models (\text{icy}, s_1(p_{10}))$：⌀、$(\mathcal{T}_{SL} \cup \mathcal{A}_{SL}^{(7)}) \models (s_4(p_{03}), s_1(p_{10}))$：✦、$(\mathcal{T}_{SL} \cup \mathcal{A}_{SL}^{(7)}) \models (s_4(p_{03}), s_1(p_{10}))$：⌘ 及 $(\mathcal{T}_{SL} \cup \mathcal{A}_{SL}^{(7)}) \models (s_4(p_{03}), s_1(p_{10}))$：◎ 均成立，故有 $T_S(s_1(p_{10})) = \{$——, ○, ⌀$\}$ 及 $T_S(s_4(p_{03}), s_1(p_{10})) = \{$✦, ⌘, ◎$\}$（$T(2), R(2)$）。对于其他组相互约束的装配特征表面的几何要素，类似地可得：

$T_S(s_2(p_{10})) = \{$——, □$\}$ 及 $T_S(s_2(p_{04}), s_2(p_{10})) = \{$✦, ⌘, ⌖, ═$\}$（$T(1), R(2)$）

$T_S(s_1(p_{10})) = \{$——, ○, ⌀$\}$ 及 $T_S(s_3(p_{04}), s_1(p_{10})) = \{$✦, ⌘, ◎$\}$（$T(2), R(2)$）

$T_S(s_3(p_{10})) = \{$——, □$\}$ 及 $T_S(s_1(p_{05}), s_3(p_{10})) = \{$✦, ⌘, ⌖, ═$\}$（$T(1), R(2)$）

$T_S(s_6(p_{10})) = \{$——, ○, ⌀$\}$ 及 $T_S(s_4(p_{05}), s_6(p_{10})) = \{$✦, ⌘, ◎$\}$（$T(2), R(2)$）

$T_S(s_5(p_{10})) = \{$——, ○, ⌀$\}$ 及 $T_S(s_1(p_{06}), s_5(p_{10})) = \{$✦, ⌘, ◎$\}$（$T(2), R(2)$）

$T_S(s_5(p_{10})) = \{$——, ○, ⌀$\}$ 及 $T_S(s_4(p_{07}), s_5(p_{10})) = \{$✦, ⌘, ◎$\}$（$T(2), R(2)$）

$T_S(s_7(p_{10})) = \{$——, ○, ⌀$\}$ 及 $T_S(s_7(p_{10}), s_4(p_{16})) = \{$∥, ⌖$\}$（$T(2), R(2)$）

由以上结果可知，引入空间关系层之后，对每一组相互约束的几何要素，生成的可选公差类型的数目分别为 6、6、6、6、6、6、6、5。在 PST 方法[31]中，在相同的条件下，生成的可选公差类型的数目分别为 7、12、7、12、7、7、7、11。由此可见，空间关系层的引入可进一步减少生成的可选公差类型的数目，且 ALC(D_{GFV}) 断言同时记录了自由度信息，为后续的公差分析和公差综合奠定了基础。

(8) 确定最终标注的公差类型。根据规则 5-3 和规则 5-8，选取 $T_F(s_1(p_{10})) = T_F(s_5(p_{10})) = T_F(s_6(p_{10})) = \{$⌀$\}$，选取 $T_F(s_4(p_{03}), s_1(p_{10})) = T_F(s_3(p_{04}), s_1(p_{10})) = T_F(s_4(p_{05}), s_6(p_{10})) = T_F(s_1(p_{06}), s_5(p_{10})) = T_F(s_4(p_{07}), s_5(p_{10})) = \{$✦$\}$；根据规

则 5-8，选取 $T_F(s_2(p_{04}), s_2(p_{10})) = \{\text{∥}\}$ 及 $T_F(s_1(p_{05}), s_3(p_{10})) = \{\text{∥}\}$ 及 $T_F(s_4(p_{16}), s_7(p_{10})) = \{-\}$。对零件 p_{10} 的标注如图 5-7 所示。

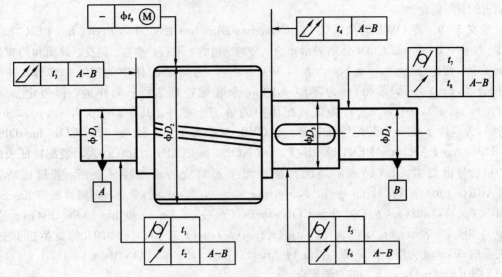

图 5-7　零件 p_{10} 的公差指标

5.4　基于本体的公差类型的自动生成

5.4.1　约束关系的 OWL 定义

零件层、装配特征表面层和空间关系层中的约束关系皆为二元关系，在基于本体的方法中，OWL 属性断言可形式定义这些二元关系，即：

定义 5-7　假设给定的装配体为 $A = \{p_1, p_2, \cdots, p_k\}$，其中 p_1、p_2、$\cdots$、p_k 是构成装配体 A 的 k 个零件。令 OWL 类 Part 表示零件，OWL 对象属性 has-ACR 表示零件之间的装配约束关系，p_i 和 $p_j(i, j = 1, 2, \cdots, k)$ 为 A 中的任意两个零件，若 $i \neq j$ 且 p_i 和 p_j 之间具有装配约束关系，则有 OWL 断言 Part(p_i)、Part(p_j)、has-ACR(p_i, p_j) 和 has-ACR(p_j, p_i) 成立，表示 p_1、p_2、$\cdots$、p_k 之间的装配约束关系的 ABox $\mathcal{A}_p$ 为以上断言的有限集合。

定义 5-8　假定 $p_i = \{s_1(p_i), s_2(p_i), \cdots, s_m(p_i)\}$ 为某装配体中的第 i 个零件，其中 $\{s_1(p_i), s_2(p_i), \cdots, s_m(p_i)\}$ 为零件 p_i 的 m 个装配特征表面；同样地，再假定 $p_j = \{s_1(p_j), s_2(p_j), \cdots, s_n(p_j)\}$ 为该装配体中的第 j 个零件，其中 $\{s_1(p_j), s_2(p_j), \cdots, s_n(p_j)\}$ 为零件 p_j 的 n 个装配特征表面。令 OWL 类 AFS 表示装配特征表面，OWL 对象属性 has-ACR 表示装配特征表面之间的装配约束关系。若 $s_u(p_i)$（$u = 1, 2, \cdots, m$）和 $s_v(p_j)$（$v = 1, 2, \cdots, n$）之间具有装配约束关系，则有 OWL 断言（AFS($s_1(p_i)$), AFS($s_2(p_i)$), $\cdots$, AFS($s_m(p_i)$))、(AFS($s_1(p_j)$),

AFS($s_2(p_j)$)),…,(AFS($s_n(p_j)$))、has-ACR($s_u(p_i)$, $s_v(p_j)$)和 has-ACR($s_v(p_j)$, $s_u(p_i)$)成立，表示 $s_1(p_i)$、$s_2(p_i)$、…、$s_m(p_i)$、$s_1(p_j)$、$s_2(p_j)$、…、$s_n(p_j)$之间的装配约束关系的 ABox $\mathcal{A}_{\!a}$为以上断言的有限集合。

定义 5-9 令 OWL 对象属性 has-COI、has-DIS、has-INC、has-PAR、has-PER、has-INT、has-NON 和 has-CON 分别表示重合、分离、包含、平行、垂直、斜交、异面和约束的空间关系。假定 $p_i = \{s_1(p_i), s_2(p_i), \cdots, s_m(p_i)\}$为某装配体中的第 i 个零件，其中 $\{s_1(p_i), s_2(p_i), \cdots, s_m(p_i)\}$为零件 p_i 的 m 个装配特征表面；同样地，再假定 $p_j = \{s_1(p_j), s_2(p_j), \cdots, s_n(p_j)\}$为该装配体中的第 j 个零件，其中 $\{s_1(p_j), s_2(p_j), \cdots, s_n(p_j)\}$为零件 p_j 的 n 个装配特征表面。令 OWL 对象属性 has-SR $\in$ \{has-COI, has-DIS, has-INC, has-PAR, has-PER, has-INT, has-NON, has-CON\}，adf(x)表示装配特征表面 x 的拟合导出要素，ifs(y)表示装配特征表面 y 所对应的理想特征表面。若属性断言 has-ACR($s_u(p_i)$, $s_v(p_j)$)($u = 1, 2, \cdots, m; v = 1, 2, \cdots, n$)成立，则属性断言 has-SR(adf($s_u(p_i)$), adf($s_v(p_j)$))、has-CON(ifs($s_u(p_i)$), $s_u(p_i)$)和 has-CON(ifs($s_v(p_j)$), $s_v(p_j)$)亦成立，表示 $s_1(p_i)$、$s_2(p_i)$、…、$s_m(p_i)$、$s_1(p_j)$、$s_2(p_j)$、…、$s_n(p_j)$的几何要素之间的空间关系的 ABox $\mathcal{A}_{\!s}$为断言 has-SR(adf($s_u(p_i)$), adf($s_v(p_j)$))、has-CON(ifs($s_u(p_i)$), $s_u(p_i)$)和 has-CON(ifs($s_v(p_j)$), $s_v(p_j)$)的有限集合。

5.4.2 公差表示的元本体模型

公差表示的元本体模型即采用基于本体的方法定义公差表示所需的术语和关系的元模型。元本体是特定概念（类）和这些概念之间的关系（属性）的有限集合。本节将采用七步法来构建公差表示的元本体。

一个本体通常由定义某领域的相关概念的类和定义这些类的实例之间的关系的属性组成。根据 5.2 节中的公差表示模型及七步法中的相关步骤，可提取出公差表示所需的类，公差表示的元本体中的类参见图 5-8。

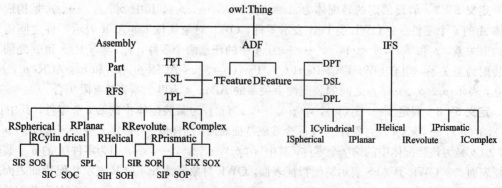

图 5-8 公差表示的元本体中的类

第五章 公差指标的自动生成

在图 5-8 中，各个类的含义如下：

（1）类 Assembly 表示装配体，在 5.2 节的表示模型中，装配体可进一步分解为零件。

（2）类 Part 表示零件，在 5.2 节的表示模型中，零件可进一步分解为实际（装配）特征表面。

（3）类 RFS 表示实际（装配）特征表面，由表 2-2 可知，实际特征表面包括实际的球面、圆柱面、平面、螺旋面、旋转面、棱柱面和复杂面。

（4）类 RSpherical、RCylindrical、RPlanar、RHelical、RRevolute、RPrismatic 和 RComplex 分别表示实际的球面、圆柱面、平面、螺旋面、旋转面、棱柱面和复杂面。

（5）类 SIS、SOS、SIC、SOC、SPL、SIH、SOH、SIR、SOR、SIP、SOP、SIX 和 SOX 分别表示实际的内球面、外球面、内圆柱面、外圆柱面、平面、内螺旋面、外螺旋面、内旋转面、外旋转面、内棱柱面、外棱柱面、内复杂面及外复杂面。

（6）类 ADF 表示实际特征表面的拟合导出要素，由表 2-3 可知，每一对相互约束的拟合导出要素均由一个约束要素和一个被约束要素组成。

（7）类 TFeature 表示约束要素，由表 2-3 可知，约束要素包括约束点、约束直线和约束平面。

（8）类 TPT、TSL 和 TPL 分别表示约束点、约束直线和约束平面。

（9）类 DFeature 表示被约束要素，由表 2-3 可知，被约束要素包括被约束点、被约束直线和被约束平面。

（10）类 DPT、DSL 和 DPL 分别表示被约束点、被约束直线和被约束平面。

（11）类 IFS 表示理想特征表面，由表 2-2 可知，理想特征表面包括理想的球面、圆柱面、平面、螺旋面、旋转面、棱柱面和复杂面。

（12）类 ISpherical、ICylindrical、IPlanar、IHelical、IRevolute、IPrismatic 和 IComplex 分别表示理想的球面、圆柱面、平面、螺旋面、旋转面、棱柱面和复杂面。

除了公差表示所需的类，表示这些类之间关系的属性也被提取出来，公差表示的元本体中的属性参见图 5-9。在图 5-9 中，属性 has-ACR、has-COI、has-DIS、has-INC、has-PAR、has-PER、has-INT、has-NON 和 has-CON 均属于对象属性。此外，has-Straightness、has-Flatness、has-Roundness、has-Cylindricity、has-ProfileAnyLine、has-ProfileAnySurface、has-CircularRunOut、has-TotalRunOut、has-Parallelism、has-Perpendicularity、has-Angularity、has-Position、has-Concentricity（has-Coaxiality）、has-Symmetry、has-Angle 和 has-LinearDimensional 也被定义为对象属性，它们分别表示表 5-2 中给出的公差类型。

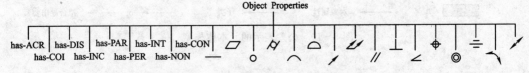

图 5-9 公差表示的元本体中的属性

图 5-9 中各个属性的含义如下：

（1）属性 has-ACR 表示零件层中各零件之间的装配约束关系或装配特征表面层中各装配特征表面之间的装配约束关系。

（2）属性 has-COI、has-DIS、has-INC、has-PAR、has-PER、has-INT、has-NON 和 has-CON 分别表示空间关系层中装配特征表面的几何要素之间的重合、分离、包含、平行、垂直、斜交、异面和约束的空间关系。

（3）属性——(has-Straightness)、□(has-Flatness)、○(has-Roundness)、⌀(has-Cylindricity)、⌒(has-ProfileAnyLine)、⌓(has-ProfileAnySurface)、↗(has-CircularRunOut)、⌰(has-TotalRunOut)、∥(has-Parallelism)、⊥(has-Perpendicularity)、∠(has-Angularity)、⌖(has-Position)、◎(has-Concentricity，has-Coaxiality)、≡(has-Symmetry)、⌒(has-Angle)和⌀(has-LinearDimensional)分别表示公差类型层中的直线度、平面度、圆度、圆柱度、线轮廓度、面轮廓度、圆跳动、全跳动、平行度、垂直度、倾斜度、位置度、同心度（同轴度）、对称度、角度和线性尺寸公差。

基于图 5-8 中的类及图 5-9 中的属性，可构建出公差表示的元本体模型，如图 5-10 所示。

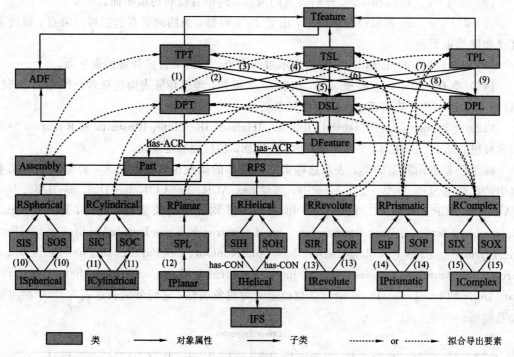

图 5-10 公差表示的元本体模型

(1) has—COI, has—DIS ⌀ ⊕ ∠

(2) has—INC, has—DIS ⊕ ∠

(3) has—INC, has—DIS ⊕ ∠

(4) has—INC, has—DIS ⊕ ∠

(5) has—COI, has—PAR, has—PER, has—INT, has—NON ∠ ⌒ ⌀ ∥ ⊕ ⊥ ⌐

(6) has—INC, has—PAR, has—PER, has—INT ⊕ = ∥ ∠ ⌒ ⊥ ∠

(7) has—INC, has—DIS ⊕ ∠

(8) has—INC, has—PAR, has—PER, has—INT ⊕ = ∥ ∠ ⊥ ∠

(9) has—COI, has—PAR, has—PER, has—INT ⊕ = ∥ ∠ ⊥ ∠

(10) has—CON ○

(11) has—CON — ○ ⌒

(12) has—CON — ▱

(13) has—CON — ○ ⌒ ⌒

(14) has—CON — ⌒ ⌒

(15) has—CON ⌒ ⌒

5.4.3 公差类型的 OWL/SWRL 表示

为了采用 OWL/SWRL 来表示公差类型，首先应在计算机中实现公差表示的元本体模型。下面将采用 Protégé[47] 来构建公差表示的元本体。图 5-11 所示的是由 OWL-Viz[93] 插件创建的公差表示的元本体中 OWL 类的层次关系图。

公差表示的知识以易于为计算机和用户理解的 OWL 语言的形式表示。作为一种具有描述逻辑语义的形式化语言，OWL 支持判定概念一致性的自动推理，它提供 RDF/XML 语法来表示基于本体的领域知识。例如，类 ADF 及其子类的 OWL RDF/XML 编码如图 5-12 所示，subClassOf 构造子定义了类 ADF 及其子类之间的继承关系。除了 OWL 类之外，OWL 属性亦被按 OWL RDF/XML 语法的形式来编码。例如，指定类 TFeature 的子类和类 DFeature 的子类之间关系的对象属性 has-COI、has-DIS、has-INC、has-PAR、has-PER、has-INT 和 has-NON 的 OWL RDF/XML 编码亦如图 5-12 所示，owl:ObjectProperty 构造子用于指定所定义的属性是一个对象属性，rdfs:domain（rdfs:range）构造子分别指定了对象属性的定义域（值域）。例如，对象属性 has-COI 的定义域和值域分别是 TFeature 和 DFeature。公差表示的元本体中的所有类及所有属性的 OWL RDF/XML 编码参阅附录 1。

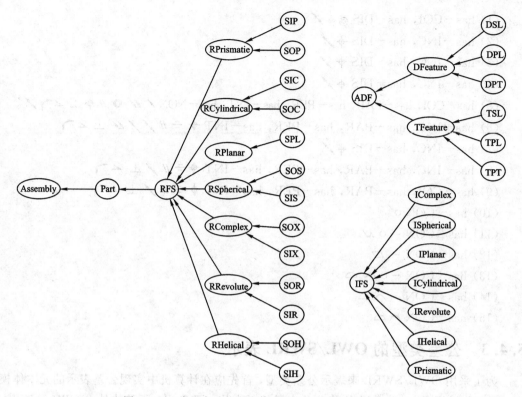

图 5-11 公差表示的元本体中 OWL 类的层次关系图

OWL 具有很强的表示单一对象及其约束的能力,这一点从图 5-12 中可以看出。在图 5-12 中,owl:Class 和 owl:ObjectProperty 分别用于定义 OWL 类和 OWL 对象属性。但是,OWL 并不具有表示一般形式规则的能力,这就是 OWL 无法表示属性链的根本原因[94]。例如,OWL 无法表示属性 has-COI 和属性 has-Concentricity 之间的关系,故仅采用 OWL 无法表示公差类型。

为表示一般的形式规则,W3C 开发出了 SWRL(Semantic Web Rule Language),即语义网规则语言[95]。SWRL 主要用于处理具有一个前件及一个后件的类 Horn 规则。其直接含义如下:当前件中指定的所有条件均成立时,后件成立。前件和后件均由原子公式组成。在 SWRL 规则中,原子公式可以是形如 $C(x)$、$P(x, y)$、sameAs(x, y) 或 differentFrom(x, y) 的公式。其中 C 为 OWL 类名,P 为 OWL 属性名,x 和 y 为变量名、OWL 个体名或 OWL 数据值。SWRL 提供了一种易于阅读的语法格式来定义规则,在这种语法格式中,一条规则是形如 "antecedent → consequent" 的语句,其中 antecedent 和 consequent 均为形如 "$a_1 \wedge \cdots \wedge a_n$" 的原子公式联合式。在这些原子公式中,变量名的前缀均以 "?" 号标记。例如,"OWL 属性 parent 和 brother 的合取蕴涵了 OWL 属性 uncle" 可用如下 SWRL 规则来表示:

$$\text{parent}(?\ x,\ ?\ y) \wedge \text{brother}(?\ y,\ ?\ z) \rightarrow \text{uncle}(?\ x,\ ?\ z)$$

```
<owl:Class rdf:about="#DFeature">
  <rdfs:subClassOf rdf:resource="#ADF"/>
</owl:Class>
<owl:Class rdf:ID="DPT">
  <rdfs:subClassOf rdf:rsesource="#DFeature"/>
</owl:Class>
<owl:Class rdf:ID="DSL">
  <rdfs:subClassOf rdf:resource="#DFeature"/>
</owl:Class>
<owl:Class rad:ID="DPL">
  <rdfs:suvClassOf rdf:resource="#DFeature"/>
</owl:Class>
<owl:Class rdf:about="#TFeature">
  <rdfs:subClassOf rdf:resource="#ADF"/>
</owl:Class>
<owl:Class rdf:ID:="TPT">
  <rdfs:subClassOf>
  <owl:Class rdf:about="#TFeature"/>
  </rdfs:sbgClassOf>
</owl:Class>
<owl:Claaa rdf:ID="TSL">
  <rdfs:subClassOf rdf:resource="#TFeature"/>
</owl:Class>
<owl:Class rdf:ID="TPL">
  <rdfs:subClassOf>
  <owl:Class rdf ID="TFeature"/>
  </rdfs:subClassOf>
</owl:Class>
```

```
<owl:ObjectProperty rdf:ID="has-COL">
  <rdfs:domain rdf:resource="#TFeature"/>
  <rdfs:range rdf:resource="#DFeature"/>
</owl:ObjectProperty>
<owl:ObjectPropetty rdf:ID="has-DIS">
  <rdfs:range rdf:resource="#DFeature"/>
  <rdfs:domain rdf:resource="#TFeature"/>
</owl:ObjectProperty>
<owl:BbjectProperty rdf:ID="has-INC">
  <rdfs:domain rdf:resource="#DFeature"/>
  <rdfs:domain rdf:resource="#TFeature"/>
</owl:ObjectProperty>
<owl:ObjectProperty> rdf:ID="hsa-PAR"
  <rdfs:domain rdf:resource="#TFeature"/>
  <rdfs:range rdf:resource="#DFeature"/>
</owl:ObjectProperty>
<owl:ObjectProperty rdf:ID="has-PER">
  <rdfs:range rdf:resource="#DFeature"/>
  <rdfs:domain rdf:resource="#TFeature"/>
</owl:ObjectProperty>
<owl:ObjectProperty rsf:ID="has-INT">
  <rdfs:range rdf:resource="#DFeature"/>
  <rdfs:domain rdf:resource="#TFeature"/>
</owl:ObjectProperty>
<owl:ObjectProperty rdf:ID="has-NoN">
  <rdfs:domain rdf:resource="#TFeature"/>
  <rdfs:range rdf:resource="#DFeature"/>
</owl:ObjectProperty>
```

图 5-12 类 ADF 及其子类的 OWL RDF/XML 编码

在 Protégé-OWL 所构建的 OWL 类和 OWL 属性的基础上，表 5-2 所示的装配特征表面几何要素之间的空间关系与公差类型之间的映射关系可用 SWRL 规则来表示。例如，

表 5-2 中 S01 所在的列表明的含义是"如果一个约束点和一个被约束点重合,则生成的公差类型为同心度公差",基于 OWL 类 TPT 和 DPT 及 OWL 属性 has-COI 和 has-Concentricity,这个含义可用 SWRL 规则表示为"TPT($?x$) ∧ DPT($?y$) ∧ has-COI($?x, ?y$) → has-Concentricity($?x, ?y$)"。类似地,表 5-2 中的其他列均可用特定的 SWRL 规则来表示,从而可得公差类型的 OWL/SWRL 表示,具体如表 5-3 所示。

表 5-3 公差类型的 OWL/SWRL 表示

SR	SWRL 规则
S01-1	TPT($?x$) ∧ DPT($?y$) ∧ has-COI($?x, ?y$) → ◎($?x, ?y$)
S02-1	TPT($?x$) ∧ DPT($?y$) ∧ has-DIS($?x, ?y$) → ⊕($?x, ?y$)
S02-2	TPT($?x$) ∧ DPT($?y$) ∧ has-DIS($?x, ?y$) → ∕($?x, ?y$)
S03-1	TPT($?x$) ∧ DSL($?y$) ∧ has-INC($?x, ?y$) → ⊕($?x, ?y$)
S04-1	TPT($?x$) ∧ DSL($?y$) ∧ has-DIS($?x, ?y$) → ⊕($?x, ?y$)
S04-2	TPT($?x$) ∧ DSL($?y$) ∧ has-DIS($?x, ?y$) → ∕($?x, ?y$)
S05-1	TPT($?x$) ∧ DPL($?y$) ∧ has-INC($?x, ?y$) → ⊕($?x, ?y$)
S06-1	TPT($?x$) ∧ DPL($?y$) ∧ has-DIS($?x, ?y$) → ⊕($?x, ?y$)
S06-2	TPT($?x$) ∧ DPL($?y$) ∧ has-DIS($?x, ?y$) → ∕($?x, ?y$)
S07-1	TSL($?x$) ∧ DPT($?y$) ∧ has-INC($?x, ?y$) → ⊕($?x, ?y$)
S08-1	TSL($?x$) ∧ DPT($?y$) ∧ has-DIS($?x, ?y$) → ⊕($?x, ?y$)
S08-2	TSL($?x$) ∧ DPT($?y$) ∧ has-DIS($?x, ?y$) → ∕($?x, ?y$)
S09-1	TSL($?x$) ∧ DSL($?y$) ∧ has-COI($?x, ?y$) → ∕($?x, ?y$)
S09-2	TSL($?x$) ∧ DSL($?y$) ∧ has-COI($?x, ?y$) → ∥($?x, ?y$)
S09-3	TSL($?x$) ∧ DSL($?y$) ∧ has-COI($?x, ?y$) → ◎($?x, ?y$)
S10-1	TSL($?x$) ∧ DSL($?y$) ∧ has-PAR($?x, ?y$) → ∥($?x, ?y$)
S10-2	TSL($?x$) ∧ DSL($?y$) ∧ has-PAR($?x, ?y$) → ⊕($?x, ?y$)
S11-1	TSL($?x$) ∧ DSL($?y$) ∧ has-PER($?x, ?y$) → ⊥($?x, ?y$)
S12-1	TSL($?x$) ∧ DSL($?y$) ∧ has-INT($?x, ?y$) → ∠($?x, ?y$)
S12-2	TSL($?x$) ∧ DSL($?y$) ∧ has-INT($?x, ?y$) → ⌒($?x, ?y$)

第五章 公差指标的自动生成

续表（一）

SR	SWRL 规则
S13-1	TSL(? x) ∧ DSL(? y) ∧ has-NON(? x, ? y) → ⌖(? x, ? y)
S13-2	TSL(? x) ∧ DSL(? y) ∧ has-NON(? x, ? y) → ∕(? x, ? y)
S14-1	TSL(? x) ∧ DPL(? y) ∧ has-INC(? x, ? y) → ⌖(? x, ? y)
S14-2	TSL(? x) ∧ DPL(? y) ∧ has-INC(? x, ? y) → ≡(? x, ? y)
S15-1	TSL(? x) ∧ DPL(? y) ∧ has-PAR(? x, ? y) → ∥(? x, ? y)
S15-2	TSL(? x) ∧ DPL(? y) ∧ has-PAR(? x, ? y) → ⌖(? x, ? y)
S15-3	TSL(? x) ∧ DPL(? y) ∧ has-PAR(? x, ? y) → ∕(? x, ? y)
S16-1	TSL(? x) ∧ DPL(? y) ∧ has-PER(? x, ? y) → ⊥(? x, ? y)
S17-1	TSL(? x) ∧ DPL(? y) ∧ has-INT(? x, ? y) → ∠(? x, ? y)
S17-2	TSL(? x) ∧ DPL(? y) ∧ has-INT(? x, ? y) → ⌒(? x, ? y)
S18-1	TPL(? x) ∧ DPT(? y) ∧ has-INC(? x, ? y) → ⌖(? x, ? y)
S19-1	TPL(? x) ∧ DPT(? y) ∧ has-DIS(? x, ? y) → ⌖(? x, ? y)
S19-2	TPL(? x) ∧ DPT(? y) ∧ has-DIS(? x, ? y) → ∕(? x, ? y)
S20-1	TPL(? x) ∧ DSL(? y) ∧ has-INC(? x, ? y) → ⌖(? x, ? y)
S20-2	TPL(? x) ∧ DSL(? y) ∧ has-INC(? x, ? y) → ≡(? x, ? y)
S21-1	TPL(? x) ∧ DSL(? y) ∧ has-PAR(? x, ? y) → ∥(? x, ? y)
S21-2	TPL(? x) ∧ DSL(? y) ∧ has-PAR(? x, ? y) → ⌖(? x, ? y)
S21-3	TPL(? x) ∧ DSL(? y) ∧ has-PAR(? x, ? y) → ∕(? x, ? y)
S22-1	TPL(? x) ∧ DSL(? y) ∧ has-PER(? x, ? y) → ⊥(? x, ? y)
S23-1	TPL(? x) ∧ DSL(? y) ∧ has-INT(? x, ? y) → ∠(? x, ? y)
S23-2	TPL(? x) ∧ DSL(? y) ∧ has-INT(? x, ? y) → ⌒(? x, ? y)
S24-1	TPL(? x) ∧ DPL(? y) ∧ has-COI(? x, ? y) → ∕(? x, ? y)
S24-2	TPL(? x) ∧ DPL(? y) ∧ has-COI(? x, ? y) → ∕∕(? x, ? y)

续表（二）

SR	SWRL 规则
S24-3	TPL(?x) ∧ DPL(?y) ∧ has-COI(?x, ?y) → ⌖(?x, ?y)
S24-4	TPL(?x) ∧ DPL(?y) ∧ has-COI(?x, ?y) → ≡(?x, ?y)
S25-1	TPL(?x) ∧ DPL(?y) ∧ has-PAR(?x, ?y) → ∥(?x, ?y)
S25-2	TPL(?x) ∧ DPL(?y) ∧ has-PAR(?x, ?y) → ⌖(?x, ?y)
S25-3	TPL(?x) ∧ DPL(?y) ∧ has-PAR(?x, ?y) → ⌀(?x, ?y)
S26-1	TPL(?x) ∧ DPL(?y) ∧ has-PER(?x, ?y) → ⊥(?x, ?y)
S27-1	TPL(?x) ∧ DPL(?y) ∧ has-INT(?x, ?y) → ∠(?x, ?y)
S27-2	TPL(?x) ∧ DPL(?y) ∧ has-INT(?x, ?y) → ⌒(?x, ?y)
S28-1	ISpherical(?x) ∧ SIS(?y) ∧ has-CON(?x, ?y) → ○(?x, ?y)
S28-2	ISpherical(?x) ∧ SOS(?y) ∧ has-CON(?x, ?y) → ○(?x, ?y)
S29-1	ICylindrical(?x) ∧ SIC(?y) ∧ has-CON(?x, ?y) → —(?x, ?y)
S29-2	ICylindrical(?x) ∧ SOC(?y) ∧ has-CON(?x, ?y) → —(?x, ?y)
S29-3	ICylindrical(?x) ∧ SIC(?y) ∧ has-CON(?x, ?y) → ○(?x, ?y)
S29-4	ICylindrical(?x) ∧ SOC(?y) ∧ has-CON(?x, ?y) → ○(?x, ?y)
S29-5	ICylindrical(?x) ∧ SIC(?y) ∧ has-CON(?x, ?y) → ⌀(?x, ?y)
S29-6	ICylindrical(?x) ∧ SOC(?y) ∧ has-CON(?x, ?y) → ⌀(?x, ?y)
S30-1	IPlanar(?x) ∧ SPL(?y) ∧ has-CON(?x, ?y) → —(?x, ?y)
S30-2	IPlanar(?x) ∧ SPL(?y) ∧ has-CON(?x, ?y) → □(?x, ?y)
S32-1	IRevolute(?x) ∧ SIR(?y) ∧ has-CON(?x, ?y) → —(?x, ?y)
S32-2	IRevolute(?x) ∧ SOR(?y) ∧ has-CON(?x, ?y) → —(?x, ?y)
S32-3	IRevolute(?x) ∧ SIR(?y) ∧ has-CON(?x, ?y) → ○(?x, ?y)
S32-4	IRevolute(?x) ∧ SOR(?y) ∧ has-CON(?x, ?y) → ○(?x, ?y)
S32-5	IRevolute(?x) ∧ SIR(?y) ∧ has-CON(?x, ?y) → ⌒(?x, ?y)

续表（三）

SR	SWRL 规则
S32-6	IRevolute(? x) ∧ SOR(? y) ∧ has-CON(? x,? y) → ⌒(? x,? y)
S32-7	IRevolute(? x) ∧ SIR(? y) ∧ has-CON(? x,? y) → ⌒(? x,? y)
S32-8	IRevolute(? x) ∧ SOR(? y) ∧ has-CON(? x,? y) → ⌒(? x,? y)
S33-1	IPrismatic(? x) ∧ SIP(? y) ∧ has-CON(? x,? y) → —(? x,? y)
S33-2	IPrismatic(? x) ∧ SOP(? y) ∧ has-CON(? x,? y) → —(? x,? y)
S33-3	IPrismatic(? x) ∧ SIP(? y) ∧ has-CON(? x,? y) → ⌒(? x,? y)
S33-4	IPrismatic(? x) ∧ SOP(? y) ∧ has-CON(? x,? y) → ⌒(? x,? y)
S33-5	IPrismatic(? x) ∧ SIP(? y) ∧ has-CON(? x,? y) → ⌒(? x,? y)
S33-6	IPrismatic(? x) ∧ SOP(? y) ∧ has-CON(? x,? y) → ⌒(? x,? y)
S34-1	IComplex(? x) ∧ SIX(? y) ∧ has-CON(? x,? y) → ⌒(? x,? y)
S34-2	IComplex(? x) ∧ SOX(? y) ∧ has-CON(? x,? y) → ⌒(? x,? y)
S34-3	IComplex(? x) ∧ SIX(? y) ∧ has-CON(? x,? y) → ⌒(? x,? y)
S34-4	IComplex(? x) ∧ SOX(? y) ∧ has-CON(? x,? y) → ⌒(? x,? y)

注：SR 表示空间关系；—— 表示 has-Straightness；□ 表示 has-Flatness；○ 表示 has-Roundness；⌀ 表示 has-Cylindricity；⌒ 表示 has-ProfileAnyLine；⌒ 表示 has-ProfileAnySurface；↗ 表示 has-CircularRunOut；↗↗ 表示 has-TotalRunOut；∥ 表示 has-Parallelism；⊥ 表示 has-Perpendicularity；∠ 表示 has-Angularity；⌖ 表示 has-Position；◎ 表示 has-Concentricity(在 S01-1 中)及 has-Coaxiality(在 S09-3 中)；⹀ 表示 has-Symmetry；↘ 表示 has-Angle；⌿ 表示 has-LinearDimensional；Sm-n（m = 01, 02, …, 34；n = 1, 2, …, 8)表示第 m 种空间关系生成的第 n 个公差类型。

5.4.4 公差类型生成知识库系统

由于 SWRL 是一种独立于所有推理引擎中的规则语言的规则描述语言，故需要将基于 OWL 的结构化知识及基于 SWRL 的约束化知识转化为某种推理引擎所能识别和处理的规则。为了实现公差类型生成知识库系统，Jess(Java expert system shell)[96] 被应用于公差类型的实际生成过程中的推理。Jess 是一个由 Java 编写的推理引擎，它是 CLIPS 系统[97]的超集，但带有明显的Java风格。应用Jess，用户可开发出具有自动推理能力的Java应用程序。Jess构造子主要包括atom、number、string、list、comment、function、variable、construct、deffunction、fact、deftemplate、defclass、deffact、definstance、defrule和defglobal。其中deftemplate用于定义Jess无序事实，其语法规则如下：

(deftemplate <deftemplate-name> [<doc-comment>]
　　[(slot <slot-name> [(default <value>)]
　　　　　　　　　　　[(default-dynamic <value>)]
　　　　　　　　　　　[(type <typespec>)])]+)

其中，<deftemplate-name>是事实的头部，它可以是任意数目的槽；<slot-name>必须为原子公式；当一个新的事实被声明时，default-dynamic版本将会评估所给定的函数；type是槽限定符，它用于指定槽的类型。通常情况下，Jess事实与Jess规则是并存的，Jess规则可由defrule构造子按如下语法规则来定义：

(defrule <defrule-name>
　　[<doc-comment>]
　　[<salience-declaration>]
　　[[<pattern-binding> < -] <pattern>]*
　　=> <action> *)

一般情况下，一条Jess规则由一系列的模式及一系列的动作组成，这些模式由事实来匹配。当事实能够匹配规则中的所有模式时，规则将被执行并做出相应动作。

应用Jess推理引擎，可设计出公差类型生成知识库系统的底层框架，具体如图5-13所示。图5-13中，公差类型生成引擎由以下三大模块组成：OWL2JESS转换器、SWRL2JESS转换器及Jess推理引擎。通过事实库中的事实与规则库中相应规则的前件的匹配，Jess推理机完成推理并生成相应的可选公差类型。为了采用Jess推理引擎推理生成可选公差类型，基于OWL的结构化知识和基于SWRL的约束化知识必须分别转换成Jess事实和Jess规则，这些转换工作分别由图中的OWL2JESS转换器和SWRL2JESS转换器来完成。

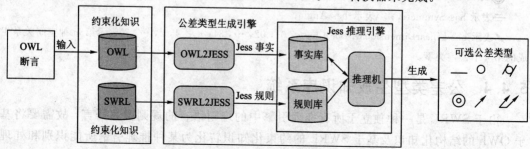

图5-13　公差类型生成知识库系统的底层框架

第五章 公差指标的自动生成

OWL2JESS 转换器的主要功能是将基于 OWL 的结构化知识转换为 Jess 事实。在转换的过程中，结构化知识中的 OWL 类被映射为定义 Jess 事实类型的 Jess 模版（Jess templates）。例如，图 5-12 中的类 ADF 及其子类被映射为如下 Jess 模版：

JESS templates
(deftemplate owl:Thing (slot name))　(deftemplate ADF extends owl:Thing)   (deftemplate DFeature extends ADF)　(deftemplate DPT extends DFeature)   (deftemplate DSL extends DFeature)　(deftemplate DPL extends DFeature)   (deftemplate TFeature extends ADF)　(deftemplate TPT extends TFeature)   (deftemplate TSL extends TFeature)　(deftemplate TPL extends TFeature)

在以上 Jess 模版中，deftemplate 构造子用于定义 Jess 事实中的槽的类型，extends 构造子用于定义 Jess 事实中两个模版之间的继承关系。公差表示的元本体中的所有类转换成的 Jess 模版参阅附录 2。

公差类型生成知识库中 OWL 类的实例实际上包含在公差类型的生成方案中。例如，OWL 类 TSL 的实例 constraint_straight_line 被 OWL2JESS 转换器转换成如下 Jess 事实：

JESS facts
（assert（owl:Thing（name constraint_straight_line)))（assert（ADF（name constraint_straight_line)))   （assert（TFeature（name constraint_straight_line)))（assert（TSL（name constraint_straight_line)))

在以上 Jess 事实中，assert 构造子用于声明一个 Jess 事实，即 constraint_straight_line 是类 TSL 的一个实例，声明的事实将会被存储在 Jess 推理引擎的事实库中。

SWRL2JESS 转换器的主要功能是将基于 SWRL 的约束化知识转换为 Jess 规则。例如，表 5-3 中的 SWRL 规则 S01-1 被 SWRL2JESS 转换器转换成如下 Jess 规则：

JESS rule
(defrule S01-1   （TPT（name ? x))（DPT（name ? y))（has-COI ? x ? y)（has-Concentricity ? x ? y)   =>   （assert（S01-1_Concentricity_Tolerance ? x ? y)))

表 5-3 中其余的 SWRL 规则可按照类似地方式处理，它们被转换成的 Jess 规则参阅附录 3。

由于 XSLT(eXtensible Style-sheet Language Transformations) 具有将 XML 文档转换成 Jess 文件的功能，故 OWL2JESS 转换器和 SWRL2JESS 转换器均可用 XSLT 来开发。

根据 DOM(Document Object Model)[98]和 SAX(Simple API for XML)[99]规范来操作 XML 文档,再应用 Java XML 解析器 Xerces Java Parser[100]进行解析,OWL2JESS 转换器和 SWRL2JESS 转换器便可被开发出来。

5.4.5 公差类型的自动生成算法

基于 ALC(D_{GFV})的公差类型的自动生成算法从底层实现了公差类型的自动生成,它从理论上证明了生成算法的可行性和正确性。但要在计算机上验证算法的正确性,就应在高层研究基于本体的公差类型的自动生成算法。与基于描述逻辑的算法相比,基于本体的方法有助于解决公差信息在异构系统之间传递不畅的问题,由于描述逻辑是本体语言的逻辑基础,故两算法在具体步骤上相差不大。为了保证算法的完整性,下面将给出其所有步骤。

算法 5-2 基于 LTG 算法、AME 算法、约束关系的 OWL 定义及公差类型生成知识库系统,对任一装配体,可按如下步骤生成其公差类型:

(1) 构建产品的 3D 装配模型。根据产品的功能要求及各零件的理想尺寸,使用 3D 实体造型软件构建出产品的 3D 装配模型。

(2) 解装配产品的 3D 装配模型。使用 3D 实体造型软件对产品的 3D 装配模型进行解装配。

(3) 提取装配约束关系及装配特征表面。应用 LTG 算法提取出各零件之间的装配约束关系;应用 AME 算法提取出各零件的装配特征表面。

(4) 构建表示零件之间的装配约束关系的 ABox $\mathcal{A}_P$。根据定义 5-7 及提取到的装配约束关系,构建表示装配体中各零件之间的装配约束关系的 ABox $\mathcal{A}_P$。

(5) 构建表示装配特征表面之间的约束关系的 ABox $\mathcal{A}_A$。根据定义 5-8、构建的 $\mathcal{A}_P$ 及提取到的各零件的装配特征表面,构建表示各零件的装配特征表面之间的约束关系的 ABox $\mathcal{A}_A$。

(6) 构建表示几何要素之间的空间关系的 ABox $\mathcal{A}_S$。根据构建的 $\mathcal{A}_A$ 和表 5-1,确定每一对相互约束的装配特征表面的拟合导出要素;根据这些拟合导出要素、定义 5-9 及装配体的拓扑结构,构建表示装配特征表面的几何要素之间的空间关系的 ABox $\mathcal{A}_S$。

(7) 确定可选公差类型。以 ABox $\mathcal{A}_S$ 中的 OWL 断言作为输入,应用公差类型生成知识库系统确定可选公差类型(记为集合 T_S)。

(8) 确定最终标注的公差类型。根据规则 5-1~规则 5-8,从 T_S 中选出最终标注的公差类型(记为集合 T_F)。

根据以上步骤,可实现计算机辅助公差类型的自动生成,基于本体的公差类型的自动生成流程如图 5-14 所示。

第五章 公差指标的自动生成

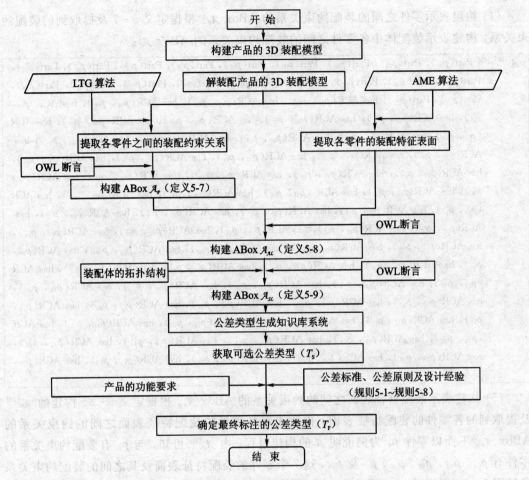

图 5-14 基于本体的公差类型的自动生成流程

5.4.6 实例研究

本节仍以图 5-3 所示的齿轮减速器为例,研究基于本体的公差类型的自动生成。根据算法 5-2,公差类型的自动生成步骤如下:

(1) 构建产品的 3D 装配模型。根据减速器的功能要求及各零件的理想尺寸,使用 SolidWorks 可构建出减速器的 3D 装配模型,其局部视图参见图 5-3。

(2) 解装配产品的 3D 装配模型。根据减速器的结构,使用 SolidWorks 对其 3D 装配模型进行解装配。减速器的传动结构的解装配图参见图 5-4。

(3) 提取装配约束关系及装配特征表面。应用 LTG 算法提取出各零件之间的装配约束关系(参见图 5-5);应用 AME 算法提取出各零件的装配特征表面。

(4) 构建表示零件之间的装配约束关系的 ABox $\mathcal{A}_P$。根据定义 5-7 及提取到的装配约束关系，构建表示装配体中各零件之间的装配约束关系的 ABox $\mathcal{A}_P$：

$\mathcal{A}_P^{(20)}=\{$ Part(p_{01}), Part(p_{02}), Part(p_{03}), Part(p_{04}), Part(p_{05}), Part(p_{06}), Part(p_{07}), Part(p_{08}), Part(p_{09}), Part(p_{10}), Part(p_{11}), Part(p_{12}), Part(p_{13}), Part(p_{14}), Part(p_{15}), Part(p_{16}), Part(p_{17}), Part(p_{18}), Part(p_{19}), Part(p_{20}), has-ACR(p_{01}, p_{02}), has-ACR(p_{02}, p_{01}), has-ACR(p_{01}, p_{09}), has-ACR(p_{09}, p_{01}), has-ACR(p_{02}, p_{03}), has-ACR(p_{03}, p_{02}), has-ACR(p_{02}, p_{09}), has-ACR(p_{09}, p_{02}), has-ACR(p_{03}, p_{04}), has-ACR(p_{04}, p_{03}), has-ACR(p_{03}, p_{09}), has-ACR(p_{09}, p_{03}), has-ACR(p_{03}, p_{10}), has-ACR(p_{10}, p_{03}), has-ACR(p_{04}, p_{10}), has-ACR(p_{10}, p_{04}), has-ACR(p_{05}, p_{06}), has-ACR(p_{06}, p_{05}), has-ACR(p_{05}, p_{10}), has-ACR(p_{10}, p_{05}), has-ACR(p_{06}, p_{07}), has-ACR(p_{07}, p_{06}), has-ACR(p_{06}, p_{10}), has-ACR(p_{10}, p_{06}), has-ACR(p_{07}, p_{08}), has-ACR(p_{08}, p_{07}), has-ACR(p_{07}, p_{09}), has-ACR(p_{09}, p_{07}), has-ACR(p_{07}, p_{10}), has-ACR(p_{10}, p_{07}), has-ACR(p_{08}, p_{09}), has-ACR(p_{09}, p_{08}), has-ACR(p_{09}, p_{12}), has-ACR(p_{12}, p_{09}), has-ACR(p_{09}, p_{13}), has-ACR(p_{13}, p_{09}), has-ACR(p_{09}, p_{14}), has-ACR(p_{14}, p_{09}), has-ACR(p_{09}, p_{18}), has-ACR(p_{18}, p_{09}), has-ACR(p_{09}, p_{19}), has-ACR(p_{19}, p_{09}), has-ACR(p_{10}, p_{16}), has-ACR(p_{16}, p_{10}), has-ACR(p_{11}, p_{14}), has-ACR(p_{14}, p_{11}), has-ACR(p_{11}, p_{15}), has-ACR(p_{15}, p_{11}), has-ACR(p_{11}, p_{16}), has-ACR(p_{16}, p_{11}), has-ACR(p_{11}, p_{17}), has-ACR(p_{17}, p_{11}), has-ACR(p_{11}, p_{18}), has-ACR(p_{18}, p_{11}), has-ACR(p_{11}, p_{20}), has-ACR(p_{20}, p_{11}), has-ACR(p_{12}, p_{13}), has-ACR(p_{13}, p_{12}), has-ACR(p_{14}, p_{15}), has-ACR(p_{15}, p_{14}), has-ACR(p_{15}, p_{16}), has-ACR(p_{16}, p_{15}), has-ACR(p_{17}, p_{18}), has-ACR(p_{18}, p_{17}), has-ACR(p_{18}, p_{19}), has-ACR(p_{19}, p_{18}), has-ACR(p_{19}, p_{20}), has-ACR$(p_{20}, p_{19})\}$

(5) 构建表示装配特征表面之间的约束关系的 ABox $\mathcal{A}_A$。根据定义 5-8、构建的 $\mathcal{A}_P^{(20)}$ 及提取到的各零件的装配特征表面，构建表示各零件的装配特征表面之间的约束关系的 ABox $\mathcal{A}_A$。下面以零件 p_{10} 为例说明 $\mathcal{A}_A$ 的构建过程。由 $\mathcal{A}_P^{(20)}$ 可知，与 p_{10} 有装配约束关系的零件有 p_{03}、p_{04}、p_{05}、p_{06}、p_{07} 及 p_{16}，这 7 个零件的装配特征表面及其之间的装配约束关系参见图 5-6。根据图 5-6 及定义 5-8 可构建表示这 7 个零件的装配特征表面之间的约束关系的 ABox $\mathcal{A}_A^{(7)}$：

$\mathcal{A}_A^{(7)}=\{$ AFS$(s_1(p_{03}))$, AFS$(s_2(p_{03}))$, AFS$(s_3(p_{03}))$, AFS$(s_4(p_{03}))$, AFS$(s_1(p_{04}))$, AFS$(s_2(p_{04}))$, AFS$(s_3(p_{04}))$, AFS$(s_1(p_{05}))$, AFS$(s_2(p_{05}))$, AFS$(s_3(p_{05}))$, AFS$(s_4(p_{05}))$, AFS$(s_1(p_{06}))$, AFS$(s_2(p_{06}))$, AFS$(s_3(p_{06}))$, AFS$(s_1(p_{07}))$, AFS$(s_2(p_{07}))$, AFS$(s_3(p_{07}))$, AFS$(s_4(p_{07}))$, AFS$(s_1(p_{10}))$, AFS$(s_2(p_{10}))$, AFS$(s_3(p_{10}))$, AFS$(s_4(p_{10}))$, AFS$(s_5(p_{10}))$, AFS$(s_6(p_{10}))$, AFS$(s_7(p_{10}))$, AFS$(s_1(p_{16}))$, AFS$(s_2(p_{16}))$, AFS$(s_3(p_{16}))$, AFS$(s_4(p_{16}))$, has-ACR$(s_4(p_{03}), s_1(p_{10}))$, has-ACR$(s_1(p_{10}), s_4(p_{03}))$, has-ACR$(s_2(p_{04}), s_2(p_{10}))$, has-ACR$(s_2(p_{10}), s_2(p_{04}))$, has-ACR$(s_3(p_{04}), s_1(p_{10}))$, has-ACR$(s_1(p_{10}), s_3(p_{04}))$, has-ACR$(s_1(p_{05}), s_3(p_{10}))$, has-ACR$(s_3(p_{10}), s_1(p_{05}))$, has-ACR$(s_4(p_{05}), s_6(p_{10}))$, has-ACR$(s_6(p_{10}), s_4(p_{05}))$, has-ACR$(s_1(p_{06}), s_5(p_{10}))$, has-ACR$(s_5(p_{10}), s_1(p_{06}))$, has-ACR$(s_4(p_{07}), s_5(p_{10}))$, has-ACR$(s_5(p_{10}), s_4(p_{07}))$, has-ACR$(s_7(p_{10}), s_4(p_{16}))$, has-ACR$(s_4(p_{16}), s_7(p_{10}))\}$

(6) 构建表示几何要素之间的空间关系的 ABox $\mathcal{A}_S$。根据构建的 $\mathcal{A}_A$ 和表 5-1，确定零件 p_{03}、p_{04}、p_{05}、p_{06}、p_{07}、p_{10} 及 p_{16} 中每一对相互约束的装配特征表面的拟合导出要素：

has-ACR$(s_4(p_{03}), s_1(p_{10}))$, SIC$(s_4(p_{03}))$, SOC$(s_1(p_{10}))$ $\Rightarrow$ TSL(adf$(s_4(p_{03})))$, DSL(adf$(s_1(p_{10})))$

has-ACR$(s_2(p_{04}), s_2(p_{10}))$, SPL$(s_2(p_{04}))$, SPL$(s_2(p_{10}))$ $\Rightarrow$ TPL(adf$(s_2(p_{04})))$, DPL(adf$(s_2(p_{10})))$

has-ACR$(s_3(p_{04}), s_1(p_{10}))$, SIC$(s_3(p_{04}))$, SOC$(s_1(p_{10}))$ $\Rightarrow$ TSL(adf$(s_3(p_{04})))$, DSL(adf$(s_1(p_{10})))$

has-ACR$(s_1(p_{05}), s_3(p_{10}))$, SPL$(s_1(p_{05}))$, SPL$(s_3(p_{10}))$ $\Rightarrow$ TPL(adf$(s_1(p_{05})))$, DPL(adf$(s_3(p_{10})))$

has-ACR$(s_4(p_{05}), s_6(p_{10}))$, SIC$(s_4(p_{05}))$, SOC$(s_6(p_{10}))$ $\Rightarrow$ TSL(adf$(s_4(p_{05})))$, DSL(adf$(s_6(p_{10})))$

has-ACR$(s_1(p_{06}), s_5(p_{10}))$, SIC$(s_1(p_{06}))$, SOC$(s_5(p_{10}))$ $\Rightarrow$ TSL(adf$(s_1(p_{06})))$, DSL(adf$(s_5(p_{10})))$

has-ACR$(s_4(p_{07}), s_5(p_{10}))$, SIC$(s_4(p_{07}))$, SOC$(s_5(p_{10}))$ $\Rightarrow$ TSL(adf$(s_4(p_{07})))$, DSL(adf$(s_5(p_{10})))$

has-ACR$(s_4(p_{16}), s_7(p_{10}))$, SOC$(s_4(p_{16}))$, SOC$(s_7(p_{10}))$ $\Rightarrow$ TSL(adf$(s_4(p_{16})))$, DSL(adf$(s_7(p_{10})))$

令 icy 为 OWL 类 ICylindrical 的一个实例，ipl 为 OWL 类 IPlanar 的一个实例。根据确定出的拟合导出要素、装配体的拓扑结构及定义 5-9，可构建表示零件 p_{03}、p_{04}、p_{05}、p_{06}、p_{07} 及 p_{16} 的装配特征表面的几何要素之间的空间关系的 ABox $\mathcal{A}_S^{(7)}$：

$\mathcal{A}_S^{(7)} = \{$ SIC$(s_4(p_{03}))$, SOC$(s_1(p_{10}))$, TSL(adf$(s_4(p_{03})))$, DSL(adf$(s_1(p_{10})))$, has-COI(adf$(s_4(p_{03}))$, adf$(s_1(p_{10})))$, SPL$(s_2(p_{04}))$, SPL$(s_2(p_{10}))$, TPL(adf$(s_2(p_{04})))$, DPL(adf$(s_2(p_{10})))$, has-COI(adf$(s_2(p_{04}))$, adf$(s_2(p_{10})))$, SIC$(s_3(p_{04}))$, SOC$(s_1(p_{10}))$, TSL(adf$(s_3(p_{04})))$, DSL(adf$(s_1(p_{10})))$, has-COI(adf$(s_3(p_{04}))$, adf$(s_1(p_{10})))$, SPL$(s_1(p_{05}))$, SPL$(s_3(p_{10}))$, TPL(adf$(s_1(p_{05})))$, DPL(adf$(s_3(p_{10})))$, has-COI(adf$(s_1(p_{05}))$, adf$(s_3(p_{10})))$, SIC$(s_4(p_{05}))$, SOC$(s_6(p_{10}))$, TSL(adf$(s_4(p_{05})))$, DSL(adf$(s_6(p_{10})))$, has-COI(adf$(s_4(p_{05}))$, adf$(s_6(p_{10})))$, SIC$(s_1(p_{06}))$, SOC$(s_5(p_{10}))$, TSL(adf$(s_1(p_{06})))$, DSL(adf$(s_5(p_{10})))$, has-COI(adf$(s_1(p_{06}))$, adf$(s_5(p_{10})))$, SIC$(s_4(p_{07}))$, SOC$(s_5(p_{10}))$, TSL(adf$(s_4(p_{07})))$, DSL(adf$(s_5(p_{10})))$, has-COI(adf$(s_4(p_{07}))$, adf$(s_5(p_{10})))$, SOC$(s_4(p_{16}))$, SOC$(s_7(p_{10}))$, TSL(adf$(s_4(p_{16})))$, DSL(adf$(s_7(p_{10})))$, has-PAR(adf$(s_4(p_{16}))$, adf$(s_7(p_{10})))$, ICylindrical(icy), IPlanar(ipl), has-CON(icy, $s_1(p_{10}))$, has-CON(ipl, $s_2(p_{10}))$, has-CON(ipl, $s_3(p_{10}))$, has-CON(icy, $s_5(p_{10}))$, has-CON(icy, $s_6(p_{10}))$, has-CON(icy, $s_7(p_{10}))$ $\}$

(7) 确定可选公差类型。以 ABox $\mathcal{A}_s$ 中的 OWL 断言作为输入，应用公差类型生成知识库系统可确定零件 p_{10} 的可选公差类型。例如，为了确定 $T_S(\text{icy}, s_1(p_{10}))$ 和 $T_S(s_4(p_{03}), s_1(p_{10}))$，首先应将它们创建为相应 OWL 类的实例。由 ABox $\mathcal{A}_s^{(7)}$ 中的 OWL 断言 TSL(adf$(s_4(p_{03}))$)、DSL(adf$(s_1(p_{10}))$)、SOC($s_1(p_{10})$) 及 ICylindrical(icy) 可知，adf$(s_4(p_{03}))$、adf$(s_1(p_{10}))$、$s_1(p_{10})$ 及 icy 作为相应类的实例被创建于 Protégé 中，如图 5-15 所示。

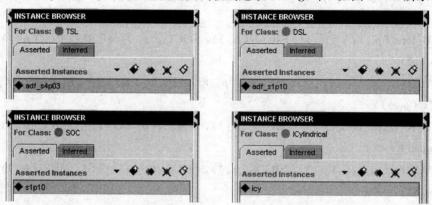

图 5-15　Protégé 创建的实例 adf$(s_4(p_{03}))$、adf$(s_1(p_{10}))$、$s_1(p_{10})$ 及 icy

由 ABox $\mathcal{A}_s^{(7)}$ 中的 OWL 断言 has-COI(adf$(s_4(p_{03}))$, adf$(s_1(p_{10}))$) 和 has-CON(icy, $s_1(p_{10})$) 可知，这两个属性断言亦被创建于 Protégé 中，如图 5-16 所示。

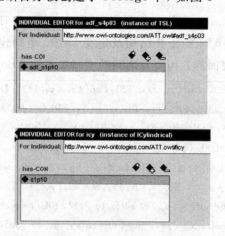

图 5-16　Protégé 创建的属性断言 has-COI(adf$(s_4(p_{03}))$, adf$(s_1(p_{10}))$) 和 has-CON(icy, $s_1(p_{10})$)

通过执行 SWRL Jess Tab 中的 OWL+SWRL ->JESS、Run JESS 和 JESS->OWL，$s_1(p_{10})$ 和 $(s_4(p_{03}), s_1(p_{10}))$ 的可选公差类型将生成于 Protégé 中，参见图 5-17。由图 5-17 可得，$T_S(s_1(p_{10})) = \{\text{—}, \bigcirc, \mathcal{N}\}$ 及 $T_S(s_4(p_{03}), s_1(p_{10})) = \{\mathcal{1}, \mathcal{U}, \bigodot\}$。

第五章 公差指标的自动生成

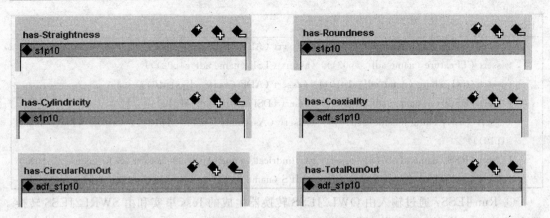

图 5-17 $s_1(p_{10})$ 和 $(s_4(p_{03}), s_1(p_{10}))$ 的可选公差类型

为了更清楚地说明 $s_1(p_{10})$ 和 $(s_4(p_{03}), s_1(p_{10}))$ 的可选公差类型的生成过程,下面将跟踪实例和断言的创建、OWL+SWRL ->JESS、Run JESS 和 JESS->OWL 的执行过程,注意:这些执行过程对用户来说是透明的。

① 实例和断言的创建:当类的实例 $adf(s_4(p_{03}))$、$adf(s_1(p_{10}))$、$s_1(p_{10})$ 及 icy 和属性断言 has-COI($adf(s_4(p_{03}))$, $adf(s_1(p_{10}))$) 及 has-CON(icy, $s_1(p_{10})$) 被创建于 Protégé 中时,Protégé 将生成相应的 OWL RDF/XML 编码:

```
OWL RDF/XML syntax

<TSL rdf:ID="adf_s4p03">
  <has-COI>
    <DSL rdf:ID="adf_s1p10"/>
  </has-COI>
</TSL>
<ICylindrical rdf:ID="icy">
  <has-CON>
    <SOC rdf:ID="s1p10"/>
  <has-CON>
</ICylindrical>
```

② OWL+SWRL->JESS:通过执行 OWL+SWRL ->JESS,OWL RDF/XML 编码将被 OWL2JESS 转换器转换成 Jess 事实,且 SWRL 规则将被 SWRL2JESS 转换器转换成 Jess 规则(参见附录 3)。例如,实例 $adf(s_4(p_{03}))$、$adf(s_1(p_{10}))$、$s_1(p_{10})$ 及 icy 被创建后相应的 OWL RDF/XML 编码将被 OWL2JESS 转换器转换成如下 Jess 事实:

产品几何规范的知识表示

JESS facts
(assert (owl:Thing (name adf_s4p03))) (assert (ADF (name adf_s4p03)))
(assert (TFeature (name adf_s4p03))) (assert (TSL (name adf_s4p03)))
(assert (owl:Thing (name adf_s1p10))) (assert (ADF (name adf_s1p10)))
(assert (DFeature (name adf_s1p10))) (assert (DSL (name adf_s1p10)))
(assert (owl:Thing (name s1p10))) (assert (Assembly (name s1p10))) (assert (Part (name s1p10)))
(assert (RFS (name s1p10))) (assert (RCylindrical (name s1p10))) (assert (SOC (name s1p10)))
(assert (owl:Thing (name icy))) (assert (IFS (name icy))) (assert (ICylindrical (name icy)))

③ Run JESS：通过输入由 OWL2JESS 转换器生成的 Jess 事实和由 SWRL2JESS 转换器生成的 Jess 规则，可选公差类型将由 Jess 推理机推理生成。

④ JESS->OWL：推理机推理生成可选公差类型之后，OWL 文件将会被更新，且结果将会被打印在 Protégé 的个体编辑器中（参见图 5-17）。OWL 文件中被更新的部分如下：

OWL RDF/XML syntax
<ICylindrical rdf:ID="icy">
<has-Straightness>
<SOC rdf:ID="s1p10"/>
</has-Straightness>
<has-Cylindricity rdf:resource="#s1p10"/>
<has-CON rdf:resource="#s1p10"/>
<has-Roundness rdf:resource="#s1p10"/>
</ICylindrical>
<TSL rdf:ID="adf_s4p03">
<has-COI>
<DSL rdf:ID="adf_s1p10"/>
</has-COI>
<has-CircularRunOut rdf:resource="#adf_s1p10"/>
<has-TotalRunOut rdf:resource="#adf_s1p10"/>
<has-Coaxiality rdf:resource="#adf_s1p10"/>
</TSL>

对于其他组相互约束的装配特征表面的几何要素，类似地可得：

$T_S(s_2(p_{10})) = \{—, \Box\}$ 及 $T_S(s_2(p_{04}), s_2(p_{10})) = \{\nearrow, \parallel, \oplus, \equiv\}$

$T_S(s_1(p_{10})) = \{—, \bigcirc, \mathcal{N}\}$ 及 $T_S(s_3(p_{04}), s_1(p_{10})) = \{\nearrow, \parallel, \circledcirc\}$

第五章 公差指标的自动生成

$T_S(s_3(p_{10})) = \{-, \Box\}$ 及 $T_S(s_1(p_{05}), s_3(p_{10})) = \{\nearrow, ⫽, \oplus, \equiv\}$

$T_S(s_6(p_{10})) = \{-, \bigcirc, \cancel{\bigcirc}\}$ 及 $T_S(s_4(p_{05}), s_6(p_{10})) = \{\nearrow, ⫽, \odot\}$

$T_S(s_5(p_{10})) = \{-, \bigcirc, \cancel{\bigcirc}\}$ 及 $T_S(s_1(p_{06}), s_5(p_{10})) = \{\nearrow, ⫽, \odot\}$

$T_S(s_5(p_{10})) = \{-, \bigcirc, \cancel{\bigcirc}\}$ 及 $T_S(s_4(p_{07}), s_5(p_{10})) = \{\nearrow, ⫽, \odot\}$

$T_S(s_7(p_{10})) = \{-, \bigcirc, \cancel{\bigcirc}\}$ 及 $T_S(s_7(p_{10}), s_4(p_{16})) = \{⫽, \oplus\}$

以上结果与基于 ALC(D_{GFV}) 的方法生成的结果完全一样，因此两种方法的可行性和有效性得以验证。

(8) 确定最终标注的公差类型。根据规则 5-3 和规则 5-8，选取 $T_F(s_1(p_{10})) = T_F(s_5(p_{10})) = T_F(s_6(p_{10})) = \{\cancel{\bigcirc}\}$，选取 $T_F(s_4(p_{03}), s_1(p_{10})) = T_F(s_3(p_{04}), s_1(p_{10})) = T_F(s_4(p_{05}), s_6(p_{10})) = T_F(s_1(p_{06}), s_5(p_{10})) = T_F(s_4(p_{07}), s_5(p_{10})) = \{\nearrow\}$；根据规则 5-8，选取 $T_F(s_2(p_{04}), s_2(p_{10})) = T_F(s_1(p_{05}), s_3(p_{10})) = \{⫽\}$ 及 $T_F(s_4(p_{16}), s_7(p_{10})) = \{-\}$。对零件 p_{10} 的标注参见图 5-7。

第六章 形状公差的数学模型表示及其实现

在国际公差标准中,形状公差的精度信息采用文字说明和图例的形式来定义,这种方式很适合于手工设计。随着计算机技术在几何产品设计和制造中的广泛应用,国际公差标准的不足越来越明显,最突出的缺陷在于它们不适合于计算机的表达、处理以及在各阶段的数据传递。为此,国内外学者们提出应结合公差的工程语义给出各种公差的数学定义,并构建出了一系列公差信息的数学模型,其中典型的数学模型有漂移模型、参数矢量化模型、公差函数与矢量方程模型、漂移和自由度模型、自由度变动模型及统计分布模型。

美国机械工程师协会(ASME)给出了各类公差的数学定义,为三维 CAD 系统中公差建模提供了新思路和新途径。公差数学定义的重要特点是以严格的数学形式代替以往的文字形式来定义公差,消除了以往文字定义中存在的二义性,可以完整、唯一地表示出三维环境下公差的语义,但这种以矢量表示的 3D 点集必须经过适当的变换才能融入现有的 CAD 系统中。近十几年来,众多学者对公差的数学模型进行了大量的研究,公差的数学模型也在不断地完善中。

然而,以往的研究很少考虑公差的数值信息在异构系统之间的有效共享和顺畅传递问题。为保证公差的数值信息在异构系统之间的有效共享和顺畅传递,本章以形状公差为例,在刘玉生[76]等提出的基于 SDT(Small Displacement Torsor)的公差数学模型的基础上,采用描述逻辑 ALC(R)及本体技术,实现形状公差信息的语义表示,其中 6.1 节给出了基于描述逻辑 ALC(R)的形状公差的数学模型;6.2 节采用本体技术实现形状公差的数学模型。

6.1 形状公差的数学模型

6.1.1 公差域

在公差的语义中,公差域的表示是最根本的,只有确定了公差域才可能进一步研究要素的变动情况。

形状公差是几何公差的一部分。几何公差的公差域是用来控制被测要素的变动范围,只要被测要素在该变动范围内即为合格,它体现了整体要素的设计要求,也是加工和检验的依据。公差域有 4 个基本属性：形状、大小、位置和方向。

（1）公差域的大小和形状

公差域的大小是指公差域的宽度或直径，也就是公差值。新一代 GPS 中定义的公差域的主要形状有 10 种：圆内的区域，圆柱面内的区域，球面的区域，两同心圆之间的区域，两同轴圆柱面之间的区域，两等距离曲线之间的区域，两等距曲面之间的区域，两平行直线之间的区域，两平行平面之间的区域，两组平行平面所围成的四棱柱之间的区域。

（2）公差域的方向和位置

几何公差分为形状公差和位置公差。其中，位置公差又分为定向公差、定位公差和跳动公差。形状公差只要求确定公差带的大小和形状，其方向和位置一般都是浮动的，不予控制，即其公差带相对于其他要素的距离和方向均不受限制，它的方位可以随实际被测要素方位的变动而变动，因而方向和位置两参数并不影响形状公差的功能。定向公差关联着被测要素和基准要素在规定方向上所允许的变动全量，只要求确定公差带大小、形状和方向，其位置将不予控制。即定向公差域与基准之间是呈一定方向关系的，但相对于基准的距离并不加以限制。定位公差是为了控制被测实际要素相对于基准保持准确位置所给定的加工要求，它要求确定公差带大小、形状、方向和位置，其公差带的位置通常是与理论正确位置同心、同轴或对称的。各种公差类型及其公差域的边界如表 6-1 所示。

表 6-1 公差类型及其公差域的边界

公差类型	公差域的边界	公差类型	公差域的边界
直线度	两平行平面（直线），四棱柱面，圆柱面	垂直度	两平行平面（直线），四棱柱面，圆柱面
圆度	两同心圆环	倾斜度	两平行平面（直线），圆柱面
圆柱度	两同心圆柱面	对称度	两平行平面（直线），四棱柱
平面度	两平行平面	同轴度	圆柱面
线轮廓度	两等距包络线	位置度	两平行平面（直线），四棱柱面，圆柱面
面轮廓度	两等距包络面	圆跳动	两同心圆环（柱），两共轴等径圆，两平行平面
平行度	两平行平面（直线），四棱柱面，圆柱面	全跳动	两同心圆环（柱），两共轴等径圆，两平行平面

6.1.2 小位移旋量 SDT

SDT 是表示带有 6 个运动分量的刚体产生微小位移所构成的矢量，它适合用于表示具有理想形状特征的偏移量。对于一般情况，公差值与零件的尺寸相比是微小的量，公差域的约束可以看成物体在空间中的微小变动。在欧氏空间中,一个物体最多有 6 个自由度,包括 3 个平动自由度 d_x、d_y、d_z 和 3 个转动自由度 θ_x、θ_y、θ_z,即 3 个平动矢量和 3 个转动矢量。实际自由度 $r = 6-n$,其中 n 是恒定度的数目。微小平动矢量可表示为:$\boldsymbol{d} = (d_x, d_y, d_z)^T$;微小转动矢量可表示为:$\boldsymbol{\theta} = (\theta_x, \theta_y, \theta_z)^T$;SDT 可表示为:$\boldsymbol{D} = (\boldsymbol{d}, \boldsymbol{\theta})^T = (d_x, d_y, d_z, \theta_x, \theta_y, \theta_z)^T$。

以往在进行零件的公差分析时,一般都用极值法和概率统计法。极值法和概率统计法除了其各自独有的缺陷之外,还有以下共同的不足:比较抽象,不够直观明了,不能模拟显示出零件的实际情况,仅仅从数值上给予了分析;虽然确保了所有零件的装配,但不可避免地存在浪费;设计可能过于保守,由于太严格的公差要求,最终导致成本过高。

形状公差是指零件表面的实际被测要素对其理想要素的允许变动全量。它用形状公差域表达,其公差域是单一实际被测要素允许变动的区域,包括公差域形状、方向、位置和大小等 4 个要素。公差域的大小是由设计者给定的,要确切表示公差的语义关键是确定公差域的位置和方向。对于形状公差来说,公差域的方向和位置是可浮动的。形状公差项目有:直线度、平面度、圆度、圆柱度、线轮廓度和面轮廓度 6 项,各形状公差的公差域边界形状参见表 6-1。下面用基于 SDT 的变动方程和约束方程构建形状公差的数学模型。

6.1.3　形状公差的数学模型

1. 直线度公差的数学模型

直线度公差用于限制平面或空间直线的形状误差,如轴线直线度公差用于限制实际轴线相对理想轴线的变动量。建立坐标系,直线度公差的公差域如图 6-1 所示,其中圆柱体高度为 h,直径为 T_{St},T_U 表示直径尺寸的上偏差,T_L 表示直径尺寸的下偏差,T_{Lx}、T_{Ly} 分别表示 x、y 方向上的尺寸偏差。

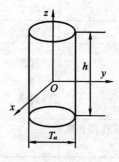

图 6-1　直线度公差的公差域

直线度公差的数学模型如下:

$$-\frac{T_{St}}{2} - T_{Lx} \leqslant d_x \leqslant \frac{T_{St}}{2} + T_{Ux} \tag{6-1}$$

第六章 形状公差的数学模型表示及其实现

$$-\frac{T_{St}}{2} - T_{Ly} \leqslant d_y \leqslant \frac{T_{St}}{2} + T_{Uy} \tag{6-2}$$

$$-\frac{T_{St} + T_{Lx} + T_{Ux}}{2h} \leqslant \theta_x \leqslant \frac{T_{St} + T_{Lx} + T_{Ux}}{2h} \tag{6-3}$$

$$-\frac{T_{St} + T_{Ly} + T_{Uy}}{2h} \leqslant \theta_y \leqslant \frac{T_{St} + T_{Ly} + T_{Uy}}{2h} \tag{6-4}$$

$$-\frac{T_{St}}{2} - T_{Lx} \leqslant d_y + z \cdot \theta_x \leqslant \frac{T_{St}}{2} + T_{Ux} \tag{6-5}$$

$$-\frac{T_{St}}{2} - T_{Ly} \leqslant d_x + z \cdot \theta_y \leqslant \frac{T_{St}}{2} + T_{Uy} \tag{6-6}$$

其中,式(6-1)~式(6-4)为变动方程,式(6-5)和式(6-6)为约束方程。

2. 平面度公差的数学模型

平面度是限制实际表面对理想平面变动量的一项指标,它反映了零件上平面的平整程度。假设确定平面度公差域的两平行平面分别用 Bottom 和 Top 表示,以平面的理想位置建立局部坐标系统,平面度公差的公差域如图 6-2 所示。

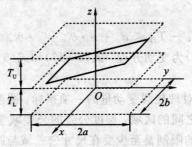

图 6-2 平面度公差的公差域

设平面度公差为 T_{Fl},d_{bz}、θ_{bx}、θ_{by} 为 Bottom 面的模型设计变量,d_{tz}、θ_{tx}、θ_{ty} 为 Top 面的模型设计变量,则平面度域的 Bottom 面和 Top 面的方程分别为

Bottom 面: $\qquad z_B = d_{bz} + y \cdot \theta_{bx} + x \cdot \theta_{by} \tag{6-7}$

Top 面: $\qquad z_T = d_{tz} + y \cdot \theta_{tx} + x \cdot \theta_{ty} \tag{6-8}$

由于平面度公差域的位置和方向均是浮动不定的,确定平面度公差域边界的数学模型就是要求解出 Bottom 面和 Top 面模型设计变量的变化范围,因此关键是要求解出平面度公差域处于极限状态时各模型设计变量的值。根据图 6-2,在平面度公差域转动的极限位置可得

$$\theta_{\text{by,max}} = \frac{T_{\text{Fl}} + T_{\text{S}}}{2a} \tag{6-9}$$

$$\theta_{\text{bx,max}} = \frac{T_{\text{Fl}} + T_{\text{S}}}{2b} \tag{6-10}$$

故可求得平面度公差的数学模型为

$$-\theta_{\text{by,max}} \leqslant \theta_{\text{by}} \leqslant \theta_{\text{by,max}} \tag{6-11}$$

$$-\theta_{\text{bx,max}} \leqslant \theta_{\text{bx}} \leqslant \theta_{\text{bx,max}} \tag{6-12}$$

$$-T_{\text{L}} - T_{\text{Fl}} \leqslant d_{\text{bz}} \leqslant T_{\text{U}} \tag{6-13}$$

$$\theta_{\text{ty}} = \theta_{\text{by}} \tag{6-14}$$

$$\theta_{\text{tx}} = \theta_{\text{bx}} \tag{6-15}$$

$$d_{\text{tz}} = d_{\text{bz}} \tag{6-16}$$

$$-T_{\text{U}} - T_{\text{L}} - T_{\text{Fl}} \leqslant x \cdot \theta_{\text{by}} + y \cdot \theta_{\text{bx}} \leqslant T_{\text{U}} + T_{\text{L}} \tag{6-17}$$

$$-T_{\text{L}} - T_{\text{Fl}} \leqslant d_z + x \cdot \theta_{\text{by}} + y \cdot \theta_{\text{bx}} \leqslant T_{\text{U}} \tag{6-18}$$

其中,式(6-11)~式(6-16)为变动方程,式(6-17)和式(6-18)为约束方程。

3. 圆度公差的数学模型

圆度公差是限制实际圆对理想圆变动量的一项指标。圆度公差域是同一正截面上半径差为公差值 T_{Cir} 的两同心圆之间的区域,圆度公差的公差域参见图 6-3。圆度公差域的方向和位置是不确定的,唯一的限制是至少要在尺寸公差域与圆度公差域的重叠部分存在一个完整的圆。

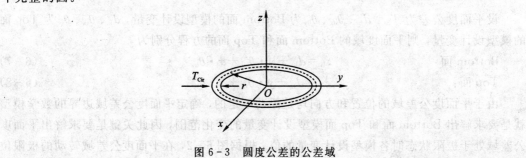

图 6-3 圆度公差的公差域

当圆度公差域内圆与尺寸公差域外圆相切,并且圆度公差域外圆与尺寸公差域内圆相切时,可得圆度公差域与尺寸公差域的极限位置,即

$$d_{x\max} = d_{y\max} = \frac{4r(T_U - T_L + 2T_{Cir}) + T_U^2 - T_L^2}{4(4r + T_U + T_L)} \qquad (6-19)$$

故可求得圆度公差的数学模型为

$$-\frac{4r(T_U - T_L + 2T_{Cir}) + T_U^2 - T_L^2}{4(T_U + T_L + 4r)} \leqslant d_x \leqslant \frac{4r(T_U - T_L + 2T_{Cir}) + T_U^2 - T_L^2}{4(T_{U+TL} + 4r)}$$

$$(6-20)$$

$$-\frac{4r(T_U - T_L + 2T_{Cir}) + T_U^2 - T_L^2}{4(T_U + T_L + 4r)} \leqslant d_y \leqslant \frac{4r(T_U - T_L + 2T_{Cir}) + T_U^2 - T_L^2}{4(T_U + T_L + 4r)}$$

$$(6-21)$$

$$\left| \sqrt{(d_x + x)^2 + (d_y + y)^2} - r \right| \leqslant \frac{T_{Cir}}{2} \qquad (6-22)$$

其中,式(6-20)和式(6-21)为变动方程,式(6-22)为约束方程。

4. 圆柱度公差的数学模型

圆柱度公差是限制实际圆柱面对理想圆柱面变动量的一项指标。圆柱度公差域是半径差为公差值 T_{Cy} 的两同轴圆柱面之间的区域,圆柱度公差的公差域如图6-4所示。圆柱度公差域的位置和方向都是不确定的,唯一的限制是至少要在尺寸公差域和圆柱度公差域的重叠部分存在某一完整的圆柱面。

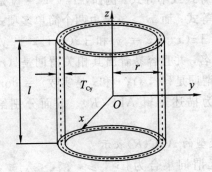

图6-4 圆柱度公差的公差域

在 zOy 平面内,极限情况为:圆柱度公差域的外表面与尺寸公差域内表面的下端点相交,且圆柱度公差域的内表面与尺寸公差域外表面的上端点相交,此时有

$$\theta_{x\max} = \theta_{y\max} = \frac{T_U + T_L - 2T_{Cy}}{2l} \qquad (6-23)$$

故圆柱度公差的数学模型如下：

$$-\frac{T_U + T_L - 2T_{Cy}}{2l} \leqslant \theta_x \leqslant \frac{T_U + T_L - 2T_{Cy}}{2l} \quad (6-24)$$

$$-\frac{T_U + T_L - 2T_{Cy}}{2l} \leqslant \theta_y \leqslant \frac{T_U + T_L - 2T_{Cy}}{2l} \quad (6-25)$$

$$-T_L - T_{Cy} \leqslant d_x \leqslant T_U \quad (6-26)$$

$$-T_L - T_{Cy} \leqslant d_y \leqslant T_U \quad (6-27)$$

$$\left|\sqrt{(y + d_y + z \cdot \theta_x)^2 + (x + d_x + z \cdot \theta_y)^2} - r\right| \leqslant \frac{T_{Cy}}{2} \quad (6-28)$$

其中，式(6-24)～式(6-27)为变动方程，式(6-28)为约束方程。

6.2 数学模型的 ALC(R) 表示

为了使用描述逻辑 ALC(D) 表示形状公差的公差域，需要为其选择合适的具体域。显然，实数域 R 恰恰符合要求，其形式定义如下：

定义 6-1 具体域 R 的域是一个二元组(dom(R), pred(R))，dom(R) 是 R 上所有实数的集合，pred(R) 为 R 上的所有谓词组成的集合，这些谓词由公式给出，其公式是由数目有限的整数多项式构成的等式或不等式。例如，$x + z^2 = y$ 是由两个多项式 $p(x, z) = x + z^2$ 和 $q(y) = y$ 构成的等式；而 $x > y$ 是由两个简单多项式构成的不等式。根据这些等式和不等式可以构建公式 $\exists z(x + z^2 = y)$ 和 $\exists z(x + z^2 = y) \vee (x > y)$。其中，第一个公式产生了一个二元谓词名，并且容易看出其相关谓词是 $\{(r, s); r$ 和 s 均为实数并且 $r \leqslant s\}$。第二个公式的相关谓词是 $\{(r, s); r$ 和 s 是实数$\} = \text{dom}(R) \times \text{dom}(R)$。具体域为 R 的描述逻辑 ALC(D) 称为描述逻辑 ALC(R)。下面分别给出形状公差的数学模型的 ALC(R) 表示。

1. 直线度公差的数学模型的 ALC(R) 表示

定义 ALC(R) 上的二元谓词集合为 $\{>, \geqslant, <, \leqslant, =, \neq, +, -, \times, /\}$。设 StrTx、StrTy、StrRx、StrRy 分别表示直线度公差域坐标原点在 x、y 轴上的平动和转动；Tst 表示直线度公差值；Tlx、Tly 分别表示直径尺寸的下偏差在 x、y 方向的偏差；Tux、Tuy 分别表示直径尺寸的上偏差在 x、y 方向的偏差；h 表示圆柱体高度。StrTxLeft、StrTxRight、StrTyLeft、StrTyRight、StrRxLeft、StrRxRight、StrRyLeft、StrRyRigh 分别表示直线度公差域在 x 轴方向平动范围的最小值、直线度公差域在 x 轴方向平动范围的

最大值、直线度公差域在 y 轴方向平动范围的最小值、直线度公差域在 y 轴方向转动范围的最大值、直线度公差域在 x 轴方向转动范围的最小值、直线度公差域在 x 轴方向转动范围的最大值、直线度公差域在 y 轴方向转动范围的最小值以及直线度公差域在 y 轴方向转动范围的最大值。直线度公差的数学模型可用 ALC(R) 的 TBox 来表示，该 TBox 所含公式如下：

StrTxLeft＝(Tst/－2)－Tlx

StrTxRight＝(Tst/2)＋Tux

StrTyLeft＝(Tst/－2)－Tly

StrTyRight＝(Tst/2)＋Tuy

StrRxLeft＝(Tst＋Tlx＋Tux)/(－2×h)

StrRxRight＝(Tst＋Tlx＋Tux)/(2×h)

StrRyLeft＝(Tst＋Tly＋Tuy)/(－2×h)

StrRyRight＝(Tst＋Tly＋Tuy)/(2×h)

StrTZ＝ ∀StrTx.≤StrTxRight ⊓ ∀StrTx.≥StrTxLeft ⊓ ∀StrRx.≤StrRxRight
⊓ ∀StrRx.≥StrRxLeft ⊓ ∀StrTy.≤StrTyRight ⊓ ∀StrTy.≥StrTyLeft
⊓ ∀StrRy.≤StrRyRight ⊓ ∀StrRy.≥StrRyLeft

2. 平面度公差的数学模型的 ALC(R) 表示

设 Tfla 表示平面度公差值；FlaTopTz、FlaBotTz 分别表示平面度公差域的上、下平面在 z 轴上的平动；FlaTopRx、FlaTopRy、FlaBotRx、FlaBotRy 分别表示平面度公差域的上、下平面在 x、y 方向的转动；FlaRxLeft、FlaRxRight、FlaRyLeft、FlaRyRight 分别表示平面度公差域上、下平面在 x、y 方向转动的最小值和最大值。则平面度公差的数学模型亦可用 ALC(R) 的 TBox 来表示，该 TBox 所含公式如下：

FlaRxLeft ＝ (Tfla＋Ts)/(－2×b)

FlaRxRight ＝ (Tfla＋Ts)/(2×b)

FlaRyLeft ＝ (Tfla＋Ts)/(－2×a)

FlaRyRight ＝ (Tfla＋Ts)/(2×a)

FlaTZ ＝ ∀FlaTopTz.≤Tu ⊓ ∀FlaTopTz.≥(－1×Tl－Tfla) ⊓ ∀FlaBotTz.≤Tu
⊓ ∀FlaBotTz.≥(－1×Tl－Tfla) ⊓ ∀FlaTopRx.≤FlaRxRight
⊓ ∀FlaTopRx.≥FlaRxLeft ⊓ ∀FlaTopRy.≤FlaRyRight ⊓ ∀FlaTopRy.
≥FlaRyLeft ⊓ ∀FlaBotRx.≤FlaRxRight ⊓ ∀FlaBotRx.≥FlaRxLeft
⊓ ∀FlaBotRy.≤FlaRyRight ⊓ ∀FlaBotRy.≥FlaRyLeft

3. 圆度公差的数学模型的 ALC(R) 表示

设 Tcir 表示圆度公差值；Tu 表示直径尺寸上偏差；Tl 表示直径尺寸下偏差；CirTx、CirTy 分别表示圆度公差域坐标原点在 x、y 轴上的平动；CirLeft、CirRight 分别表示 x、y 轴上的平动范围的最小值和最大值。圆度公差的数学模型亦可用 ALC(R) 的 TBox 来表示，该 TBox 所含公式如下：

$CirLeft = ((-4 \times r) \times (Tu - Tl + (2 \times Tcir) + (Tu \times Tu) - (Tl \times Tl))/4 \times (Tu+Tl+4\times r)$

$CirRight = (4 \times r \times (Tu - Tl + (2 \times Tcir) + (Tu \times Tu) - (Tl \times Tl))/4 \times (Tu+Tl+4\times r)$

$CirTZ = \forall CirTx. \leqslant CirRight \sqcap \forall CirTx. \geqslant CirLeft \sqcap \forall CirTy. \leqslant CirRight \sqcap \forall CirTy. \geqslant CirLeft$

4. 圆柱度公差的数学模型的 ALC(R) 表示

设 Tcyl 表示圆柱度公差值；CylTx、CylTy、CylRx、CylRy 分别表示圆柱度公差域在 x、y 方向上的平动和转动；CylLeft、CylRight 分别表示圆柱度公差域在 x、y 方向上转动的最小值和最大值。圆柱度公差的数学模型亦可用 ALC(R) 的 TBox 来表示，该 TBox 所含公式如下：

$CylLeft = (Tu+Tl-2\times Tcyl) / (-2 \times l)$

$CylRight = (Tu+Tl-2\times Tcyl) / (2 \times l)$

$CylTZ = \forall CylTx. \leqslant Tu \sqcap \forall CylTx. \geqslant (-1 \times Tl - Tcyl) \sqcap \forall CylTy. \leqslant Tu \sqcap \forall CylTy. \geqslant (-1 \times Tl - Tcyl) \sqcap \forall CylRx. \leqslant CylRight \sqcap \forall CylRx. \geqslant CylLeft \sqcap \forall CylRy. \leqslant CylRight \sqcap \forall CylRy. \geqslant CylLeft$

6.3 数学模型的实现

6.3.1 形状公差本体的构建

1. 类

形状公差本体中的类是对公差领域相关信息概念分类后抽象出来的，是某类公差集合的总称，代表了该类型公差的共同性质。根据形状公差的特点，按照自顶向下的方式首先定义了形状公差和形状公差的公差域两个一级类；然后对每个类进行细分，得到了形状公差类的子类：直线度、平面度、圆度、圆柱度、线轮廓度和面轮廓度。同样可以得到形状公差的公差域类的子类：直线度公差域、平面度公差域、圆度公差域和圆柱度公差域。线轮廓度和面轮廓度是比较特殊的形状公差，既可以是形状公差也可以是位置公差，其公差域的形状多样，目前还没有明确的数学表示模型。因此，考虑到无基准情况的线轮廓度和面轮廓度属于形状公差，在构建形状公差本体类时，给出了线轮廓度和面轮廓度的相关类，但没有定义线轮廓度和面轮廓度的公差域的类。图 6-5 给出了形状公差本体中的类及其之间的层次关系。

第六章　形状公差的数学模型表示及其实现

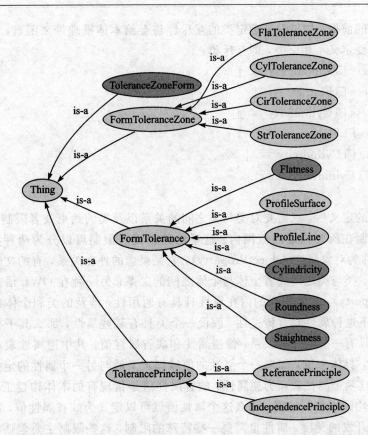

ToleranceZoneForm—公差域的形状；FormToleranceZone—形状公差的公差域；
FlaToleranceZone—平面度公差的公差域；CylToleranceZone—圆柱度公差的公差域；
CirToleranceZone—圆度公差的公差域；StrToleranceZone—直线度公差的公差域；
FormTolerance—形状公差；Flatness—平面度；ProfileSurface—面轮廓度；
ProfileLine—线轮廓度；Cylindricity—圆柱度；Roundness—圆度；Straightness—直线度；
TolerancePrinciple—公差原则；ReferencePrinciple—相关要求；IndependencePrinciple—独立原则

图 6-5　形状公差本体中的类及其之间的层次关系

在 OWL 中，具有充分必要条件的类也称做等价类（Equivalent Classes）。形状公差本体中的等价类可用描述逻辑 ALC(R) 描述如下：

Straightness ≡ FormTolerance ⊓ ∃ hasToleranceZone.StrToleranceZone

Roundness ≡ FormTolerance ⊓ ∃ hasToleranceZone.CirToleranceZone

Flatness ≡ FormTolerance ⊓ ∃ hasToleranceZone.FlaToleranceZone

Cylindrcity ≡ FormTolerance ⊓ ∃ hasToleranceZone.CylToleranceZone

除了类的定义和属性限制之外，还需要确定类与类之间的互斥性。由于本体推理是基

于开世界假设的前提,如果没有确定类的互斥性将会给本体推理带来困难,因此,在形状公差本体中需要定义不相交类,即互斥类:

$$Straightness \sqcap Roundness \equiv \bot$$
$$Straightness \sqcap Flatness \equiv \bot$$
$$Straightness \sqcap Cylindrcity \equiv \bot$$
$$Roundness \sqcap Flatness \equiv \bot$$
$$Roundness \sqcap Cylindrcity \equiv \bot$$
$$Flatness \sqcap Cylindrcity \equiv \bot$$

2. 属性

在完成类的定义后,就需要对类与类之间的关系以及类的约束或者限制进行定义,这样就能把类限制在所要描述的范围内。这里的约束或者限制可以分为两种类型:一种在OWL语言中称为对象属性(ObjectProperty),它是概念的外在关系,有的文献里称之为关系,主要是表示类与类之间或者个体与个体之间的关系;另一种在OWL语言中称为数据属性(DataProperty),它是概念的内在属性且具有通用性,涉及的类和个体都将具有该属性,一般情况下这种属性具有传递性,假设一个类具有某些属性,那么其子类也具有该属性。属性中还具有一些特殊的关系,像逆属性和缺省属性值。其中逆属性表示的是一对属性的互逆关系,具体来说,如果一个属性的值域和定义域与另一个属性的定义域和值域刚好相同,那么这两个属性就互为逆属性;缺省属性值是指现有的本体构建工具中,如果大多数属性值均采用相同的值,那么这个属性值就可以定义为缺省属性值,缺省属性值有助于提高属性开发的速度。属性也需要一些特殊的限制,这些限制主要包括对属性值的类型、属性基数和属性值域或者定义域的限制。这些限制将提高属性描述的粒度,增强本体的描述能力。通过对形状公差的属性及其关系的分析和归纳,公差标注本体中的所有属性如表6-2所示。

表6-2 公差标注本体中的所有属性

属性名	属性的定义域	属性的值域	属性的类型
hasToleranceZone	FormTolerance	FormToleranceZone	对象属性
hasTolerancePrinciple	FormTolerance	TolerancePrinciple	对象属性
hasIndependencePrinciple	FormTolerance	IndependencePrinciple	对象属性
hasReferancePrinciple	FormTolerance	ReferancePrinciple	对象属性
StrTxMax	StrToleranceZone	double	数据类型属性
StrTxMin	StrToleranceZone	double	数据类型属性

续表

属性名	属性的定义域	属性的值域	属性的类型
StrTyMax	StrToleranceZone	double	数据类型属性
StrTyMin	StrToleranceZone	double	数据类型属性
StrRxMax	StrToleranceZone	double	数据类型属性
StrRxMin	StrToleranceZone	double	数据类型属性
ToleranceValue	FormTolerance	double	数据类型属性
CirTxMax	CirToleranceZone	double	数据类型属性
CirTxMin	CirToleranceZone	double	数据类型属性
CirTyMax	CirToleranceZone	double	数据类型属性
CirTyMin	CirToleranceZone	double	数据类型属性
CylTxMin	CylToleranceZone	double	数据类型属性
CylTxMax	CylToleranceZone	double	数据类型属性
CylTyMin	CylToleranceZone	double	数据类型属性
CylTyMax	CylToleranceZone	double	数据类型属性
FlaTzMin	FlaToleranceZone	double	数据类型属性
FlaTzMax	FlaToleranceZone	double	数据类型属性
FlaRxMin	FlaToleranceZone	double	数据类型属性
FlaRxMax	FlaToleranceZone	double	数据类型属性
FlaRyMin	FlaToleranceZone	double	数据类型属性
FlaRyMax	FlaToleranceZone	double	数据类型属性

OWL语言还定义了属性的特征性质，包括传递属性、逆属性、对称属性、非对称属性、函数属性、自反属性、非自反属性。

属性可以通过声明来说明该属性具有何种属性性质。若用 $p(u,v)$ 表示 u 和 v 之间存在 p 关系，则可对属性的特征性质作如下定义：

(1) 传递性：设属性 p 具有传递性，如果 $p(u,v)$ 和 $p(v,w)$ 成立，则有 $p(u,w)$。

(2) 对称性：设属性 p 具有对称性，如果 $p(u,v)$ 成立，则有 $p(v,u)$ 成立。

(3) 函数性：设属性 p 具有函数性，如果 $p(u,v)$ 和 $p(u,w)$ 成立，则有 $v=w$。

(4) 互逆性：设属性 p 和属性 q 具有互逆性，如果有 $p(u,v)$ 成立，则有 $q(v,u)$ 成立。

经过分析，形状公差本体中的 hasToleranceZone 属性具有函数性。

通过对形状公差本体中属性的建立，可以限制和约束本体中的类，将本体中类与类、个体与个体之间的关系通过对象属性联系起来，使得类的描述更加地符合形状公差领域的要求。通过对形状公差数值属性的构建，使得个体的描述更加详细，能更好地描述验证本体中个体的特征。通过对属性基数、属性的数据类型以及属性的定义域和值域的限制，可以更好地约束类与类、个体与个体之间的关系。通过属性的构建，可以更加具体地描述出形状公差本体内的知识。

3. 个体

实例表示的是客观世界中唯一的一个个体，它需要从属某一个类，具有多个属性和关系。实例描述得越详细越能表达出客观现实中的个体。客观现实中的个体是无穷无尽的，而且随着时间的变化而不断变化，所以客观个体是动态的，在构建个体的过程中应该可以对实例进行扩展，通过增加实例的具体描述来表示动态的个体。这就要求在构建领域个体的时候，尽量使用通用的个体描述，可以通过添加信息的手段来满足变化中的个体。要对领域知识进行更加详细的描述就要使用个体来描述。个体是类实例化的产物，个体的数值属性值可以赋值，使得对个体的表述更加完整，更能表达出事物的属性。形状公差本体中的个体可以分为动态个体和固态个体。其中动态个体是根据用户需求在使用时进行动态添加、修改和删除的；固态个体则是在本体中固定不变的个体，一般在构建时加入，在使用过程中几乎不用再进行添加、修改和删除。

以图 6-6 所示的直线度公差标注图为例，将直线度公差标注的信息用形状公差本体表示，此时形状公差本体中个体的定义可以用 ABox $\mathcal{A}$ 描述如下：

$\mathcal{A}=\{$ RerferancePrinciple(ER), RerferancePrinciple(MMR), RerferancePrinciple(LMR), ToleranceZoneForm(Cylindricity), ToleranceZoneForm(Circle), ToleranceZoneForm(Sphere), ToleranceZone(Z1), ToleranceZoneForm(Default), RerferancePrinciple(RR), Straightness(S1), ToleranceValue(S1, 0.03), hasTolerancePrinciple(S1, MMR), hasTZForm(S1, Cylindricity), hasToleranceZone(S1, Z1) $\}$

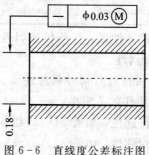

图 6-6 直线度公差标注图

在图 6-6 中，直线度公差标注的语义信息为：直线度公差域形状为圆柱形(hasTZ-Form(S1，Cylindricity))；公差值为 0.03(ToleranceValue(S1，0.03))；具有最大实体要求(hasTolerancePrinciple(S1，MMR))，即体外作用尺寸不得超越最大实体实效尺寸，局部实际尺寸不得超出尺寸公差带所规定的最大极限尺寸和最小极限尺寸范围。其中 S1 和 Z1 为动态个体(hasToleranceZone(S1，Z1))，是根据公差的语义信息动态添加的。

形状公差本体中构建的个体表征了形状公差知识的实例。因为形状公差领域的实例是动态的，是随着公差要求而改变的，所以在构建实例的过程中，对一些具有特殊描述的产品信息将不建立独立的个体，而是在使用本体的过程中通过输入相关特定的公差信息到该本体的方式来添加该本体中的实例。通过这种方式就可以保证本体的通用性，减少了公差信息的冗余，减少了本体构建过程中的工作量，从而提高了本体构建的质量和效率。

6.3.2 形状公差本体的推理

1. 基于公差的推理机制

描述逻辑推理的主要任务包括对知识库进行一致性检测，并报告知识库中是否存在冲突，以及根据需要从知识库中推导出蕴含的断言和公理。按照知识来源推理具体可以分为针对 TBox 的推理和针对 ABox 的推理。其中 TBox 是一个描述领域结构的公理集，它包括定义公理(Definition Axioms)和包含公理(Inclusion Axioms)；ABox 是一个描述关于具体个体事实的公理集，它包括概念断言(Concept Assertional)和角色断言(Role Assertional)。针对 TBox 的推理主要是关于概念的可满足性、包含关系等问题的推理，而针对 ABox 的推理主要是关于个体断言的推理，但这一过程通常也需要在 TBox 参与下才能完成。

在介绍具体推理内容之前，首先给出概念的可满足性和模型的定义。对于概念 C，如果存在解释 I 使得 $C^I \neq \varnothing$，则称 I 是概念 C 的模型，并且概念 C 是可满足的。

描述逻辑中关于个体的推理主要包括如下几类：

(1) 实例检测：在 ABox $\mathcal{A}$ 的约束下，有实例 a 属于概念 C，当且仅当对 $\mathcal{A}$ 的所有模型 I，都有 $a^I \in C^I$，记为 $\mathcal{A} \vDash a : C$。

(2) 相关实例集或概念集检索：在 ABox 中，枚举某个概念 C 的所有实例，或者某个实例 a 所属的所有概念。

(3) 一致性检测：在 TBox $\mathcal{T}$ 的约束下，ABox $\mathcal{A}$ 是一致的，当且仅当 $\mathcal{A}$ 和 $\mathcal{T}$ 存在公共的模型 I。

在描述逻辑关于个体的推理中，实例检测和相关集合检索可以通过一定的形式与一致性检测问题相互转化。

关于概念的推理也可以概括为如下几类：

(1) 概念包含测试：测试概念间是否存在包含关系。在 TBox $\mathcal{T}$ 约束下，概念 C 包含于概念 D，当且仅当对任意模型 I 都有 $C^I \subseteq D^I$ 成立，记为 $\mathcal{T} \vDash C \subseteq D$。

（2）概念等价测试：测试概念间是否存在等价关系。在 TBox $\mathcal{T}$ 约束下，概念 C 和概念 D 等价，当且仅当对任意模型 I 都有 $C^I = D^I$ 成立，记为 $\mathcal{T} \vDash C \equiv D$。

（3）概念相离测试：测试概念间是否存在相离关系。在 TBox $\mathcal{T}$ 约束下，概念 C 和概念 D 相离，当且仅当对任意模型 I 都有 $C^I \cap D^I = \varnothing$ 成立。

（4）概念可满足性测试：检测某个概念是否是可满足的。在 TBox $\mathcal{T}$ 约束下，概念 C 是可满足的，当且仅当在 $\mathcal{T}$ 中存在模型 I，使得 $C^I \neq \varnothing$。

实质上，描述逻辑中关于概念的几类推理任务也是可以转化的，即前三类推理可以转化为概念可满足性测试问题，同时关于概念可满足性测试的问题也可以转化为前三类推理任务。不仅如此，描述逻辑中一致性检测问题和概念可满足性判定问题在本质上也是等价的。正是基于这些等价关系，目前描述逻辑的推理机一般都是先将问题形式进行一些转化后再进行推理，例如，当前描述逻辑推理机所普遍使用的 Tableau 算法就是将一些推理任务转化为关于概念可满足性的测试问题。

描述逻辑知识包括 ABox 和 TBox 两部分，具体推理过程就是以知识库（KB）为基础，由推理机执行 6.3.1 节介绍的各种推理任务。基本的推理系统结构如图 6-7 所示。

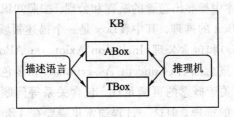

图 6-7 基本的推理系统的结构

2. 本体公理的构建

描述逻辑推理机的推理是基于公理的推理。为了使用推理机进行本体的一致性检测，除了构建时 Protégé 自动添加的基本类的公理外，还需要手动添加如下本体公理：

（1）ToleranceZoneForm ≡ { Circle, Cylindricity, Sphere, BTCoaxialCylindrical, BTConcentricCircles, BTEquidistantSurface, BTEquidistantLine, BTParallelStraightLine, BTParallelPlanes, BTTwoGroupParallelPlanes }。该公理表示形状公差的公差域形状仅包括：圆内的区域、圆柱面内的区域、球面的区域、两同心圆之间的区域、两同轴圆柱面之间的区域、两等距离曲线之间的区域、两等距曲面之间的区域、两平行直线之间的区域、两平行平面之间的区域、两组平行平面所围成的四棱柱之间的区域。

（2）RerferancePrinciple ≡ {ER, MMR, LMR, RR}。该公理表示公差原则的相关要求包括：包容性要求、最大实体要求、最小实体要求和可逆要求。

（3）FormTolerance ⊑ hasReferancePrinciple max 2 ReferancePrinciple。该公理表示一个形状公差同时应用的相关要求不超过两个。

第六章　形状公差的数学模型表示及其实现

(4) hasToleranceZone(? a) ⊓ hasToleranceZone(? b) —> $a \equiv b$。该公理表示公差域属性的函数性质,即一个形状公差只有一个公差域。

(5) FormTolerance(? a) ⊓ hasReferancePrinciple(? a, RR) only $\equiv \bot$。该公理表示可逆要求不能单独使用。

(6) FormTolerance ⊑ ToleranceValue some double[>=0]。该公理表示形状公差的公差值为非负的 double 类型。

(7) StrToleranceZone ⊑ FormToleranceZone ⊓ StrTx ≤ StrTxMax ⊓ StrTx ≥ StrTxMin ⊓ StrTy ≤ StrTyMax ⊓ StrTy ≥ StrTyMin ⊓ StrRx ≤ StrRxMax ⊓ StrRx ≥ StrRxMin ⊓ StrRy ≤ StrRyMax ⊓ StrRy ≥ StrRyMin。该公理表示直线度公差域属于形状公差域,并且其 x 轴方向的平动范围区间为(StrTxMin, StrTxMax), x 轴方向的转动范围区间为(StrRxMin, StrRxMax); y 轴方向的平动范围区间为(StrTyMin, StrTyMax); y 轴方向的转动范围区间为(StrRyMin, StrRyMax)。其中约束范围的最大、最小值可通过式(6-1)~式(6-4)计算得到。

(8) FlaToleranceZone ⊑ FormToleranceZone ⊓ FlaTz ≤ FlaTzMax ⊓ FlaTz ≥ FlaTzMin ⊑ FlaRx ≤ FlaRxMax ⊓ FlaRx ≥ FlaRxMin ⊓ FlaRy ≤ FlaRyMax ⊓ FlaRy ≥ FlaRyMin。该公理表示平面的公差域属于形状公差域,并且其 z 方向上的平动范围区间为(FlaTzMin, FlaTzMax); x 方向上的转动范围区间为(FlaRxMin, FlaRxMax); y 方向上的转动范围区间为(FlaRyMin, FlaRyMax)。其中变动范围的最大、最小值可通过式(6-11)~式(6-16)计算得到。

(9) CirToleranceZone ⊑ FormToleranceZone ⊓ CirTx ≤ CirTxMax ⊓ CirTx ≥ CirTxMin ⊓ CirTy ≤ CirTyMax ⊓ CirTy ≥ CirTyMin。该公理表示圆度公差域属于形状公差域,并且其 x 方向上的平动范围区间为(CirTxMin, CirTxMax); y 方向上的平动范围区间为(CirTyMin, CirTyMax)。其中变动范围的最大、最小值可通过式(6-20)和式(6-21)计算得到。

(10) CylToleranceZone ⊑ FormToleranceZone ⊓ CylTx ≤ CylTxMax ⊓ CylTx ≥ CylTxMin ⊓ CylTy ≤ CylTyMax ⊓ CylTy ≥ CylTyMin ⊓ CylRx ≤ CylRxMax ⊓ CylRx ≥ CylRxMin ⊓ CylRy ≤ CylRyMax ⊓ CylRy ≥ CylRyMin。该公理表示圆柱度公差域属性形状公差域,并且其 x 方向的平动范围区间为(CylTxMin, CylTxMax), x 方向的转动范围区间为(CylRxMin, CylRxMax); y 方向的平动范围区间为(CylTyMin, CylTyMax), y 方向的转动范围区间为(CylRyMin, CylRyMax)。其中变动范围的最大、最小值可通过式(6-24)~式(6-27)计算得到。

3. 本体的一致性检测

在形状公差本体的构建过程中采用了人工构建的方式,很可能出现本体定义的不一致。为了保证本体的正确性和一致性,需要使用推理机对构建的本体进行推理,进行一致性检测从而完善本体的构建。为检测本体的一致性，可选择使用 Protégé 4.2 中自带的 Pellet 和 FaCT++ 推理机。

Pellet 是美国马里兰大学 MINDSWAP 项目组专门针对 OWL DL 开发的一个本体推理机，基于描述逻辑 Tableau 算法实现，最新的版本为 Pellet 2.3，能够支持 OWL DL 的所有特性。它是一个开源项目，主要应用于本体开发、发现和构建 Web Service、多本体推理以及 SWRL 推理。

FaCT++是 FaCT(Fast Classification of Terminologies)的新一代产品。FaCT 是英国曼彻斯特大学开发的一个描述逻辑分类器，提供对模型逻辑的可满足性测试，采用了基于 CORBA 的 CS 模式。为了提高效率和获得更好的平台移植性，FaCT++采用了 C++而非 FaCT 的 Lisp 语言来实现。

由于 OWL API 中提供了 Pellet 推理机的相关接口，下面将使用 Pellet 推理机进行推理。在本体中添加了公理之后，使用 Protégé 中的推理机 Pellet 对本体进行一致性检验。以公差值的检验为例，首先添加直线度类的值域公理，使公差值为非负双精度型，直线度类的公差值约束参见图 6-8。

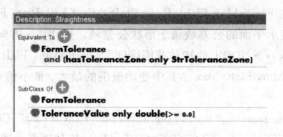

图 6-8　直线度类的公差值约束

在形状公差类中添加一个直线度公差实例，并设其公差值为－0.02，直线度公差类的个体的属性设置参见图 6-9。

图 6-9　直线度公差类的个体的属性设置

选取 Pellet 推理机并执行推理，推理后的结果是推理机给出错误报告，提示检测到不一致。推理机检测到不一致的个体参见图 6-10。

第六章 形状公差的数学模型表示及其实现

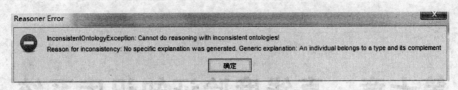

图 6-10 推理机检测到不一致的个体

对于上面的实例，由于直线度类的个体的公差值为负数，不符合直线度类的公差值必须为非负双精度值的值域公理约束，因此在推理时产生了不一致的本体。该实例验证了 Pellet 推理机对本体一致性检验的可靠性。通过推理计算，使类与类之间、类与个体之间的关系保持一个可维护和标准的状态，这不仅提高了本体的可重用性，也把维护本体复杂层次关系时的人工错误降到了最低。

第七章 直线度验证知识库系统

7.1 概　　述

目前，有关产品研制知识库的研究比较少，为了使我国制造企业在国际上具有竞争力，在我国建立与国际标准相吻合的 N-GPS 标准系统，实现产品在功能设计、生产制造和检验/认证各阶段实现数字化和共享化的智能知识库系统是非常有意义的。

产品零件的合格与否关系到企业的经济效益。如果产品本身合格被误判为不合格，对企业造成不必要的浪费；如果产品本身不合格被误判为合格，又对产品整体的质量造成了威胁。所以构建基于 N-GPS 产品验证知识库对产品在保证其质量的同时提高企业的经济效益具有非常重要的意义。本章主要介绍对直线度验证知识库的研究，通过对直线度验证知识库系统的研究与实现，为进行下一步构建产品验证知识库系统提供了理论基础和实践经验，甚至为整个 N-GPS 知识库系统的构建提供了一种可行的方法。

7.2 系统框架设计

一个良好的知识库系统框架，对开发直线度知识库系统有着非常重要的意义。良好的系统框架可以减少人力和物力的消耗，有利于系统开发的质量，可以加快系统的开发进度。直线度知识库系统中的知识都来自于本体中的知识，因此直线度验证本体是其中必不可少的部分。知识库系统中最重要的功能就是知识推理，通过知识推理可以获得本体知识中潜在的、未知的知识，其中直线度检测的方法、步骤、工具等信息就可以通过知识推理获得。推理获得的知识还要通过某种方式呈现给用户，这就需要使用人机交互界面。因此在本章中把直线度验证知识库系统分为三层独立结构，分别为：由本体知识构成的领域层、由推理机制构成的推理层和由人机交互界面构成的应用层。

7.2.1 系统框架分析

知识库系统建模框架是系统开发的一种方法，该方法是从建模的角度对知识库系统的构建进行研究的。知识库系统建模框架产生于大型商业化知识库系统失败的时期。因为大型商业化知识库系统的失败，所以人们从方法学上研究知识库系统的建模框架[135]。

目前，比较有代表性在知识库系统建模框架有 Protégé、KADS、Commet、MIKE、VITAL 等，各种建模框架在基本思想上相似，但是在以下方面还是有所不同的，比如具体实现的途径、细节和侧重点等。

（1）知识库系统的组织形式及其层次结构。知识库模型按照问题的求解过程，把知识库系统划分为 3 个层次结构：领域层、功能层和任务层。领域层主要包括了问题求解的直接或者间接的知识，一般由构建的领域本体构成，其目的就是为功能层和任务层提供知识支持，因此需要把特定领域内的知识尽可能地包含在其本体中。功能层主要是对问题求解过程中所需要的方法的集合，包括问题求解的方法和步骤。任务层主要是对所求解的问题进行划分，将其划分为更小的以及功能层可以解决的问题，并传递给功能层。

（2）各层次之间的契合。把知识库系统划分三层模型增强了系统的可维护性和系统知识的重用性和共享性。三层模型的划分，使得在特定领域中可以使用不同的方法对不同的问题进行求解，同时也使得同样的方法可以在不同的领域中重用，从而达到不同问题的求解，要实现系统的重用性还需要对不同层次之间的配置以及相关的灵活性进行设置，通过把各层之间相互联系起来，达到系统重用和共享的目的。

（3）选择本体构建工具 Protégé。本体的构建主要包括类、属性、属性约束和实例的构建。其中类的构建主要包括类的创建、修改和删除以及子类的相关操作等；属性的构建主要包括属性的建立、查看、删除以及子属性的相关操作等；属性约束的构建包括约束的建立、删除和修改等操作；实例的构建主要包括实例的创建、删除、修改以及实例属性的添加等操作。实例的创建，使得系统中存在了确定的信息，这些信息将在推理过程中被推理机直接查找并反馈给用户。由于本体构建主要通过人工构建，因此在构建过程中难免会出现各种各样的问题，需要对本体进行不断的修改和完善。

通过以上对知识库框架的研究，本章结合 OWL 表示语言以及直线度验证领域知识设计并给出了直线度验证知识库系统的架构结构。该层次结构的设计使得系统内的知识具有了重用性和共享性。

7.2.2 系统架构

根据第 6 章中关于本体的相关知识，基于本体推理技术以及 7.2.1 节中介绍的知识库系统的建模框架，本节结合直线度验证领域知识设计了直线度验证知识库系统的建模框架。该框架把系统划分为三个独立的层次，分别为：领域层（domain layer）、推理层（inference layer）和应用层（application layer）。直线度验证知识库系统的体系架构如图 7-1 所示。

（1）领域层主要包括直线度验证本体、外部知识源和专家经验知识。可以通过专家经验添加一些新的知识到本体中，也可通过外部知识源添加新知识到本体中，充实直线度验证本体中的知识。领域层中的直线度验证本体推理层进行推理的基础，也是应用层进行查询的根本,所以直线度验证本体应该尽可能地包括直线度验证领域内的所有知识,但是要注意知识的冗余。

(2) 推理层是对直线度验证领域的误差检测方法、检测工具、检测步骤等知识进行推理的方法的集合。该层主要由公理库、规则库和数学库构成。其中,公理库是指对该领域本体进行一致性检测的公理集合;规则库是在领域知识基础上对知识进行挖掘和推理的一组形式化表示的集合;数学库是判断直线度合格性、不确定度算法和直线度评定算法的集合。

(3) 应用层将直线度验证的检测结果和评定结果通过人机交互界面反馈给用户。把经过推理获得的直线度检测方法、检测步骤、检测工具等反馈给用户,供用户进行检测时作参考。将检测结果导入系统,然后根据相关直线度不确定度算法对直线度进行评定,最后将评定结果通过交互界面反馈给用户,完成了系统对直线度的验证功能。

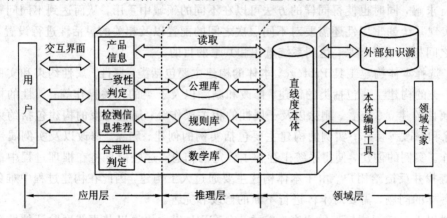

图 7-1 直线度验证知识库系统的体系架构

把直线度验证知识库系统划分为三层独立结构,提高了系统的可维护性,增加了系统的独立性和健壮性,并且使系统具有了知识的共享和重用。三层独立结构的设计,提高了系统的维护效率,比如系统中某层出现了问题,就可以直接找出问题所在的位置,并对所出现的问题就地更正,从而提高了系统的维护效率。三层独立模型的设计保证了系统任意层的改变不会影响到其他层,增强了系统的健壮性。验证知识库系统中的知识直接或者间接地来自领域层的本体知识,该系统通过使用本体文件(.owl)的形式保证了系统中知识的一致性,从而使该领域知识得到了重用和共享。整个知识库系统的知识均直接或者间接地来自于领域本体,领域本体的构建很关键。在建立好本体之后,就需要在本体的基础上进行推理,获得本体中潜在的、未知的知识。直线度验证知识库系统最重要的功能在于本体的推理,因此推理层的构建显得至关重要,其中推理层包括公理库、规则库和数学库,是系统进行推理的基础。

7.3 系统功能模块

通过对直线度验证知识库系统框架的设计,明确了验证知识库系统中的领域层、推理层和应用层的作用。通过对各层功能的分析,将直线度验证知识库系统的功能分为3个模块:领域模块、推理模块和应用模块。这3个模块与三层模型结构相对应,这样就使得直线度验证知识库系统的功能模块具有了三层机构的优势。将3个功能模块的分开设计,使得各个功能模块具有了独立性,任意一个模块的修改将不会影响其他模块的功能,这样就可以保证系统的健壮性。本节将根据直线度验证知识库系统三层独立模型的设计,结合直线度验证领域知识以及直线度验证中所设计的知识把直线度验证知识库系统划分为3个大的功能模块,每个大的功能模块又可以分解为多个小的功能模块,并对各个功能模块的功能进行了介绍。

7.3.1 功能模块设计

按照7.2节中对直线度验证知识库系统框架的设计,依据直线度知识库系统具体的功能要求,把直线度验证知识库系统的功能模块分为领域模块、推理模块和应用模块。其中,领域模块主要用于对直线度验证信息的描述,包括直线度本体库构建和本体编辑;推理模块主要用于对直线度验证信息进行推理,包括公理库、规则库和数学库;应用模块主要用于直线度评定,包括检测方法推荐、测量坐标点导入和直线度评定。直线度验证知识库系统功能模块结构图如图7-2所示。

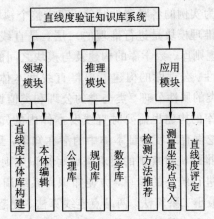

图7-2 直线度验证知识库系统功能模块结构图

按照直线度验证知识库系统的框架,把系统的功能模块分成3个大模块,共8个小模块,这样做很清楚地划分了各个模块的功能。领域模块主要是对本体进行构建和编辑,需要对本体中的相关类、属性和实例进行归纳和总结。推理层模块主要是对构建的本体进行推理,通过公理库中的公理对本体进行一致性检测,通过规则库中的规则对直线度验证信息进行推理,通过数学库中的算法对直线度进行评定。应用模块主要是对推理的结果进行显示,检测结果的输入和直线度评定结果的显示,通过本体文件的形式将读取的本体显示在人机交互界面上,通过输入或者导入的方式将检测的结果输入系统,根据推理的结果提供的算法对直线度进行评定,并将评定结果显示到人机交互界面上。可见,领域模块主要完成领域层的功能,推理模块主要完成推理层的功能,应用模块主要完成应用层的功能,这样的划分，使得各个模块的改动将不会影响其他模块，例如领域模块本体的修改不会影响推理模块中任何一个库，也不会影响应用模块中直线度评定算法，通过这样的设计便可增强系统的独立性和健壮性。

7.3.2 模块功能分析

领域模块是直线度知识库的基础，所有的信息都存储在该模块中。直线度验证知识本体包括了直线度中所涉及的基本信息。领域层主要功能是对本体进行构建，并进行相应的修改，具体包括：对直线度验证领域内的知识进行归纳、分类和总结，并将领域中重要的术语罗列出来；根据所列的重要术语，分析类的继承关系，结构中的兄弟类、类的范围以及不相交的子类，最后确定出类和类的继承；根据已确定的类和类继承的关系，分析类与类之间的关系，最后得到类与类之间的属性和关系；根据所确定的属性，分析属性的约束关系，确定属性的限制；根据类与属性的关系，添加个体到该本体中，成为该类的一个实例并为实例的各种属性赋值，完成整个领域模块的构建。

推理模块是进行推理的一层，是直线度验证知识库系统中最重要的模块，包括公理库、规则库、数学库的构建及与模块之间的通信。公理库的作用是检查直线度验证本体的一致性。公理库的构建需要将直线度本体内的知识进行归纳和分析，总结出类的值域公理、类的属性公理、类与类的公理和类值域与类值域的公理，并用一阶逻辑语言表示出来。规则库的构建也需要对直线度本体内的知识进行归纳和分析，结合直线度检测方法的需要，挖掘直线度验证本体中的潜在知识，最后从验证本体中提取出直线度验证规则，并以 Jena 推理机对规则的要求来编写知识规则。数学库主要是对直线度验证知识库中所涉及的算法进行统一的编写，方便知识库系统调用来处理数据。数学库主要包括最小包容区域算法、最小二乘算法、两端点连线算法、规范不确定度算法、执行不确定度算法、依从不确定度算法和合格性判定算法。

应用模块主要是将推理结果和判定结果反馈给用户。应用层读取经过规则库推理之后所得的本体文件(.owl)，分析并查找直线度检测方法、检测步骤、检测工具以及所使用的直线度方程拟合算法。将所查找到的知识以图形或者文本的形式呈献给用户，供用户参考并使用知识库系统所提供的检测方法、检测步骤、检测工具等。按照系统提供的直线度测量方法对直线度进行检测之后，对测量的数据可以通过两种方式来与系统进行交互：一种是直接方法，即将所测得的坐标值直接输入到系统中去；另一种是间接方法，将测得点的坐标读取到系统中去，这种方法通过对测得坐标点的文本进行读取，达到坐标值的间接输入。直线度的评定主要是通过数学库中的执行不确定的算法计算出该零件的执行不确定度；通过规范不确定度算法计算出该零件的规范不确定度；通过依从不确定度算法计算出该零件的依从不确定度；最后通过直线度的评定算法评定直线度并给出直线度评定报告。

7.4 系统领域层设计

直线度验证本体是直线度验证知识库系统领域层的主要组成部分,因此直线度验证本体的构建是非常重要的。直线度验证本体的构建不仅需要对直线度验证领域内的知识进行梳理、归纳、分类和总结,而且还需要对本体构建语言、构建方法和构建工具有一定的了解,这是因为良好的构建工具和优秀的构建方法可以减少本体构建的工作量,加快本体的构建速度,提高本体的构建质量。

为了保证直线度本体命名的唯一性、命名具有的意义以及构建的规范性,在构建本体的过程中做了如下的约定:

(1) 尽可能采用可以表达其含义的词语来定义重要术语。
(2) 尽可能地减少信息的冗余,通过推理获得的信息不必加入本体中。
(3) 避免使用本体建模元语。

根据上一节中对直线度验证知识库系统功能模块的设计要求,下面参照七步法的本体构建方法,结合直线度验证领域知识的实际情况分别通过对直线度中的类与类的继承的提取、属性及关系的定义、实例的创建来构建直线度验证本体。使用 Jena 推理机所支持的 OWL 语言(W3C 推荐的本体描述语言)在本体构建工具 Protégé4.0.2 中对直线度验证领域本体进行构建。

7.4.1 类与类的继承

类的继承结构可以通过自顶向下的方式进行定义,也可以采用自底向上的方式进行定义。其中自顶向下的方式从父节点开始,通过添加子节点的方式进行定义;自底向上的方式从子节点开始,通过分析归纳的方式来添加父节点。通过对直线度验证领域知识的分类、归纳、分析和总结,把直线度验证领域内的知识中的重要术语作为本体中的类,然后选用上述两种方式中的一种对构成的类进行分级。本章在对直线度验证领域本体进行类的继承划分时,采用了自顶向下的方式进行。通过对直线度领域知识中的重要术语的分析和归纳,把直线度检测中所需要的检测方法、检测步骤、检测工具以及直线度方程拟合的算法、不确定计算算法、直线度评定算法等进行梳理和归纳,把可以通过推理得出的直线度验证信息丢弃,从而减少了本体知识的冗余度,提高了本体的通用性。

通过对直线度验证本体的分析和归纳,本节将直线度验证本体划分为直线度检测方法类、不确定度类、检测工具类、配合制类和直线度拟合算法类五大类。其中,直线度检测类分为:直接检测类、间接检测类、组合检测类和量规检验类;检测工具类包括水平仪类、显微镜类、百分表类、钢丝类、跨步仪类、光源类、干涉仪类等;不确定度类分为规范不确定类、执行不确定类和依从不确定度类;配合制类分为基轴制类和基孔制类;直线度拟合算法类分为最小二乘类、两端点连线类和最小区域包容类。直接检测类由间隙检测法类、指示器检测法类、干涉检测法类、光轴检测法和钢丝检测法组成；间接检测类由水平仪检测法类、子准直仪检测法类、跨步仪检测法类、表桥法检测类和平晶法检测类构成；组合检测类分为反向消差法检测类、移位消差法检测类和多侧头消差法检测类。直线度验证领域在 Protégé 中构建类及其继承的关系，Protégé 建立类及其继承如图 7-3 所示。

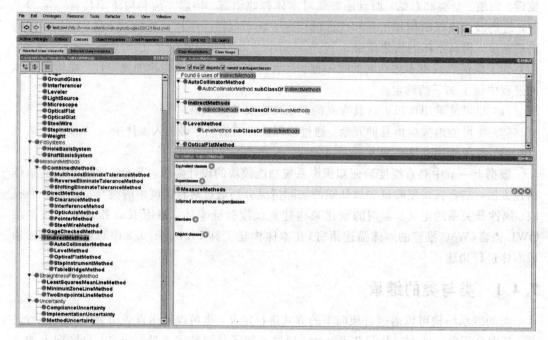

图 7-3 Protégé 建立类及其继承

直线度验证本体中类与类继承的确定，就确定了直线度验证领域中重要术语的定义以及重要术语之间的继承关系。在直线度验证本体构建的过程中还需要注意类的引入时机问题、新类与属性的取舍问题以及类与实例的取舍问题。类的继承关系包括了直接子类、间接子类、兄弟类以及不相交子类。通过上述这些类以及类的继承关系就可以描述出直线度验证领域知识的重要概念以及概念之间的继承关系。

7.4.2 属性及关系的定义

类与类的继承定义结束之后，就需要对类与类之间的关系以及类的约束或者限制进行定义，这样就能把类限制在所要描述的领域知识内。这里的约束或者限制可以分为两种类型：一种在 OWL 语言中称为对象属性(ObjectProperty)，是概念的外在关系，在有的文献里称之为关系，在主要是表示类与类之间或者个体与个体之间的关系；另一种在 OWL 语

第七章 直线度验证知识库系统

言中称为数据属性(DatatypeProperty),是概念的内在属性,它具有通用性。所涉及的类和个体都将具有该属性,一般情况下这种属性具有传递性,假设一个类具有某些属性,那么其子类也具有该属性。属性中还具有一些特殊的关系,像逆属性和缺省属性值。其中逆属性表示的是一对属性的互逆关系,具体来说,如果一个属性的值域和定义域与另一个属性的定义域和值域刚好相同,那么这两个属性就互为逆属性;缺省属性值是指现有的本体构建工具中,如果大多数的属性值均采用相同的值,那么这个属性值就可以定义为缺省属性值。缺省属性值有助于提高属性开发的速度。属性也需要一些特殊的限制,这些限制主要包括对属性值的类型、属性基数和属性值域或者定义域的限制,可提高属性描述的粒度,增强本体的描述能力。通过对直线度验证知识领域中属性及其关系的分析和归纳,并在Protégé4.0.2中构建了直线度验证本体的属性,Protégé中创建属性如图7-4所示。

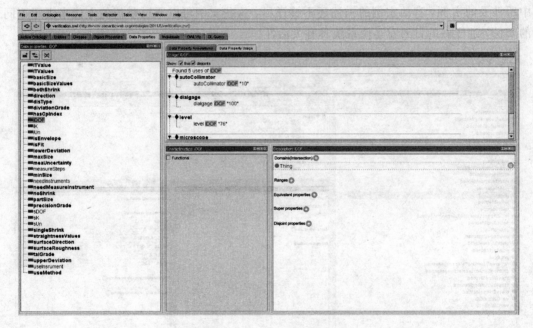

图 7-4　Protégé 中创建属性

通过对直线度验证本体中属性的建立,可以限制和约束本体中的类。把本体中类与类、个体与个体之间的关系通过对象属性联系起来,使得类的描述更加地符合直线度验证领域里的知识。通过对直线度验证领域中数值属性的构建,使得个体的描述更加详细,能更好地描述验证本体中个体的特征。通过对属性的基数、数据类型以及定义域和值域的限制,可以更好地约束类与类、个体与个体之间的关系。通过属性的构建,可以更加具体地描述出直线度验证本体内的知识。

7.4.3 实例创建

实例表示的是客观世界中唯一的一个个体，它需要从属某一个类，具有多个属性和关系，描述得越详细越能表达出客观现实中的个体。客观现实中的个体是无穷无尽的，而且随着时间的变化而不断地变化，所以客观个体是动态的，在构建个体的过程中应该可以对实例进行扩展，通过增加实例的具体描述来表示动态的个体。这就要求在构建领域个体的时候，尽量使用通用的个体描述，可以通过添加信息的手段来满足变化中的个体。要对领域知识进行更加详细的描述就要使用个体来描述，个体是类实例化的产物，个体的数值属性值可以赋值，使得个体的表述更加完整，更能表达出事物的属性。在直线度验证知识领域中，所涉及的个体在 Protégé 中构建情况如图 7-5 所示。图中的实例是直线度验证本体中所涉及的实例，有的实例的描述还不够详尽，这些实例可以通过赋值的方式来表示不同的实例，这样做的目的就是使系统具有灵活性。

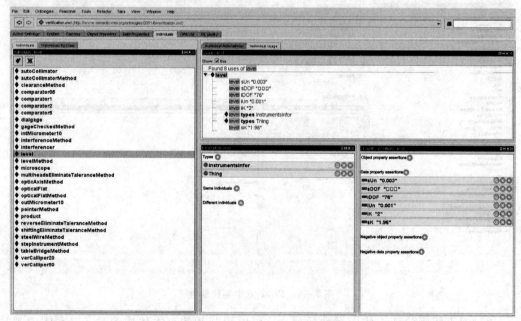

图 7-5　Protégé 中构建个体实例

直线度验证本体中构建的个体表征了直线度验证领域里的实例。因为直线度验证领域的实例是动态的，是随着检测条件而改变的，所以本节在构建实例的过程中，对一些具有特殊描述的产品信息将不建立独立的个体，而是在使用本体的过程中通过输入相关特定的直线度验证信息到该本体的方式来刻画该直线度验证本体中的实例。通过这种方式可以保证本体的通用性，减少直线度验证知识的冗余和本体构建过程中的工作量，从而提高了本

第七章 直线度验证知识库系统

体构建的进度。

本体构建完成之后,该本体还不能直接用于知识库推理,而是先需要对构建的本体进行一致性的检测。一致性的检测可以通过 protege4.0.2 自带的推理机 FaCT++进行推理检测,也可以通过领域专家根据该领域的知识开发公理对直线度验证本体进行一致性检测。在该本体构建工具中,如果通过其自带推理机的一致性检测,就会得到一致性的本体,并会得到图 7-6 所示的 owl Viz 图。该检测结果表明,直线度验证本体在直线度类与类的继承、属性以及关系、个体之间不存在矛盾。

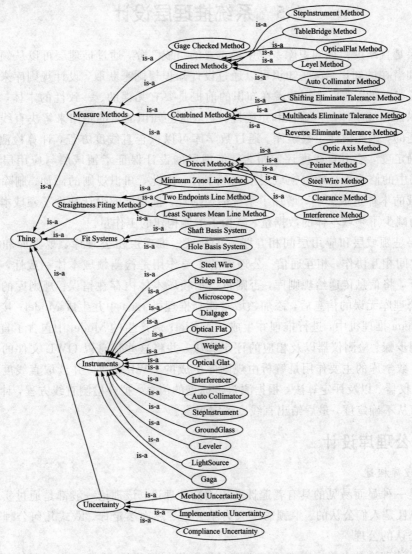

图 7-6 protégé 生成 OWL Viz 图

直线度验证本体的一致性不仅表现在类和类的继承、属性及关系、个体实例上的一致性，而且还应该包括语义层面上的一致性，包括类内值域的一致性、类内属性的一致性、类与类之间的一致性、类值域与类值域之间的一致性。对这些方面进行一致性的检测需要系统开发者或者领域专家通过对直线度验证领域知识的分析和归纳，构建直线度验证知识的公理，通过公理来限制该本体语义上的一致性，避免直线度出现语义方面的矛盾和常识性的错误。

7.5 系统推理层设计

推理层是直线度验证知识库系统中最重要的组成部分，通过推理层可以从领域本体中获取未知和潜在的知识。这些知识可以通过设计知识规则来获取，设计规则库来挖掘这些知识是非常必要的。获取未知和潜在知识的前提是要有无误的、一致性的本体，所以设计公理库来保证领域本体的一致性和正确性。获取这些知识的目的是用来解决直线度检测及其验证问题的，因此设计了数学库。通过数学库可以拟合直线度方程，计算检测结果，求出依从不确定度，给出直线度评定报告。推理层的设计保证了领域层与应用层的相对独立，推理层中的修改不会影响领域层中领域本体，因此，知识规则的添加、删除和修改不会对该领域的本体造成影响，增加了系统的灵活性。推理层的设计减少了领域本体的数据冗余，从而减少了领域本体的数据量，减少了本体构建的工作量。

推理层是领域层和应用层间相互联系的桥梁。推理层由公理库、规则库和数学库组成，它们之间相互协作，相互通信。公理库的主要作用是检测领域本体一致性，在确定无误的情况下，将信息传递给规则库，否则将提示领域本体内存在错误。规则库的主要作用是在收到公理库无误的信息后，添加领域本体到推理机 Jena 中并生成 Model；接着添加知识规则到 Jena 推理机中，进行推理并生成新 Model；新产生的 Model 中包含了直线度检测方法、检测步骤、检测仪器以及相应的评定算法，并将这些信息以 OWL 文件的形式传递给数学库。数学库的主要作用是解析由规则库生成的 OWL 文件，并读取直线度检测的方法、步骤、仪器、以及评定算法，根据测得坐标点的信息，拟合检测直线方程，计算检验结果，求出依从不确定度，最后给出直线度评定报告。

7.5.1 公理库设计

1. 公理库概述

公理是一种显而易见的具有普遍性和正确性的理论，该理论一般都是通过实践经验总结出来，并且是人们公认的。牛顿的三大力学公理、热力学定律、欧式几何公理等都是在科学界被公认的公理[149]。

公理设计理论是由美国麻省理工学院（MIT）机械工程系 N.P.Suh 教授在 20 世纪 70

年代中后期提出的。Suh 教授通过对公理设计特征和属性的分析以及对公理设计的优劣性进行研究总结出了两条准则作为评价公理设计的优劣[150]。

准则 1：独立性准则——好的设计方案应该具有功能需求的独立性。

准则 2：信息准则——符合准则 1 的设计方案，信息量越少，设计越优。

准则 1 说明了公理设计对功能的要求，当设计两个功能以上的公理时，就要求该公理必须满足每一个功能，并且每个功能还不能影响其他功能，这就要求在进行公理设计时，要对公理功能的独立性进行考虑，从而减少公理设计过程中产生的问题。准则 2 是用来对设计的公理进行评价的准则，该准则可以减少设计过程中产生的功能耦合现象，保证公理的最优设计。

在构建领域本体的工程中也需要设计公理，通过公理便可获得并修改领域本体中出现的错误，这样就保证了本体的一致性。本体主要是通过人工构建的，因此难免会出现一些人为的疏忽或者常识性问题（比如：计算任意方向上的直线度方程为平面方程等），这些问题如果不能得到及时的改正将会影响推理结果，甚至会出现推理错误。直线度验证本体中的公理可以划分成类与类之间的公理和类自身内部的公理，并通过对公理的构建来实现直线度验证本体一致性的检测，进而保证了本体的一致性，以及整个知识库系统的一致性。通过一致性检测的知识库才可以推理获得求解问题的正确结论。

2. 公理库知识表示

为了方便清楚地表达直线度验证知识库中公理，将该公理库中的公理分为两类来阐述，即类自身内部的公理和类与类之间的公理。本节在公理库中构建了 52 条公理。通过这些公理分别对类、属性、属性值以及它们之间的关系进行了约束和限制，以防止常识性错误的发生，保证了知识的一致性。

类内公理表示的是每个类自身值域的限制或者属性的约束关系。为了方便表达和描述，把类内公理分为两类，即值域公理和属性关系公理。其中值域公理的主要任务在于把值域限制在一个合理的取值范围内，约束该值域的取值，一般用于检查知识内的一些错误以及发现一些常识性知识中的矛盾。在直线度验证本体中，归纳、总结了一些值域公理，类的值域公理如表 7-1 所示。这些值域公理可以限制直线度验证知识的值域在一个范围内，超过了这个范围的值域知识都是错误的或者是不符合常理的，这样就保证了直线度验证本体在值域上是一致的。

表 7-1 类的值域公理

公理 7-1	所有 X：基本尺寸[大于等于(X.值，0) and 小于等于(X.值，3150))]
公理 7-2	所有 X：配合类型[等于(X.类型，基孔制) or 等于(X.类型，基轴制)]
公理 7-3	所有 X：包容要求[等于(X.取值，true) or 等于(X.取值，false)]

续表

公理 7-4	所有 X：基本偏差［(大于等于(X.值，a) and (小于等于(X.值，z))or(大于等于(X.值，A) and 小于等于(X.值，Z))or 等于(X.值，cd) or 等于(X.值，ef) or 等于(X.值，fg) or 等于(X.值，js) or 等于(X.值，za) or 等于(X.值，zb) or 等于(X.值，zc)or 等于(X.值，CD) or 等于(X.值，EF) or 等于(X.值，FG) or 等于(X.值，JS) or 等于(X.值，ZA) or 等于(X.值，ZB) or 等于(X.值，ZC)］
公理 7-5	所有 X：正态分布［等于(X.取值，true) or 等于(X.取值，false)］
公理 7-6	所有 X：上偏差［大于等于(X.值，-3200) or 小于等于(X.值，66)］
公理 7-7	所有 X：下偏差［大于等于(X.值，-32) or 小于等于(X.值，3200)］
公理 7-8	所有 X：工艺能力指数［大于(X.指数值，0)］
公理 7-9	所有 X：公差等级［(大于等于(X.值，0) and 小于等于(X.值，18)) or 等于(X.值，01)］
公理 7-10	所有 X：直线度公差［(大于等于(X.值，0) and 小于等于(X.值，X.基本尺寸)］
公理 7-11	所有 X：方向类型［等于(X.方向，任意方向) or 等于(X.方向，给定方向)］
公理 7-12	所有 X：表面精研［等于(X.值，true) or 等于(X.值，false)］
公理 7-13	所有 X：直线度位置［等于(X.位置，垂直) or 等于(X.位置，平行) or 等于(X.位置，无说明)］
公理 7-14	所有 X：实体要求［等于(X.取值，true) or 等于(X.取值，false)］
公理 7-15	所有 X：包含因子［大于等于(X.值，0) and 小于等于(X.值，3)］
公理 7-16	所有 X：直线度公差［(大于等于(X.值，0)］
公理 7-17	所有 X：直线度方程［等于(X.方程类型，平面直线度方程) or 等于(X.方程类型，空间直线度方程)］
公理 7-18	所有 X：不确定度［大于等于(X.值，0) and 小于等于(X.值，X.基本尺寸)］

表 7-1 所列 18 条公理中的每一条都是对直线度验证知识本体中类值域的限制和约束，通过这种约束，把值域控制在一个合理取值范围之内，就保证了值域的合理性以及知识在值域上的一致性，从而增强了系统的健壮性。对直线验证本体中类的每条值域公理的解释如下：

公理 7-1 表示基本尺寸必须在［0，3150］之间，超过区间的尺寸属于非法数字。

公理 7-2 表示配合类型只能是基孔制和基轴制。

公理 7-3 表示包容要求的取值只能是布尔类型，非真即假。

公理 7-4 表示基本偏差符号只能是小写字母 a 到 z，或者大写字母 A 到 Z，或者是 cd、ef、fg、js、za、zb、zc、CD、EF、FG、JS、ZA、ZB、ZC 中的一个。

公理 7-5 表示正态分布的值只能是布尔类型，非真即假。

公理 7-6 表示上偏差的取值范围是［-3200，66］。

公理 7-7 表示下偏差的取值范围是[-32,3200]。
公理 7-8 表示工艺能力指数只能大于 0。
公理 7-9 表示公差等级的取值在[0,18]之间，或者等于 01。
公理 7-10 表示直线度公差的值大于 0 并且小于其基本偏差的值。
公理 7-11 表示方向类型的取值只能是任意方向或者给定方向。
公理 7-12 表示表面精研取值只能是布尔类型，非真即假。
公理 7-13 表示直线度位置的取值只能是垂直、平行或者无说明。
公理 7-14 表示实体要求的取值只能是布尔类型，非真即假。
公理 7-15 表示包含因子的取值范围是[0,3]。
公理 7-16 表示直线度公差的值都大于 0。
公理 7-17 表示直线度方程不是平面直线度方程就是空间直线度方程。
公理 7-18 表示不确定度都大于等于 0 且小于其基本尺寸。

属性关系公理的主要任务在于把类内属性或者属性之间的关系进行合理的约束和限制，防止它们出现错误。它一般用于检查知识中存在的错误以及发现一些矛盾等。在直线度验证本体中，归纳、总结的一些类的属性公理如表 7-2 所示。这些属性公理可以对类的属性和属性之间的关系进行限制和约束，防止一些人为错误或者常识性的矛盾，这样就保证了直线度验证本体知识在属性关系上的一致性。

表 7-2 类的属性公理

公理 7-19	所有 X：产品[产品类型(X, 轴)—>基本偏差(X, 小写字母)]
公理 7-20	所有 X：产品[产品类型(X, 孔)—>基本偏差(X, 大写字母)]
公理 7-21	所有 X：上偏差[等于(减(X.最大极限尺寸, X.基本尺寸))]
公理 7-22	所有 X：下偏差[等于(减(X.最小极限尺寸, X.基本尺寸))]
公理 7-23	所有 X：公差[等于(减(X.最大极限尺寸, X.最小极限尺寸))or 等于(减(X.上偏差, X.下偏差))]
公理 7-24	所有 X：配合[类型(X, 间隙配合)—>大于等于(X.间隙量, 0)]
公理 7-25	所有 X：配合[类型(X, 过盈配合)—>大于等于(X.过盈量, 0)]
公理 7-26	所有 X：配合[类型(X, 过渡配合)—>(大于等于(X.过盈量, 0)or 大于等于(X.间隙量, 0)]
公理 7-27	所有 X：检测零件[小于(X.公差, X.基本尺寸)]
公理 7-28	所有 X：检测零件[小于(X.不确定度, X.公差)]
公理 7-29	所有 X：产品[产品类型(X, 轴)—>小于等于(X.上偏差, 0)]
公理 7-30	所有 X：产品[产品类型(X, 孔)—>大于等于(X.下偏差, 0)]

表7-2所列12条公理中的每一条都是对直线度验证知识本体中类内属性或者属性之间关系的限制和约束，通过这种约束关系，可以保证类内属性和属性间关系的合理性与一致性，也保证了类属性的合理性以及知识在属性上的一致性，从而增强了系统的健壮性。对直线验证本体中类的每条类属性公理的解释如下：

公理7-19表示如果产品类型为轴，那么其基本偏差符号为小写字母。

公理7-20表示如果产品类型是孔，那么其基本偏差符号为大写字母。

公理7-21表示所有零件的上偏差等于最大极限尺寸减去基本偏差。

公理7-22表示所有零件的下偏差等于最小极限尺寸减去基本偏差。

公理7-23表示零件的公差等于最大极限尺寸减去最小极限尺寸或者等于上偏差减去下偏差。

公理7-24表示如果配合类型为间隙配合，那么其间隙量的值大于等于0。

公理7-25表示如果配合类型为过盈配合，那么其过盈量的值大于等于0。

公理7-26表示如果配合类型为过渡配合，那么其可以有过盈量也可以有间隙量。

公理7-27表示所有的检测零件的公差必须小于其基本尺寸。

公理7-28表示所有的检测两件的不确定度必须小于其公差值。

公理7-29表示如果产品类型为轴，那么其上偏差小于等于0。

公理7-30表示如果产品类型为孔，那么其小偏差大于等于0。

类之间的公理表示类与类之间的关系或者类值域与类值域之间的关系，为了方便表达和描述，把类之间的公理分为两类，即类与类公理和类值域与类值域公理。类之间公理的主要任务是类与类之间的限制以及值域与值域之间的约束。类与类公理的主要任务在于把类和类之间的关系进行约束和限制，防止类与类之间存在一些错误或者常见的问题。它一般用于对类与类之间存在的知识进行检测以及对一些矛盾进行检测。在直线度验证本体中，归纳、总结了一些类与类公理，如表7-3所示。这些类与类之间的公理可以对直线度验证本体中的类与类之间的关系进行约束和限制，防止一些人为的错误或者常识性的矛盾，这样就保证了直线度验证本体知识在类与类之间的关系上是一致的。

表7-3 类与类公理

公理7-31	所有 X：直线度，存在 Y：检测方法[满足(X,Y)]
公理7-32	所有 X：直接方法，存在 Y：直线度检测方法[属于(X,Y)]
公理7-33	所有 X：间接方法，存在 Y：直线度检测方法[属于(X,Y)]
公理7-34	所有 X：组合方法，存在 Y：直线度检测方法[属于(X,Y)]
公理7-35	所有 X：产品，存在 Y：检测方法[对应(X,Y)]
公理7-36	所有 X：检测方法，存在 Y：产品[适合(Y,X)]
公理7-37	所有 X：检测工具，存在 Y：执行不确定度[对应(X,Y)]

续表

公理 7-38	所有 X：检测方法，存在 Y：检测工具 [对应(X,Y)]
公理 7-39	所有 X：检测方法，存在 Y：检测步骤 [对应(X,Y)]
公理 7-40	所有 X：检测方法，存在 Y：直线度方程 [确定(X,Y)]
公理 7-41	所有 X：直线度方程，存在 Y：检测结果 [确定(X,Y)]

表 7-3 所列 11 条公理中的每一条都是对直线度验证知识本体中类与类之间关系的限制和约束，通过这种限制和约束关系，可以保证类与类关系的合理性与一致性，也保证了类知识在类定义上的一致性，从而增强了系统的健壮性。对直线验证本体中类的每条类与类公理的解释如下：

公理 7-31 表示对于任意的直线度均有其对应的检测方法。

公理 7-32 表示任何的直接检测方法都属于直线度检测方法。

公理 7-33 表示任何的间接检测方法都属于直线度检测方法。

公理 7-34 表示任何的组合检测方法都属于直线度检测方法。

公理 7-35 表示任何的产品都对应有其检测方法。

公理 7-36 表示任何检测方法都存在对应的检测产品。

公理 7-37 表示任何检测工具都存在对应的执行不确定度。

公理 7-38 表示任何检测方法都存在对应的检测工具。

公理 7-39 表示任何检测方法都存在对应的检测步骤。

公理 7-40 表示任何检测方法都存在对应的直线度方程。

公理 7-41 表示任何直线度方程都存在与之对应的检测结果。

类值域与类值域公理的主要任务在于把某个类的类属性与其他属性之间的关系进行合理的约束和限制，用来防止它们出现错误。它一般用于检查知识中存在的错误以及一些矛盾，通过这些检查和检测可以预防类值域与类值域之间出现错误。在直线度验证本体中，归纳、总结的一些类值域与类值域之间的公理如表 7-4 所示。这些类属性与类属性之间的公理可以对类属性之间的关系进行限制和约束，防止一些人为的错误或者常识性的矛盾，这样就保证了直线度验证本体知识在类值域关系上的一致性。

表 7-4 类值域与类值域之间的公理

公理 7-42	所有 X：产品，存在 Y：直线度方程 [确定(X.方向类型, Y.方程类型)]
公理 7-43	所有 X：产品 [小于(X.直线度公差, X.基本尺寸)]
公理 7-44	所有 X：产品 [小于(X.规范不确定度, X.直线度公差)]
公理 7-45	所有 X：产品 [小于(X.执行不确定度, X.直线度公差)]
公理 7-46	所有 X：产品 [小于(X.方法不确定度, X.直线度公差)]

续表

公理 7-47	所有 X：产品［小于(X.依存不确定度，X.直线度公差)］
公理 7-48	所有 X：产品，存在 Y：检测方法［使用(X，Y.检测工具)］
公理 7-49	所有 X：产品，存在 Y：检测方法［按照(X，Y.检测步骤)］
公理 7-50	所有 X：检测方法，存在 Y：算法［对应(X，Y.直线度方程拟合算法)］
公理 7-51	所有 X：检测方法，存在 Y：算法［对应(X，Y.检验结果算法)］
公理 7-52	所有 X：检测方法，存在 Y：算法［对应(X，Y.不确定度计算算法)］

表 7-4 所列 11 条公理中的每一条都是对直线度验证知识本体中类值域与类值域之间关系的限制和约束，通过这种约束关系，可以保证类之间值域和值域之间关系的合理性与一致性，也保证了类值域之间的合理性以及知识在类之间值域上的一致性，从而就增强了系统的健壮性。对直线验证本体中每条类值域与类值域之间公理的解释如下：

公理 7-42 表示任何产品的直线度方向类型确定其直线度方程的类型。

公理 7-43 表示任何产品的直线度公差值小于其基本尺寸的值。

公理 7-44 表示任何产品的规范不确定度的值小于其直线度公差的值。

公理 7-45 表示任何产品的执行不确定度的值小于其直线度公差的值。

公理 7-46 表示任何产品的方法不确定度的值小于其直线度公差的值。

公理 7-47 表示任何产品的依存不确定度的值小于其直线度公差的值。

公理 7-48 表示任何产品都存在检测方法，使用检测工具对其进行检测。

公理 7-49 表示任何产品都存在检测方法，按照检测步骤对其进行检测。

公理 7-50 表示任何检测方法都存在一种算法，使用这种直线度方程拟合算法对直线度进行拟合。

公理 7-51 表示任何检测方法都存在一种算法，使用这种检测结果算法对检测结果进行评定。

公理 7-52 表示任何检测方法都存在一种算法，使用这种不确定度算法对直线度不确定度进行计算。

公理库中的任何一条公理都可用于一致性的分析，包括知识的完备性检查、值域的错误性检查、知识的矛盾性检查等。假如对产品检测基本尺寸的约束，如果待检测的产品基本尺寸超出了[0,3150]这个区间，按照公理 7-1 可知，该产品基本尺寸存在错误，这就保证了产品基本尺寸值域的正确定。类的值域公理保证了产品值域的合法性和正确性，使本体保持一致性。例如，在直线度验证领域中，每种直线度检测方法都必然至少对应一种直线度评定算法来拟合直线度方程，按照公理 7-50 可知，直线度检测方法与算法的"直线度方程拟合算法"相对应，如果存在一种直线度检测方法没有对应的关于直线度方程拟合算法方面的知识，那么这种直线度检测方法就不完备。这类公理保证直线度验证知识的完备性，使本体保持一致性。例如，在直线度验证领域中，产品的产品类型是孔，但是其基本偏差用小写字母表示，按照公理7-20可知，这种表示方法是错误的、不合常理的、与事实矛盾的。孔的基本偏差符号用大写字母来表示，轴的基本偏差符号采用小写字母来表示。这类公理有效地剔除了直线度验证知识中的矛盾，使直线度验证本体保持一致性。

3. 公理库构建

根据上节中对直线度验证知识中公理库的归纳、总结和知识表示，下面将通过一阶逻辑的形式对公理库中的52条公理进行刻画，以便于计算机识别和理解。公理库中的每条公理都是对直线度验证知识的约束和限制，其目的就是防止直线度验证知识中出现问题或者常见的错误。使用一阶逻辑对知识进行表示，首先要将直线度验证知识进行数学化的表示，然后才能用一阶逻辑对直线度验证领域内的公理进行刻画和描述。直线度验证知识的数学化表示如表7-5所示。

表7-5 直线度验证知识的数学化表示

一阶逻辑表示形式	含 义
greater(x,y)	x 大于 y
equal(x,y)	x 等于 y
lesser(x,y)	x 小于 y
subtract(x,y)	x 减去 y
BasicSize(x)	x 是基本尺寸
FitSystem(x)	x 是配合类型
ShaftBasisFits(x)	x 是基轴制配合
HoleBasisFits(x)	x 是基孔制配合
EnvelopeRequirement(x)	x 是包容要求
FundamentalDeviation(x)	x 是基本偏差
NormalDistribution(x)	x 是正态分布值
UpperDeviation(x)	x 是上偏差
LowerDeviation(x)	x 是下偏差
ProcessCapabilityIndex(x)	x 是工艺能力指数
ToleranceGrade(x)	x 是公差等级
StraightnessTolerance(x)	x 是直线度公差的值
DirectionType(x)	x 是方向类型
AnyDirection(x)	x 是任意方向

续表（一）

一阶逻辑表示形式	含 义
GivenDirection(x)	x 是给定方向
SurfaceLet(x)	x 是表面精研的取值
Straightness(x)	x 是直线度位置的取值
MaterialRequirement(x)	x 是实体要求
CoverageFactor(x)	x 是包含因子
StraightnessTolerance(x)	x 是直线度公差的值
StraightnessEquations(x)	x 是直线度方程
PlaneStraightEquation(x)	x 是平面直线度方程
SpacestraightEquation(x)	x 是空间直线度方程
Shaft(x)	x 是轴
UncertainyGrade(x)	x 是不确定度
Hole(x)	x 是孔
Values(x)	x 是一个值
ToleranceValues(x)	x 是公差值
ClearanceFit(x)	x 是间隙配合
Clearances(x)	x 是间隙值
InterferenceFit(x)	x 是过盈配合
TransitionFit(x)	x 是过渡配合
MeasureMethods(x)	x 是直线度检测方法
FundamentalDeviationSign(x)	x 是基本偏差符号
Satisfy(x,y)	x 满足 y
DirectMethod(x)	x 是直接检测方法
Belongto(x,y)	x 属于 y
IndirectMethod(x)	x 是间接检测方法
CombineMethod(x)	x 是组合检测方法
Product(x)	x 是产品
Corresponding(x,y)	x 对应 y
MeasureTools(x)	x 是检测工具

续表（二）

一阶逻辑表示形式	含 义
ImpUncertainty(x)	x 是执行不确定度
MeasureSteps(x)	x 是检测步骤
MeasureResults(x)	x 是检测结果
DirectionType(x)	x 是方向类型
EquationsType(x)	x 是方程类型
SpeUncertainty(x)	x 是规范不确定度
MetUncertainty(x)	x 是测量不确定度
ComUncertainty(x)	x 是依从不确定度
Using(x,y)	x 使用 y
straightnessEquationsFittingAlgorithm(x)	x 是直线度方程拟合算法
MeasureResultAlgorithm(x)	x 是检测结果算法
UnComAlgorithm(x)	x 是不确定度计算算法

通过对直线度验证领域的知识进行数学化描述之后，就可以用一阶逻辑的形式对直线度验证领域的公理进行刻画。按照对直线度验证领域公理的知识表示，直线度验证知识库公理库中 52 个公理的一阶逻辑表示如下：

公理 7-1：$\forall x(BasicSize(x) \rightarrow (greater(x,0) \land (equal(x,3150) \lor lesser(x,3150))))$。

公理 7-2：$\forall x(FitSystem(x) \rightarrow (ShaftBasisFits(x) \lor HoleBasisFits(x)))$。

公理 7-3：$\forall x(EnvelopeRequirement(x) \rightarrow (equal(x,0) \lor equal(x,1)))$。

公理 7-4：$\forall x (FundamentalDeviation(x) \rightarrow (((equal(x,a) \lor greater(x,a)) \land (equal(x,z) \lor lesser(x,z))) \lor ((equal(x,A) \lor greater(x,A)) \land (equal(x,Z) \lor lesser(x,Z))) \lor equal(x,cd) \lor equal(x,ef) \lor equal(x,fg) \lor equal(x,js) \lor equal(x,za) \lor equal(x,zb) \lor equal(x,zc) \lor equal(x,CD) \lor equal(x,EF) \lor equal(x,FG) \lor equal(x,JS) \lor equal(x,ZA) \lor equal(x,ZB) \lor equal(x,ZC)))$。

公理 7-5：$\forall x (NormalDistribution(x) \rightarrow (equal(x,0) \lor equal(x,1)))$。

公理 7-6：$\forall x (UpperDeviation(x) \rightarrow ((equal(x,-3200) \lor greater(x,-3200)) \land (equal(x,66) \lor lesser(x,66))))$。

公理 7-7：$\forall x (LowerDeviation(x) \rightarrow ((equal(x,-32) \lor greater(x,-32)) \lor (equal(x,3200) \lor lesser(x,3200))))$。

公理 7-8：$\forall x (ProcessCapabilityIndex(x) \rightarrow greater(x,0))$。

公理 7-9：$\forall x (ToleranceGrade(x) \rightarrow ((equal(x,0) \lor greater(x,0)) \land (equal(x,$

产品几何规范的知识表示

18) ∨ lesser(x,18)) ∨ equal(x,01)))。

公理 7-10：∀x (StraightnessTolerance(x) → (greater(x, 0) ∧ lesser(x, basicSize))。

公理 7-11：∀x (DirectionType(x) → (AnyDirection(x) ∨ GivenDirection(x))。

公理 7-12：∀x (SurfaceLet(x) → (equal(x,0) ∨ equal(x,1))。

公理 7-13：∀x (Straightness(x) → (Vertical(x) ∨ Parallel(x) ∨ NoExplain(x))。

公理 7-14：∀x (MaterialRequirement(x) → (equal(x, 0) ∨ equal(x,1))。

公理 7-15：∀x (CoverageFactor(x) → ((equal(x,0) ∨ greater(x,0)) ∧ (equal(x,3) ∨ lesser(x,3))))。

公理 7-16：∀x (StraightnessTolerance(x) → greater(x,0))。

公理 7-17：∀x (StraightnessEquations(x) → (PlaneStraightEquation(x) ∨ SpacestraightEquation(x))。

公理 7-18：∀x (UncertainyGrade(x) → (greater(x, 0) ∧ lesser(x, basicSize))。

公理 7-19：∀x (FundamentalDeviationSign(x) ∧ Shaft(x) → (((equal(x,a) ∨ greater(x,a)) ∧ (equal(x,z) ∨ lesser(x,z))) ∨ equal(x,cd) ∨ equal(x,ef) ∨ equal(x,fg) ∨ equal(x,js) ∨ equal(x,za) ∨ equal(x,zb) ∨ equal(x,cd)zc))。

公理 7-20：∀x (FundamentalDeviationSign(x) ∧ Hole(x) → (((equal(x,A) ∨ greater(x,A)) ∧ (equal(x,Z) ∨ lesser(x,Z))) ∨ equal(x,CD) ∨ equal(x,EF) ∨ equal(x,FG) ∨ equal(x,JS) ∨ equal(x,ZA) ∨ equal(x,ZB) ∨ equal(x,ZC))。

公理 7-21：∀x (UpperDeviation(x) → Values(subtract(maxLimitSize, basicSize)))。

公理 7-22：∀x (LowerDeviation(x) → Values(subtract(minLimitSize, basicSize)))。

公理 7-23：∀x (ToleranceValues(x) → (Values(subtract(maxLimitSize, minLimitSize)) ∨ Values(subtract(upperDeviation, lowerDeviation))))。

公理 7-24：∀x∃y ((ClearanceFit(x) ∧ Clearances(y)) → (equal(y,0) ∨ greater(y,0)))。

公理 7-25：∀x∃y ((InterferenceFit(x) ∧ Interferences(y)) → (equal(y,0) ∨ greater(y,0)))。

公理 7-26：∀x∃y (((TransitionFit(x) ∧ Clearances(y)) ∨ (TransitionFit(x) ∧ Interferences(z))) → ((equal(y,0) ∨ greater(y,0) ∨ equal(z,0) ∨ greater(z,0))))。

公理 7-27：∀x (TolerancValues(x) → lesser(x, basicSize))。

公理 7-28：∀x (UncertaintyGrade(x) → lesser(x, toleranceValues))。

公理 7-29：∀x∃y ((Shaft(x) ∧ UpperDeviation(y)) → (equal(y,0) ∨ lesser

第七章 直线度验证知识库系统

(y,0)))。

公理 7-30：∀x∃y ((Hole(x) ∧ LowerDeviation(y)) → (equal(y,0) ∨ greater(y,0)))。

公理 7-31：∀x∃y ((Straightness(x) ∧ MeasureMethods(y)) → Satisfy(x,y))。

公理 7-32：∀x∃y ((DirectMethod(x) ∧ MeasureMethods(y)) → Belongto(x,y))。

公理 7-33：∀x∃y ((IndirectMethod(x) ∧ MeasureMethods(y)) → Belongto(x,y))。

公理 7-34：∀x∃y ((CombineMethod(x) ∧ MeasureMethods(y)) → Belongto(x,y))。

公理 7-35：∀x∃y ((Product(x) ∧ MeasureMethods(y)) → Corresponding(x,y))。

公理 7-36：∀x∃y ((MeasureMethods(x) ∧ Product(y)) → Corresponding(x,y))。

公理 7-37：∀x∃y ((MeasureTools(x) ∧ ImpUncertainty(y)) → Corresponding(x,y))。

公理 7-38：∀x∃y ((MeasureMethods(x) ∧ MeasureTools(y)) → Corresponding(x,y))。

公理 7-39：∀x∃y ((MeasureMethods(x) ∧ MeasureSteps(y)) → Corresponding(x,y))。

公理 7-40：∀x∃y ((MeasureMethods(x) ∧ StraightnessEquations(y)) → Corresponding(x,y))。

公理 7-41：∀x∃y ((StraightnessEquations(x) ∧ MeasureResults(y)) → Corresponding(x,y))。

公理 7-42：∀x∃y∃z ((Product(x) ∧ DirectionType(y) ∧ EquationsType(z)) → Corresponding(y,z))。

公理 7-43：∀x∃y∃z ((Product(x) ∧ StraightnessTolerance(y) ∧ BasicSize(z)) → lesser(y,z))。

公理 7-44：∀x∃y∃z ((Product(x) ∧ SpeUncertainty(y) ∧ StraightnessTolerance(z)) → lesser(y,z))。

公理 7-45：∀x∃y∃z ((Product(x) ∧ ImpUncertinty(y) ∧ StraightnessTolerance(z)) → lesser(y,z))。

公理 7-46：∀x∃y∃z ((Product(x) ∧ MetUncertainty(y) ∧ StraightnessTolerance(z)) → lesser(y,z))。

公理 7-47：∀x∃y∃z ((Product(x) ∧ ComUncertainty(y) ∧ StraightnessTolerance(z)) → lesser(y,z))。

公理 7-48：∀x∃y ((Product(x) ∧ measureMethods(y)) → Using(x,y))。

公理 7-49：∀x∃y((MeasureMethods(x) ∧ Product(y) → Corresponding(x,y))。

公理 7-50：∀x∃y((MeasureMethods(x) ∧ straightnessEquationsFittingAlgorithm(y)) → Corresponding(x,y))。

公理 7-51：∀x∃y((MeasureMethods(x) ∧ MeasureResultAlgorithm(y)) → Corresponding(x,y))。

公理 7-52：∀x∃y((MeasureMethods(x) ∧ UnComAlgorithm(y))→Corresponding(x,y))。

　　直线度验证本体中的类、属性、关系和个体都需要公理来支持其一致性和正确性，只有具有一致性和正确性的本体才能获得正确的推理结果。因此，从公理库功能的角度来看，公理库是相当重要的，它是本体中知识保持一致的基础。由于直线度验证领域知识庞大，再加上人工构建的主观性，难免在构建工程中出现一些问题和错误，因此公理库的构建不是一蹴而就的，也不可能对所有的公理都进行添加，还需要不断的修改和完善，以保证直线度验证本体的一致性。

7.5.2　规则库设计

1. 规则库概述

　　公理库建立之后，通过公理库的一致性检测就可以获得具有一致性的本体。已有的本体知识是不能完全的表示直线度验证领域知识的，但可以在已有本体知识的基础上通过添加知识规则的方式来获取已有本体中隐含的、未知的知识。直线度验证领域中的知识规则包括几何产品基本信息与几何产品直线度检测方法之间的规则、各种直线度检测方法与直线度检测工具之间的规则、直线度检测方法与各种直线度检测步骤之间的规则、各种直线度检测工具与各种方法不确定度之间的规则等，这些知识规则需要用一定的表示方式来表示。目前，典型的知识规则表示方式有多种形式，具体包括语义网络表示、产生式表示、逻辑表示、框架表示、过程表示和面向对象表示等形式。本节将采用产生式的表示方法，并且按照 Jena 推理机对知识规则的要求来构建直线度验证知识规则。不管这些知识规则是用于几何产品规范，还是由领域专家经过实践经验总结出来的建议，在进行推理的过程中所用的策略均是按照自下而上的方式将用户所提供的信息与各规则一条条的进行匹配，直到所有的规则都匹配完毕为止，因此便获得了所求解问题的结果。

　　Jena 的推理规则[151]按照其推理的顺序可分为三类：前向推理、后向推理和混合推理。知识规则按照其来源可分为两类，即规范规则和经验规则。其中规范规则是指通过几何规范中的要求构建的规则；经验规则是按照领域专家积累的产品检验方面的经验构建的，其目的都是为了找出本体中隐含的、未知的知识，并减少本体的信息量，方便本体的构建。在已构建好的知识规则基础上，调用 Jena 推理机来对这些规则进行推理并获得新的领域知识，从而达到了知识推理的目的。Jena 对其推理规则的定义如下：

```
Rule          ::=   bare-rule .
              or    [ bare-rule ]
              or    [ ruleName : bare-rule ]
bare-rule    ::=    term, ... term -> hterm, ... Hterm     //前向推理
                    or bhterm <- term, ... term            //后向推理
hterm        ::=    term
              or    [ bare-rule ]
term         ::=    (node, node, node)                     // 三元组模式
              or    (node, node, functor)                  // 扩展的三元组模式
              or    builtin(node, ... node)                // 调用 jena 元语
bhterm       ::=    (node, node, node)                     // 三元组模式
functor      ::=    functorName(node, ... node)            // 结构化的文字表达式
node         ::=    uri-ref                                // 例如：http://foo.com/eg
              or    prefix:local name                      // 例如：rdf:type
              or    <uri-ref>                              // 例如：<myscheme:myuri>
              or    ? varname                              // 变量名
              or    'a literal'                            // 普通的字符串
              or    'lex'^^typeURI                         // 带有变量类型支持字符串
              or    number                                 // 例如：42 or 25.5
```

2. 规则库知识表示

国家标准 GB/T 11336—2004 直线度误差检测中给出了 14 种直线度误差检测的方法和 3 种直线度方程拟合的算法，并且描述了它们与直线度验证知识之间的关系。按照该标准的内容，将直线度检测知识做统一的梳理和归纳。

在直线度误差检测领域中，不同的直线度误差方向决定不同的直线方程，不同的直线度检测条件对应不同的直线度误差检测方法，不同的检测方法又决定不同的检测步骤、检测工具和直线度拟合算法。某个直线度误差检测方法对应某种具有某些要求的直线度验证信息的产品，反过来讲就是具有某些特定直线度验证信息的产品应该选用与之对应的直线度检测方法。产品的直线度验证信息可以从产品本体库中读取，或者有些特殊的信息可以通过输入的方式加入产品直线度验证本体中。直线度的基本信息主要包括零件的大小、方向、表面情况、位置、精密要求以及零件是否采用包容要求等。产品直线度基本信息与直线度误差检测方法之间的关系如图 7-7 所示，其中箭头表示直线度基本信息所决定的误差检测的方法。

根据国家标准 GB/T 11336—2004 直线度误差检测中的介绍，直线度检测工具主要包括量规、光源、毛玻璃、平晶、百分表、干涉仪、自准直仪、显微镜、钢丝、重锤、水平仪、跨步仪和表桥。通过直线度基本信息和直线度验证检测方法的知识规则，可以确定直线度检测方法，然后可以用直线度检测方法来确定直线度检测工具。不同的检测方法使用

不同的检测工具，不同的检测工具对应与之相关的直线度检测方法。通过对直线度检测方法的分析便可获得直线度检测工具，类似于图 7-7 的方式，将直线度检测方法与直线度检测工具之间的关系用图 7-8 表示，其中箭头表示直线度检测方法所需要的检测工具。

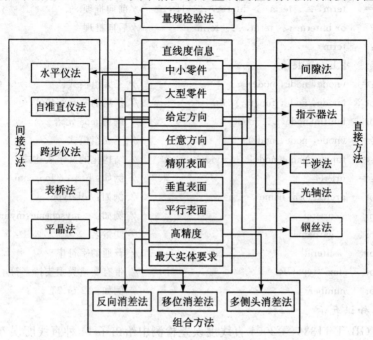

图 7-7 产品直线度基本信息与直线度误差检测方法之间的关系

根据国家标准 GB/T 11336—2004 直线度误差检测中的介绍，直线度方程拟合算法主要有 3 种，即最小包容区域法、最小二乘法和两端点连线法。其中两端点连线法的精度最低，但是容易计算，适合使用在精密要求不高的中大型检测零件上；最小包容区域法精度最高，但是计算难度大，适合使用在精密要求较高的小中型检测零件上；最小二乘法是最小包容区域法和两端点连线法的折中，一般的没有特殊要求检测零件都可以使用最小二乘法来对直线度方程进行拟合。不同的检测方法所需要的直线度拟合算法是不同的，比如间隙法、钢丝法对直线度拟合的算法精度要求比较低，就可以使用两端点连线法来计算；反向消差法、多侧头消差法和移位消差法对精度要求甚高，因此采用最小包容区域法对直线度方程进行拟合计算；水平仪法、跨步仪法、表桥法以及平晶法等都可以采用最小二乘法和两端点连线法对直线度方程进行拟合计算。类似于图 7-7 所示的方式，将直线度检测方法与直线度方程拟合算法之间的关系用图 7-9 表示，其中箭头表示直线度检测方法所采用的直线度方程拟合算法。

第七章 直线度验证知识库系统

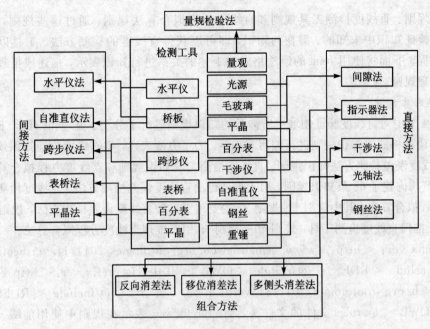

图7-8 直线度检测方法与直线度检测工具之间的关系

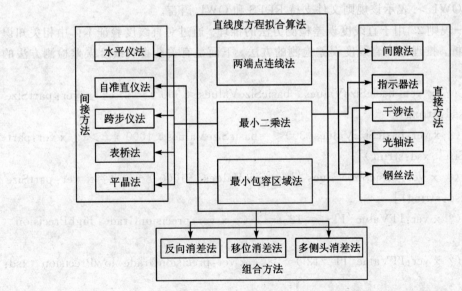

图7-9 直线度检测方法与直线度方程拟合算法之间的关系

通过对直线度验证基本信息和直线度检测方法、直线度检测方法和直线度检测工具以及直线度检测方法和直线度方程拟合算法之间的关系进行梳理和分析，便可以提取直线度检测方法规则、直线度检测工具规则和直线度方程拟合算法规则。通过这些规则，可以获取直线度验证知识中未知的、潜在的知识，即可以获得直线度的检测方法、工具以及直线度拟合方程。下面将使用Jena的语法格式对上述的关系进行知识表示，描述成推理机可以识别的推理规则。

3. 规则库构建

在6.4节中对直线度验证领域中所涉及的知识规则进行了分类、梳理和归纳，下面将使用Jena的语法格式对知识规则进行编写和表示。为了方便表述，将直线度验证知识规则分为三类：直线度误差检测方法知识规则、直线度检测工具知识规则和直线度方程拟合算法知识规则。本节共构建了68条知识规则，用于推理得出直线度误差检测方法、直线度检测工具和直线度方程拟合算法，其中规则1~规则25主要用于推理直线度误差检测方法，规则26~规则48用于推理直线度检测工具，规则49~规则68用于推理直线度方程拟合算法。

@prefix ver: <http://www. semanticweb. org/ontologies/2011/11/verification. owl #>. @include <RDFS>. @include <OWL>. 其中，@prefix ver: <http://www. semanticweb. org /ontologies/2011/11/verification. owl #>. @include <RDFS>. @include <OWL>. 是. rules文件的文件头，而@prefix ver:表示在规则中使用前缀ver代替<http://www. semanticweb. org/ ontologies/2011/11/verification. owl #><RDFS>. @include <OWL>. 表示该规则文件支持RDFS和OWL语言。

规则1~规则25用于直线度误差检测方法的推理。通过对直线度验证本体中相关知识的读取和分析，推理得出直线度误差检测的方法。下面是有关获得直线度误差检测方法的知识规则。

[rule1:(? x ver:basicSizeValues 'basicSizeValues<300') —>(? x ver:partSize 'smallSize'^^xsd:string)]

[rule2:(? x ver:basicSizeValues '300<=basicSizeValues<1000') —>(? x ver:partSize 'middleSize'^^xsd:string)]

[rule3:(? x ver:basicSizeValues 'basicSizeValues>1000') —>(? x ver:partSize 'largeSize'^^xsd:string)]

[rule4:(? x ver:ITValue 'IT<=12') —>(? x ver:precisionGrade 'highPrecision'^^xsd:string)]

[rule5:(? x ver:ITValue 'IT>12') —>(? x ver:precisionGrade 'lowPrecision'^^xsd:string)]

[rule6:(? x ver:partSize 'smallSize') (? x ver:direction 'givenDirection') —>(? x ver:useMethod 'clearanceMethod'^^xsd:string)]

[rule7:(? x ver:partSize 'smallSize') (? x ver:direction 'anyDirection') —>(? x ver:useMethod 'pointerMethod'^^xsd:string)]

第七章 直线度验证知识库系统

[rule8:(? x ver:partSize 'middleSize') (? x ver:direction 'anyDirection')—>(? x ver:useMethod 'pointerMethod'^^xsd:string)]

[rule9:(? x ver:surfaceRoughness 'precise')—>(? x ver:useMethod 'interferenceMethod'^^xsd:string)]

[rule10:(? x ver:partSize 'middleSize') (? x ver:direction 'anyDirection')—>(? x ver:useMethod 'opticAxisMethod'^^xsd:string)]

[rule11:(? x ver:partSize 'largeSize') (? x ver:direction 'anyDirection')—>(? x ver:useMethod 'opticAxisMethod'^^xsd:string)]

[rule12:(? x ver:surfaceDirection 'parallel') (? x ver:direction 'givenDirection')—>(? x ver:useMethod 'steelWireMethod'^^xsd:string)]

[rule13:(? x ver:partSize 'middleSize') (? x ver:direction 'givenDirection') (? x ver:surfaceDirection 'vertical')—>(? x ver:useMethod 'levelMethod'^^xsd:string)]

[rule14:(? x ver:partSize 'largeSize') (? x ver:direction 'givenDirection') (? x ver:surfaceDirection 'vertical')—>(? x ver:useMethod 'levelMethod'^^xsd:string)]

[rule15:(? x ver:partSize 'middleSize') (? x ver:direction 'givenDirection')—>(? x ver:useMethod 'autoCollimatorMethod'^^xsd:string)]

[rule16:(? x ver:partSize 'largeSize') (? x ver:direction 'givenDirection')—>(? x ver:useMethod 'autoCollimatorMethod'^^xsd:string)]

[rule17:(? x ver:partSize 'middleSize') (? x ver:direction 'givenDirection')—>(? x ver:useMethod 'stepInstrumentMethod'^^xsd:string)]

[rule18:(? x ver:partSize 'largeSize') (? x ver:direction 'givenDirection')—>(? x ver:useMethod 'stepInstrumentMethod'^^xsd:string)]

[rule19:(? x ver:partSize 'middleSize') (? x ver:direction 'givenDirection')—>(? x ver:useMethod 'tableBridgeMethod'^^xsd:string)]

[rule20:(? x ver:partSize 'largeSize') (? x ver:direction 'givenDirection')—>(? x ver:useMethod 'tableBridgeMethod'^^xsd:string)]

[rule21:(? x ver:surfaceRoughness 'precise') (? x ver:direction 'givenDirection')—>(? x ver:useMethod 'opticalFlatMethod'^^xsd:string)]

[rule22:(? x ver:precisionGrade 'highPrecision')—>(? x ver:useMethod 'reverseEliminateToleranceMethod'^^xsd:string)]

[rule23:(? x ver:precisionGrade 'highPrecision')—>(? x ver:useMethod 'shiftingEliminateToleranceMethod'^^xsd:string)]

[rule24:(? x ver:precisionGrade 'highPrecision')—>(? x ver:useMethod 'multiheadsEliminateToleranceMethod'^^xsd:string)] [rule25:(? x ver:MMR 'true') (? x ver:direction 'anyDirection') —> (? x ver:useMethod 'gageCheckedMethod'^^xsd:string)]

以上 25 条规则通过直线度验证知识来获得直线度误差检测方法。下面对以上知识规则作详细的解释：

规则 1 表示基本尺寸的值小于 300 的零件，零件尺寸是小型。

规则 2 表示基本尺寸的值大于等于 300 且小于 1000 的零件，零件尺寸是中型。

规则 3 表示基本尺寸大于等于 1000 的零件，零件尺寸是大型。

规则 4 表示公差值小于等于 12 的产品，其精密等级为高精度。

规则 5 表示公差值大于 12 的产品，其精密等级为低精度。

规则 6 表示零件尺寸为小型并且零件的检测方向为给定方向时，直线度检测方法使用间隙法。

规则 7 表示零件尺寸为小型并且零件的检测方向为任意方向时，直线度检测方法使用指示器法。

规则 8 表示零件尺寸为中型并且零件的检测方向为任意方向时，直线度检测方法使用指示器法。

规则 9 表示零件的检测表明情况为精研时，直线度检测方法使用干涉法。

规则 10 表示零件尺寸为中型并且零件的检测方向为任意方向时，直线度检测方法使用光轴法。

规则 11 表示零件尺寸为大型并且零件的检测方向为任意方向时，直线度检测方法使用光轴法。

规则 12 表示零件表面位置为平行并且检测方向为给定方向时，直线度检测方式用钢丝法。

规则 13 表示零件尺寸为中型、零件的检测方向为给定方向并且表面位置为垂直截面时，直线度检测方法使用水平仪法。

规则 14 表示零件尺寸为大型、零件的检测方向为给定方向并且表面位置为垂直截面时，直线度检测方法使用水平仪法。

规则 15 表示零件尺寸为中型并且零件的检测方向为给定方向时，直线度检测方法使用自准直仪法。

规则 16 表示零件尺寸为大型并且零件的检测方向为给定方向时，直线度检测方法使用自准直仪法。

规则 17 表示零件尺寸为中型并且零件的检测方向为给定方向时，直线度检测方法使用跨步仪法。

规则 18 表示零件尺寸为大型并且零件的检测方向为给定方向时，直线度检测方法使用跨步仪法。

第七章 直线度验证知识库系统

规则 19 表示零件尺寸为中型并且零件的检测方向为给定方向时,直线度检测方法使用表桥法。

规则 20 表示零件尺寸为大型并且零件的检测方向为给定方向时,直线度检测方法使用表桥法。

规则 21 表示零件表面情况为精研并且零件的检测方向为给定方向时,直线度检测方法使用平晶法。

规则 22 表示零件精密等级为精密时,直线度检测方法使用反向消差法。

规则 23 表示零件精密等级为精密时,直线度检测方法使用移位消差法。

规则 24 表示零件精密等级为精密时,直线度检测方法使用多测头消差法。

规则 25 表示零件最大实体要求为真并且检测方向为任意方向时,直线度检测方法使用量规检验法。

规则 26~规则 48 用于直线度检测工具的推理。通过对直线度验证本体中相关知识以及直线度误差检测方法的读取和分析,推理得出直线度误差检测工具。下面是有关获得直线度误差检测工具的知识规则。

[rule26:(? x ver:useMethod 'clearanceMethod') —> (? x ver:needMeasureInstrument 'lightSource'^^xsd:string)]

[rule27:(? x ver:useMethod 'clearanceMethod') —> (? x ver:needMeasureInstrument 'groundGlass'^^xsd:string)]

[rule28:(? x ver:useMethod 'clearanceMethod') —> (? x ver:needMeasureInstrument 'opticalGlat'^^xsd:string)]

[rule29:(? x ver:useMethod 'pointerMethod') —> (? x ver:needMeasureInstrument 'dialgage'^^xsd:string)]

[rule30:(? x ver:useMethod 'interferenceMehod') —> (? x ver:needMeasureInstrument 'interferencer'^^xsd:string)]

[rule31:(? x ver:useMethod 'interferenceMehod') —> (? x ver:needMeasureInstrument 'opticalFlat'^^xsd:string)]

[rule32:(? x ver:useMethod 'opticAxisMethod') —> (? x ver:needMeasureInstrument 'autoCollimator'^^xsd:string)]

[rule33:(? x ver:useMethod 'steelWireMethod') —> (? x ver:needMeasureInstrument 'steelWire'^^xsd:string)]

[rule34:(? x ver:useMethod 'steelWireMethod') —> (? x ver:needMeasureInstrument 'microscope'^^xsd:string)]

[rule35:(? x ver:useMethod 'steelWireMethod') —> (? x ver:needMeasureInstrument 'weight'^^xsd:string)] [rule36:(? x ver:useMethod 'levelMethod')->(? x ver:needMeasureInstrument 'leveler'^^xsd:string)]

[rule37:(? x ver:useMethod 'levelMethod')->(? x ver:needMeasureInstrument 'bridgeBoard'^^xsd:string)]

[rule38:(? x ver:useMethod 'autoCollimatorMethod')->(? x ver:needMeasureInstrument 'autoCollimator'^^xsd:string)]

[[rule39:(? x ver:useMethod 'autoCollimatorMethod')->(? x ver:needMeasureInstrument' bridgeBoard '^^xsd:string)]

[rule40:(? x ver:useMethod 'stepInstrumentMethod')->(? x ver:needMeasureInstrument'dialgage'^^xsd:string)]

[rule41:(? x ver:useMethod 'stepInstrumentMethod')->(? x ver:needMeasureInstrument'stepInstrument'^^xsd:string)]

[rule42:(? x ver:useMethod 'tableBridgeMethod')->(? x ver:needMeasureInstrument'dialgage'^^xsd:string)]

rule43:(? x ver:useMethod 'tableBridgeMethod')->(? x ver:needMeasureInstrument'tableBridge'^^xsd:string)]

[rule44:(? x ver:useMethod 'opticalFlatMethod')->(? x ver:needMeasureInstrument 'opticalFlat'^^xsd:string)]

[rule45:(? x ver:useMethod 'reverseEliminateToleranceMethod')->(? x ver:needMeasureInstrument 'dialgage'^^xsd:string)]

[rule46:(? x ver:useMethod 'shiftingEliminateToleranceMethod')->(? x ver:needMeasureInstrument 'dialgage'^^xsd:string)]

[rule47:(? x ver:useMethod 'multiheadsEliminateToleranceMethod')->(? x ver:needMeasureInstrument 'dialgage'^^xsd:string)]

[rule48:(? x ver:useMethod 'gageCheckedMethod')->(? x ver:needMeasureInstrumentgaga^^xsd:string)]

以上23条规则通过直线度验检测方法来获得直线度检测工具。下面对以上知识规则作详细的解释：

规则26表示直线度检测方法采用间隙法时，检测工具中包括光源。

规则27表示直线度检测方法采用间隙法时，检测工具中包括毛玻璃。

规则28表示直线度检测方法采用间隙法时，检测工具中包括平晶。

规则29表示直线度检测方法采用指示器法时，检测工具中包括百分表。

规则30表示直线度检测方法采用干涉法时，检测工具中包括干涉仪。

规则31表示直线度检测方法采用干涉法时，检测工具中包括平晶。

第七章 直线度验证知识库系统

规则 32 表示直线度检测方法采用光轴法时，检测工具中包括自准直仪。
规则 33 表示直线度检测方法采用钢丝法时，检测工具中包括钢丝。
规则 34 表示直线度检测方法采用钢丝法时，检测工具中包括显微镜。
规则 35 表示直线度检测方法采用钢丝法时，检测工具中包括重锤。
规则 36 表示直线度检测方法采用水平仪法时，检测工具中包括水平仪。
规则 37 表示直线度检测方法采用水平仪法时，检测工具中包括桥板。
规则 38 表示直线度检测方法采用自准直仪法时，检测工具中包括自准直仪。
规则 39 表示直线度检测方法采用自准直仪法时，检测工具中包括桥板。
规则 40 表示直线度检测方法采用跨步仪法时，检测工具中包括百分表。
规则 41 表示直线度检测方法采用跨步仪法时，检测工具中包括跨步仪。
规则 42 表示直线度检测方法采用表桥法时，检测工具中包括百分表。
规则 43 表示直线度检测方法采用表桥法时，检测工具中包括表桥。
规则 44 表示直线度检测方法采用平晶法时，检测工具中包括平晶。
规则 45 表示直线度检测方法采用反向消差法时，检测工具中包括百分表。
规则 46 表示直线度检测方法采用移位消差法时，检测工具中包括百分表。
规则 47 表示直线度检测方法采用多侧头消差法时，检测工具中包括百分表。
规则 48 表示直线度检测方法采用量规检验法时，检测工具中包括量规。

规则 49～规则 68 用于直线度方程拟合算法的推理。通过对直线度验证本体中相关知识以及直线度误差检测方法的读取和分析，推理得出直线度拟合算法。下面是有关获得直线度方程拟合算法的知识规则。

[rule49:(? x ver:uesMethod 'clearanceMethod')—>(? x ver:straightnessFitingMethod'twoEndpointsLineMethod'~xsd:string)]

[rule50:(? x ver:uesMethod 'clearanceMethod')—>(? x ver:straightnessFitingMethod'leastSquaresMeanLineMethod'~xsd:string)]

[rule51:(? x ver:uesMethod 'pinterMethod')—>(? x ver:straightnessFitingMethod'leastSquaresMeanLineMethod'~xsd:string)]

[rule52:(? x ver:uesMethod 'interferenceMethod')—>(? x ver:straightnessFitingMethod'minimumZoneLineMethod'~xsd:string)]

[rule53:(? x ver:uesMethod 'opticAxisMethod')—>(? x ver:straightnessFitingMethod 'twoEndpointsLineMethod'~xsd:string)]

[rule54:(? x ver:uesMethod 'opticAxisMethod')—>(? x ver:straightnessFitingMethod'leastSquaresMeanLineMethod'~xsd:string)]

[rule55:(? x ver:uesMethod 'steelWireMethod')—>(? x ver:straightnessFitingMethod'twoEndpointsLineMethod'~xsd:string)]

产品几何规范的知识表示

[rule56:(? x ver:uesMethod 'steelWireMethod')−>(? x ver:straightnessFitingMethod'leastSquaresMeanLineMethod'~xsd:string)]

[rule57:(? x ver:uesMethod 'leverlerMethod')−>(? x ver:straightnessFitingMethod'twoEndpointsLineMethod'~xsd:string)]

[rule58:(? x ver:uesMethod 'leverlerMethod')−>(? x ver:straightnessFitingMethod 'leastSquaresMeanLineMethod'~xsd:string)]

[rule59:(? x ver:uesMethod 'autoCollimatorMethod')−>(? x ver:straightnessFitingMethod 'minimumZoneLineMethod'~xsd:string)]

[rule60:(? x ver:uesMethod 'stepInstrumentMethod')−>(? x ver:straightnessFitingMethod 'twoEndpointsLineMethod'~xsd:string)]

[rule61:(? x ver:uesMethod 'stepInstrumentMethod')−>(? x ver:straightnessFitingMethod 'leastSquaresMeanLineMethod'~xsd:string)]

[rule62:(? x ver:uesMethod 'tableBridgeMethod')−>(? x ver:straightnessFitingMethod'twoEndpointsLineMethod'~xsd:string)]

[rule63:(? x ver:uesMethod 'tableBridgeMethod')−>(? x ver:straightnessFitingMethod'leastSquaresMeanLineMethod'~xsd:string)]

[rule64:(? x ver:uesMethod 'opticalFlatMethod')−>(? x ver:straightnessFitingMethod'twoEndpointsLineMethod'~xsd:string)]

[rule65:(? x ver:uesMethod 'opticalFlatMethod')−>(? x ver:straightnessFitingMethod'leastSquaresMeanLineMethod'~xsd:string)]

[rule66:(? xver:uesMethod 'reverseEliminateTaleranceMethod')−>(? x ver:straightnessFitingMethod 'minimumZoneLineMethod'~xsd:string)]

[rule67:(? x ver:uesMethod 'shiftingEliminateTaleranceMethod')−>(? x ver:straightnessFitingMethod 'minimumZoneLineMethod'~xsd:string)]

[rule68:(? x ver:uesMethod 'multiheadsEliminateTaleranceMethod')−>(? x ver:straightnessFitingMethod 'minimumZoneLineMethod'~xsd:string)]

以上 20 条规则通过直线度检测方法知识来获得直线度方程拟合算法。下面对以上知识规则作详细的解释：

规则 49 表示直线度检测方法采用间隙法时，直线度方程拟合算法采用两端点连线法。

规则 50 表示直线度检测方法采用间隙法时，直线度方程拟合算法采用最小二乘法。

规则 51 表示直线度检测方法采用指示器法时，直线度方程拟合算法采用最小二乘法。

规则 52 表示直线度检测方法采用干涉法时，直线度方程拟合算法采用最小包容区域法。

规则 53 表示直线度检测方法采用光轴法时，直线度方程拟合算法采用两端点连线法。

第七章 直线度验证知识库系统

规则 54 表示直线度检测方法采用光轴法时，直线度方程拟合算法采用最小二乘法。

规则 55 表示直线度检测方法采用钢丝法时，直线度方程拟合算法采用两端点连线法。

规则 56 表示直线度检测方法采用钢丝法时，直线度方程拟合算法采用最小二乘法。

规则 57 表示直线度检测方法采用水平仪法时，直线度方程拟合算法采用两端点连线法。

规则 58 表示直线度检测方法采用水平仪法时，直线度方程拟合算法采用最小二乘法。

规则 59 表示直线度检测方法采用自准直仪法时，直线度方程拟合算法采用最小包容区域法。

规则 60 表示直线度检测方法采用跨步仪法时，直线度方程拟合算法采用两端点连线法。

规则 61 表示直线度检测方法采用跨步仪法时，直线度方程拟合算法采用最小二乘法。

规则 62 表示直线度检测方法采用表桥法时，直线度方程拟合算法采用两端点连线法。

规则 63 表示直线度检测方法采用表桥法时，直线度方程拟合算法采用最小二乘法。

规则 64 表示直线度检测方法采用平晶法时，直线度方程拟合算法采用两端点连线法。

规则 65 表示直线度检测方法采用平晶法时，直线度方程拟合算法采用最小二乘法。

规则 66 表示直线度检测方法采用反向消差法时，直线度方程拟合算法采用最小包容区域法。

规则 67 表示直线度检测方法采用移位消差法时，直线度方程拟合算法采用最小包容区域法。

规则 68 表示直线度检测方法采用多测头消差法时，直线度方程拟合算法采用最小包容区域法。

以上 68 条规则是通过对直线度验证领域知识进行归纳、总结而获得的。由于直线度验证知识庞大以及人工构建规则的主观性，构建的规则库不可能包含所有的知识规则，因此还需要对规则库中的知识规则进行不断的修改和完善，进而可以挖掘出其他有意义的知识。

7.5.3 数学库设计

数学库是直线度验证知识库系统推理层的重要组成部分，其在系统中的作用是：根据测量数据采用合适的评定方法对直线度进行拟合；求出直线度拟合结果，检测仪器的执行不确定度和规范不确定度，计算出直线度的依从不确定度；最后判定产品的直线度是否合格，并给出直线度检测结果的表述。数学库主要包括直线度评定算法和不确定度相关算法，是使用 Java 语言编写的，封装成一个表态的数学库类。数学库是由一系列算法组成的，其设计具体流程包括：将规则库推理的结果通过本体文件的形式传递给数学库，数学库读取该本体文件中的知识，采用合理的算法对测量点进行拟合，并确定出直线度方程；使用拟合不确定度对所测产品直线度的合格与否进行判定，并给出合格性判定结论。

1. 直线度拟合算法

根据国家标准 GB/T 11336—2004 直线度误差检测，直线度方程拟合算法包括两端点连线法、最小二乘法和最小包容区域法。其中最小包容区域法的评定结果小于或等于其他两种评定方法的评定结果。表 7-6 列出了上述三种直线度方程拟合算法的具体计算步骤。

表 7-6 直线度方程拟合算法

		最小包容区域法	最小二乘法	两端点连线法
直线度检测简图	给定方向			
	任意方向			
直线度误差计算公式	给定方向	$f_{MZ}=f=d_{max}-d_{min}$ (7-1) 其中，d_{max}、d_{min} 为各测得点中相对最小区域线 l_{MZ} 的最大、最小偏离值（d_i 在 l_{MZ} 上方取正值，下方取负值）	$f_{LS}=d_{max}-d_{min}$ (7-3) 其中，d_{max}、d_{min} 为测得点相对最小二乘中线 l_{LS} 的最大、最小偏离值（d_i 在 l_{LS} 上方取正值，下方取负值）	$f_{BE}=d_{max}-d_{min}$ (7-5) 其中，d_{max}、d_{min} 为各测得点中相对两端点连线 l_{BE} 的最大、最小偏离值（d_i 在 l_{BE} 上方取正值，下方取负值）
	任意方向	$f_{MZ}=\Phi f=2d_{max}$ (7-2) 其中，d_{max} 为测得点到最小区域 i_{MZ} 的最大距离	$f_{LZ}=\Phi f_{LS}$ (7-4) 其中，Φf_{LS} 为最小二乘中线包容圆柱面的直径	$f_{BE}=\Phi f_{BE}$ (7-6) 其中，Φf_{BE} 为两端点连线包容圆柱面的直径

续表(一)

		最小包容区域法	最小二乘法	两端点连线法
直线度方程拟合算法	给定方向	(1) 根据各测得点中的两个端点坐标值$(X_0, Z_0; X_n, Z_n)$求出两端点连线的直线方程系数q_1作为初始值：$$q_1 = \frac{Z_n - Z_0}{X_n - X_0}$$ (7-7) (2) 拟合的方程为 $$Z_i = q_i \cdot X_i + Z_{i-1}$$ (7-8)	(1) 根据各测得点的坐标值求出最小二乘中线l_{LS}的方程系数a、q： $$a = \frac{\sum Z_i \sum X_i^2 - \sum X_i \sum X_i Z_i}{(n+1)\sum X_i^2 - (\sum X_i)^2}$$ (7-12) $$q = \frac{(n+1)\sum X_i Z_i - \sum X_i \sum Z_i}{(n+1)\sum X_i^2 - (\sum X_i)^2}$$ (7-13) (2) 拟合的方程为 $$Z = q \cdot X + a$$ (7-14)	(1) 根据各测得点的坐标值求出两端点连线l_{BE}的方程系数a、q： $$a = Z_n - \frac{Z_E - Z_B}{X_E - X_B}$$ (7-20) $$q = \frac{Z_E - Z_B}{X_E - X_B}$$ (7-21) (2) 拟合的方程为 $$Z = q \cdot X + a$$ (7-22)
	任意方向	(1) 以各测得点中的两个端点坐标值$[(X_0, Y_0, Z_0)$和$(X_n, Y_n, Z_n)]$求出两端点连线的直线方程系数q、p作为初始值： $$q = \frac{X_n - X_0}{Z_n - Z_0}$$ (7-9) $$p = \frac{Y_n - Y_0}{Z_n - Z_0}$$ (7-10) (2) 拟合的方程为 $$\begin{cases} Z_i = q_i \cdot X_i + Z_{i-1} \\ Z_i = p_i \cdot Y_i + Z_{i-1} \end{cases}$$ (7-11)	(1) 根据各测得点的坐标值求出最小二乘中线l_{LS}方程的系数a、b、q、p： $$a = \frac{\sum Z_i^2 \sum X_i - \sum Z_i \sum X_i Z_i}{(n+1)\sum Z_i^2 - (\sum Z_i)^2}$$ (7-15) $$q = \frac{(n+1)\sum X_i Z_i - \sum X_i \sum Z_i}{(n+1)\sum Z_i^2 - (\sum Z_i)^2}$$ (7-16) $$b = \frac{\sum Z_i^2 \sum Y_i - \sum Z_i \sum Y_i Z_i}{(n+1)\sum Z_i^2 - (\sum Z_i)^2}$$ (7-17) $$p = \frac{(n+1)\sum Y_i Z_i - \sum Y_i - \sum Z_i}{(n+1)\sum Z_i^2 - (\sum Z_i)^2}$$ (7-18) (2) 拟合的方程为 $$\begin{cases} X = q \cdot Z + a \\ Y = p \cdot Y + b \end{cases}$$ (7-19)	(1) 根据各测得点的坐标值求出两端点连线l_{BE}的方程系数a、b、q、p： $$a = X_B - \frac{X_E - X_B}{Z_E - Z_B} Z_B$$ (7-23) $$b = Y_B - \frac{Y_E - Y_B}{Z_E - Z_B} Z_B$$ (7-24) $$q = \frac{X_E - X_B}{Z_E - Z_B}$$ (7-25) $$p = \frac{Y_E - Y_B}{Z_E - Z_B}$$ (7-26) (2) 拟合的方程为 $$\begin{cases} X = q \cdot Z + a \\ Y = p \cdot Y + b \end{cases}$$ (7-27)

续表(二)

		最小包容区域法	最小二乘法	两端点连线法
直线度误差检测步骤	给定方向	(1) 将各测得点的坐标值 Z_i 用式(7-8)变换为新的坐标值：$$d_i = Z_i - Z_0 - q_1 \cdot X_i \quad (7-28)$$ (2) 求出 d_i 中的最大、最小值之差 $f_1 = d_{\max} - d_{\min}$； (3) 按式(7-28)逐个算出变换后的坐标值 d_i，并求出 d_i 中的最大、最小值之 f_2； (4) 将 f_2 与 f_1 相比较，使较小者为 f_1； (5) 反复进行(2)~(4)的步骤，使 f_1 为最小； (6) 最后求出的 f_1 最小值即为直线度误差 f_{MZ}	(1) 将各测得点的坐标值 Z_i 用下式变换为新的坐标值：$$d_i = Z_i - a - qX_i \quad (7-30)$$ 其中，n 为分段数；X_i、Z_i 为各测得点在横截面上的坐标值 $(i=0,1,2,\cdots,n)$。 (2) 求出 d_i 中的最大、最小值之差，该差值即为直线度误差值 $$f_{LS} = d_{\max} - d_{\min} \quad (7-31)$$	(1) 将各测得点的坐标值 Z_i 用下式变换为新的坐标值：$$d_i = Z_i - a - qX_i \quad (7-33)$$ 其中，X_i、Z_i 为各测得点在横截面上的坐标值 $(i=0,1,2,\cdots,n)$。 (2) 求出 d_i 中的最大、最小值之差，该值即为直线度误差值：$$f_{BE} = d_{\max} - d_{\min} \quad (7-34)$$
	任意方向	(1) 将各测得点的坐标值代入下式算出各点距该直线的径向距离：$$R_i = \left[\begin{array}{l}(X_i - X_0 - q \cdot Z_i)^2 \\ + (Y_i - Y_0 - p \cdot Z_i)^2\end{array}\right]^{1/2} \quad (7-29)$$ (2) 找出 R_i 中的最大值 f_1； (3) 按式(7-29)逐个计算变换后的 R_i 值，并找出 R_i 中的最大值 f_2； (4) 将 f_2 与 f_1 相比较，使较小者为 f_1； (5) 反复进行(2)~(4)的步骤，使 f_1 为最小； (6) 最后求出的最小值 f_1 的两倍即为直线度误差值 Φf_{MZ}。	(1) 将各测得点的坐标值 X_i、Y_i 代入下式算出各点距该直线的径向距离 R_i：$$R_i = \left[\begin{array}{l}(X_i - a - q \cdot Z_i)^2 \\ + (Y_i - b - p \cdot Z_i)^2\end{array}\right]^{1/2} \quad (7-32)$$ 其中，X_i, Y_i 为各测得点在横截面上的坐标值；Z_i 为各测得点的轴向坐标值 $(i=0,1,2,\cdots,n, n$ 为分段数$)$。 (2) 找出 R_i 中的最大值 f_1，直线度误差值 $\Phi f_{LS} = 2f_1$	(1) 将各测得点的坐标值 X_i、Y_i 代入下式，求出各测得点距两端点连线的半径距离 R_i：$$R_i = \left[\begin{array}{l}(X_i - a - q \cdot Z_i)^2 \\ + (Y_i - b - p \cdot Z_i)^2\end{array}\right]^{1/2} \quad (7-35)$$ (2) 找出 R_i 中的最大值 f_1； (3) 按式(7-35)逐个计算变换 a、b 后的 R_i 值，并找出 R_i 中的最大值 f_2； (4) 将 f_2 与 f_1 相比较，使较小者为 f_1； (5) 反复进行(2)~(4)的步骤，使 f_1 为最小； (6) 由所求出的 f_1 得直线度误差值 $\Phi f_{BE} = 2f_1$

2. 不确定算法

一切测量结果都不可避免地具有不确定度。不确定度是指与测量结果相联系的参数，表征合理赋予被测量之值的分散性。N-GPS 标准体系中，关于不确定的概念更具一般性，包括总体不确定度、依从不确定度、相关不确定度、测量不确定度、规范不确定度、方法不确定度和执行不确定度等多种形式。它对于不同的产品判定也提出了不同判定原则：使用依从不确定度来判定单个的 GPS 规范；使用总体不确定度来判定工件。针对直线度验证，采用依从不确定度来进行判定[1]。

方法不确定度(U_{mea})是实际规范操作链和实际认证操作链之间的差值的不确定度，不考虑实际认证操作链的计量特性偏差。方法不确定度一般都取缺省值零。执行不确定度(U_{imp})是实际认证操作链的计量特性与理想认证操作链定义的理想计量特性之间差值引起的不确定度。在直线度验证知识库系统中执行不确定度的值取在所有影响中最大的值，即计量仪器本身的不确定度和示值不确定度。所以取仪器本身所带来的不确定度和示值产生的不确定度的综合作为执行不确定度的值。规范不确定度(U_{spe})是应用于一个实际工件或要素的实际规范操作链的内在的不确定度，它反映了规范本身存在的不确定性。依存不确定度(U_{com})是方法不确定度、执行不确定度和规范不确定度的综合[1]，计算公式如下所示：

$$U_{com} = F(U_{mea}, U_{imp}, U_{spe}) = \sqrt{U_{mea}^2 + U_{imp}^2 + U_{spe}^2} \qquad (7-36)$$

用 Java 语言将上述算法用分别写到各自的方法中，最后创建一个数学库类，方便各种算法的调用。其中数学类中的方法包括 funTwoEndpoints、funLeastSquareMean、funMinZone、funImpUncertainty、funComUncertainty、funSpeUncertainty、funEligibility 等，并将这些方法写成静态方法，方便对数学计算类 MathsLibrary 中的方法调用。数学库主要是采用合理的直线度拟合算法对检测坐标点进行拟合，获得直线度方程；通过规则库提供的检测工具，采用执行不确定算法，计算出直线度的执行不确定度；根据规则库推荐的直线度拟合算法，采用规范不确定度算法，计算出直线度的规范不确定度；依据执行不确定度和规范不确定度的数值，采用依从不确定度算法，计算出依从不确定度的值；根据计算出来的依从不确定度和零件要求的直线度公差，采用合格性比较算法，判定零件的直线度是否符合要求，并给出评定报告。

7.6 系统开发

在对知识库系统进行建模的过程中，如果具有先进的设计思路以及优良的建模工具，那么对知识库系统进行构建和开发就显得更加规范和合理。知识库系统中最主要的部分是知识库，而知识库主要由本体构成，知识库的推理也是基于本体的推理，因此本体的设计工具在整个知识库系统构建的过程中显得尤为重要。如果系统开发的整个过程中都采用手工构建，那么构建本体将会是一个巨大的费时耗力的工程，而且在构建的过程中由于人的主观性可能容易出现一些错误或者矛盾。选择一个优秀的构建工具可以降低开发强度，减少成本，并且还可以加快开发进程。一个良好的本体构建工具应该具有可视化的构建、一致性的检查、可视化的编辑、图形化的表示以及对构建结果永久性保存等功能。

  本节基于 N-GPS 理论，采用 Protégé 对直线度验证本体进行构建，在 Eclipse 开发环境下，采用 Java Swing 技术对用户界面进行设计，通过 Jena 推理技术对直线度验证本体进行推理并将推理结果以本体文件(.owl)的格式进行保存，应用推理结果对检验数据进行评价并完成对直线度验证知识库系统的开发，最后以实际检测某一产品直线度的过程为例来证明直线度验证知识库系统的可行性与正确性。

7.6.1 系统开发环境

  良好的应用程序集成开发环境有利于应用程序的开发。由于 Protégé 是基于 Java 语言开发的，并且基于 Protégé 的插件也是基于 Java 语言而开发的，所以采用将代码的编写、编译、调试和开发于一体的 Eclipse 作为程序的开发环境。Eclipse 平台是 IBM 向开发源码社区捐赠的一个 Java 程序开发框架，其之前在 IBM 的被称为 VA4J(Visual Age for Java)。Eclipse 通过插件和组件构建的开发环境，从其本身上来讲它只是一组服务和一个框架结构，但是 Eclipse 中包含了一个 Java 的开发工具(Java Development Tools，JDT)，还有一个标准的插件集接口，用户对系统进行扩展。由于该集成环境拥有一个成熟的和可扩展的系统结构，具有源代码开放性以及无限可扩展等特点，因此任何软件开发供应商均可以将自己的开发工具或者组件加入 Eclipse 中，该系统就可以集成不同类型的软件产品。

  Eclipse 项目、工具项目和技术项目 3 个项目构成 Eclipse 主题框架。针对这 3 个项目具体来讲，该集成环境又包括了 4 个部分：Eclipse Platform、JDT、CDT 和 PDE。其中 Eclipse Platform 是一个开放的平台，并且是可以对系统进行扩展的 IDE，给用户提供了一个通用的开发平台，便于开发的软件集成；JDT 是支持 Java 语言的开发工具，提供了开发所需要的工具；CDT 支持 C 语言的开发；PDE 主要用来支持各种插件的开发，增强系统的扩展性，从而达到系统的扩展性和通用性。另外，Eclipse Platform 还提供与其他开发工具开发的产品进行无缝集成的功能[152]。Eclipse 的这些特点，使得系统具有了通用性和扩展性，同时也提高了系统的开发进度。

7.6.2 开发系统

  7.3 节已对直线度验证知识库系统的总体框架进行了介绍，并且按照其体系结构把直线度验证知识库系统划分为了 3 个主要的功能模块，分别为领域模块、推理模块和应用模块。领域模块是整个模块构建的知识基础，其他模块的知识都直接或者间接地来自领域层。领域层中最主要的部分是直线度验证本体，该本体的构建需要对直线度验证领域知识进行梳理和归纳总结，最后确定出相关的类、属性及关系、实例。直线度验证本体的构建在第三章中已完

第七章 直线度验证知识库系统

成。本体的构建是一项巨大的消耗人力、物力的工程，不仅需要理解领域知识，还需要对本体的构建语言、方法、工具等知识有一定的了解和掌握。由于人工构建的缘故，在本体构建过程中难免会出现问题和矛盾，所以需要对构建的直线度验证本体进行一致性的检测，检测不仅需要使用构建工具 Protégé 自带的推理机 FaCT++进行检测，还需要使用公理库中构建的公理来对本体进行检测，这样就防止了验证本体出现一些常见的问题和错误。

有了一致性的验证本体之后，就可以实现向系统中添加本体，对本体进行推理，获得直线度验证知识，最后使用数学库中的算法对产品直线度进行评定。直线度验证知识库系统流程图如图 7-10 所示。该流程图描述了直线度验证知识库系统的工作过程，从开始到结束的每一步都是通过 Java 代码在 Eclipse 中实现的，包括本体的导入、特殊产品信息的输入、推理机 Jena 调用、规则库的添加和数学库的调用等，这些都是构成整个知识库系统的主要组成部分。

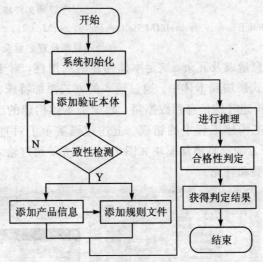

图 7-10　直线度验证知识库系统流程图

构建直线度验证知识库系统的领域模块之后，接下来是构建推理模块。推理模块的主要功能是对本体中未知的、隐藏的知识通过知识规则挖掘出来。7.4 节已经对推理模块中的公理库、规则库和数学库做了设计与构建，系统的开发只需要将构建好的 3 个库模块添加到知识库系统当中。领域模块推理的步骤如下：首先将直线度验证本体文件(.owl)读入到 Jena 推理机模型中并构建模型(ontModel)；接着把知识规则文件(.rules)读入到 Rule 中；然后新建 reasoner 实例，同时把.rules 文件中的规则加入到 reasoner 中；最后生成推理机模型(InfModel)。推理机模型就是添加规则进行推理之后的新模型，该模型中包括了通过知识规则推导出来的新知识，并且把该模型以文件(.owl)的形式存储起来，各个模块之间的通信都是通过该文件(.owl)形式进行的。Jena 推理机中，推理过程的主要代码如下所示：

```
String prefix="http://www.semanticweb.org/ontologies/2011/11/verification.owl#";
                                                                    //定义本体的域名前缀
OntModel ontModel= ModelFactory.createOntologyModel();              //创建本体模型
ontModel.read("file:verification.owl");         //读入本体(.owl)文件
Individual indi = ontModel.getIndividual(prefix + "part");       //获取个体 part
Property pro = ontModel.getProperty(prefix + "straightnessToleranceValues");
                            //获取属性直线度公差属性"straightnessToleranceValues"
RDFNode rdfNode= ontModel.createTypedLiteral(0.050);
                            // 设置属性 straightnessToleranceValues 的值为 0.050
indi.setPropertyValue(pro, rdfNode);            //将设置好的属性添加到个体中
List<Rule> rules=Rule.rulesFromURL("file:rules.rules");        //读入规则文件
GenericRuleReasoner reasoner= new GenericRuleReasoner(rules);
                                            //将规则文件添加到推理机中
InfModel inf = ModelFactory.createInfModel(reasoner, ontModel);
                                            //经过规则推理之后获得的模型
```

为了减少本体的信息量以及冗余,满足本体构建的通用性,对于特殊的直线度验证信息可采用手工输入的方式添加到本体中。通过输入的方式添加特殊信息,不仅提高了本体的通用性,减少了本体构建时的信息和数据量,减少了本体构建的工作量,还可以加快本体的构建进度,减少人工构建工程中的错误。上述代码演示了对直线度公差值的添加过程。在 Eclipse 环境下开发的信息添加模块如图 7-11 所示。通过输入具体直线度相关信息来对直线度本体进行扩展和补充。

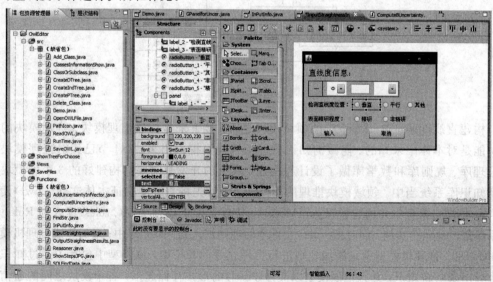

图 7-11　Eclipes 环境下开发的信息添加模块

第七章 直线度验证知识库系统

领域模块和推理模块构建的目的是将推理的结果和直线度评定报告反馈给用户。应用模块的主要功能是将直线度检测的方法、检测步骤、检测仪器以及检测方法图例通过文字或者图形的方式展现给用户。应用模块通过读取推理模块传递的本体(.owl)文件，解析并显示推理的结果，即直线度检测方法、检测步骤、检测仪器等。Eclipes 环境下推理结果交互界面如图 7-12 所示。这样就可以把推理的结果(包括检测方法、检测仪器、检测步骤和检测方法图示)显示在用户界面上了，供用户参考和使用。

用户可以选择推理机推荐的检测仪器，采用推荐的检测方法，根据推荐的检测步骤，参考推荐的检测方法图例，对产品的直线度进行检测。将检测获得的坐标点通过下面两种方式输入到验证知识库系统中。一种方式是直接将测量的坐标点测量值输入知识库系统汇总；另一种方式是将测量的坐标点文件直接导入到系统中，系统通过对该文件解析获得测量点的坐标值。系统获得测量点坐标值后，调用数学库中的直线度拟合算法，对直线度方程进行拟合，并给出直线度方程。拟合得出直线度方程之后，系统依次调用执行不确定算法、规范不确定算法、依从不确定度算法对直线度验证相关不确定度进行计算，最后通过合格性判定算法对直线度进行评定，并给出直线度评定报告。直线度方程、执行不确定度、方法不确定度、依从不确定度和直线度评定报告与用户交互的界面在 Eclipes 中开发的界面参见图 7-12 所示。

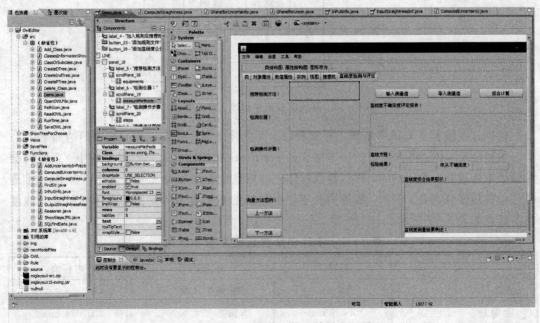

图 7-12　Eclipes 环境下推理结果交互界面

7.7 实例分析

直线度验证知识库系统解决了 GPS 标准中数据共享、一致性问题和直线度检测方法、步骤、工具等智能推荐问题。在 Eclipse 集成环境下，使用 Java 语言开发了直线度验证知识库的原型系统。直线度验证知识库工作流程图如图 7-13 所示。

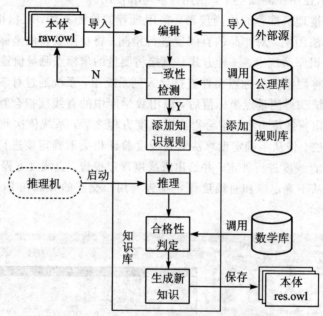

图 7-13 直线度验证知识库工作流程图

根据直线度验证知识库系统工作流程图，可将验证知识库系统执行步骤归纳如下：

（1）导入本体。将直线度验证本体文件 verification.owl 导入知识库系统中。系统将会为验证本体建立一个 model，并将验证本体中的信息全部添加到 model 之中，为 Jena 推理机进行推理做好准备。例如，要检测的零件中包括的直线度基本信息，本体中所含直线度基本信息如表 7-7 所示。

表 7-7 本体中所含直线度基本信息

信息内容	内容值	信息内容	内容值
基本尺寸	85 mm	基本偏差等级	f
上偏差	0.036 mm	下偏差	0.071 mm
公差等级	7	采用包容要求	True
工艺能力指数	无说明	配合制	基孔制

(2) 添加直线度信息。添加产品的基本信息和直线度验证所需要的相关信息,这些信息可以写到本体中实现数据的共享。由于构建本体时,考虑到本体的独立性和通用性,将特殊的直线度验证知识没有添加到验证本体中,因此需要通过手动输入检测零件的检测信息。在输入特殊零件的检测信息之后,系统通过 Jena 推理机将输入的信息添加到本体中,使本体的表达更加完整,并能刻画出产品的性质。添加验证知识库系统特殊信息对话框如图 7-14 所示。

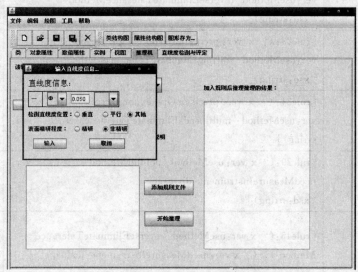

图 7-14　验证知识库系统特殊信息对话框

由图 7-14 可知,输入的直线度验证信息为:直线度公差要求为 $T=0.050$ mm,直线度误差为任意方向,不遵循最大实体要求。直线度位置和直线度检测表面精研情况都无说明。

(3) 添加规则库。把知识推理规则库 rule.rules 文件导入到知识库系统中并将其添加到推理机中对直线度知识库进行推理。根据规则库中的规则,可获得直线度的检测方法、检测仪器、检测步骤等信息。知识规则的推理过程如表 7-8 所示。

表 7-8　知识规则推理过程

推理前件	知识规则	推理后件
基本尺寸:85	[rule1:(? x ver:basicSizeValues'basicSizeValues<300')-> (? x ver:partSize 'smallSize'~xsd:string)]	零件的类型:小型
零件类型:小型 检测方向:任意	[rule8:(? x ver:partSize 'middleSize') (? x ver:direction 'anyDirection')->(? x ver:useMethod 'pointerMethod' ~xsd:string)]	检测方法:指示器法

211

续表(一)

推理前件	知识规则	推理后件
公差等级:7	[rule4:(? x ver:ITValue ′IT<=12′)->(? x ver:precisionGrade ′highPrecision′^^xsd:string)]	精度等级:高精度
精度等级:高精度	[rule22:(? x ver:precisionGrade ′highPrecision′)->(? x ver:useMethod ′reverseEliminateTaleranceMethod′^^xsd:string)]	检测方法:反向消差法
精度等级:高精度	[rule23:(? x ver:precisionGrade ′highPrecision′)->(? x ver:useMethod ′shiftingEliminateTaleranceMethod′^^xsd:string)]	检测方法:移位消差法
精度等级:高精度	[rule24:(? x ver:precisionGrade ′highPrecision′)->(? x ver:useMethod ′multiheadsEliminateTaleranceMethod′^^xsd:string)]	检测方法:多侧头消差法
检测方法:指示器法	[rule29:(? x ver:useMethod ′pointerMethod′)->(? x ver:needMeasureInstrument ′dialgage′^^xsd:string)]	检测仪器:百分表
检测方法:反向消差法	[rule45:(? x ver:useMethod ′reverseEliminateTaleranceMethod′)>(? x ver:needMeasureInstrument ′dialgage′)]	检测仪器:百分表
检测方法:移位消差法	[rule46:(? x ver:useMethod ′shiftingEliminateTaleranceMethod′)-->(? x ver:needMeasureInstrument ′dialgage′^^xsd:string)]	检测仪器:百分表
检测方法:多侧头消差法	[rule47:(? x ver:useMethod ′multiheadsEliminateTaleranceMethod′)->(? x ver:needMeasureInstrument ′dialgage′^^xsd:string)]	检测仪器:百分表
检测方法:指示器法	[rule51:(? x ver:uesMethod ′pinterMethod′)->(? x ver:straightnessFitingMethod ′leastSquaresMeanLineMethod′^^xsd:string)]	拟合算法:最小二乘法
检测方法:反向消差法	[rule66:(? xver:uesMethod ′reverseEliminateTaleranceMethod′)->(? x ver:straightnessFitingMethod ′minimumZoneLineMethod′^^xsd:string)]	拟合算法:最小包容区域法

续表(二)

推理前件	知识规则	推理后件
检测方法： 移位消差法	[rule67:(? x ver:uesMethod 'shiftingEliminateTaleranceMethod')—>(? x ver:straightnessFittingMethod 'minimumZoneLineMethod'~xsd:string)]	拟合算法： 最小包容区域法
检测方法： 多侧头消差法	[rule68:(? x ver:uesMethod 'multiheadsEliminateTaleranceMethod')—>(? x ver:straightnessFittingMethod 'minimumZoneLineMethod'~xsd:string)]	拟合算法： 最小包容区域法

推理模块将推理结果存储到新的 model 中，然后以 .owl 文件的格式存储，为进行下一步直线度方程拟合、执行不确定度计算、规范不确定度计算、依从不确定度计算和合格性判定提供了依据。

(4) 显示推理结果。主要是将推理之后的结果，即直线度检测方法，检测步骤，检测仪器，检测方法图例信息通过查询知识库并显示在系统界面上，推理结果如图 7-15 所示，供用户在进行直线度检测时使用。

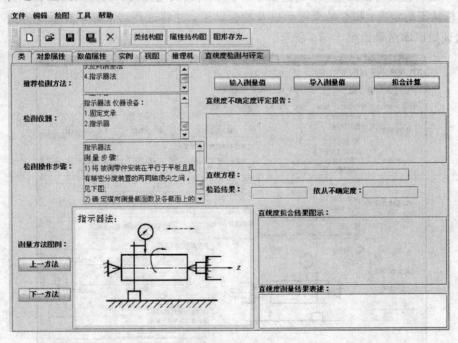

图 7-15 推理结果

（5）添加测量坐标数据。参照系统提供的检测方法，使用系统推荐的检测工具，按照系统显示的检测步骤对直线度进行测量，并将测量的结果进行记录；然后以直接输入的方式或者文件导入的方式将记录的数据添加到知识库系统中；最后系统就会按照导入的坐标点的值以及相应的直线度拟合算法对直线度方程进行拟合，计算出执行不确定度、规范不确定度、依从不确定度，并对零件直线度合格性进行判定并给出结果表述。坐标测量数据如表7-9所示。

表7-9 坐标测量数据　　　　　　　　　　　　　　　　　　单位：mm

x	y	z	x	y	z	x	y	z
2.998	4.000	0.000	8.012	13.986	5.000	13.013	23.995	10.000
17.986	34.011	15.000	22.987	44.013	20.000	28.024	53.979	25.000
32.986	63.992	30.000	38.013	74.008	35.000	42.985	83.997	40.00
47.979	94.013	45.000	53.012	104.103	50.000	57.989	114.01	55.00
63.009	124.008	60.000	68.007	133.979	65.000	73.009	144.011	70.00
78.014	153.997	75.000	83.013	164.007	80.000	87.989	174.008	85.00
93.009	183.998	90.000	97.996	194.010	95.000	103.000	204.000	100.000

（6）显示直线度验证结果。通过数学库拟合出直线度方程、执行不确定度、规范不确定度、依从不确定度、拟合结果图示以及检验结果，并将这些结果显示在系统界面上。直线度验证知识库结果如图7-16所示。

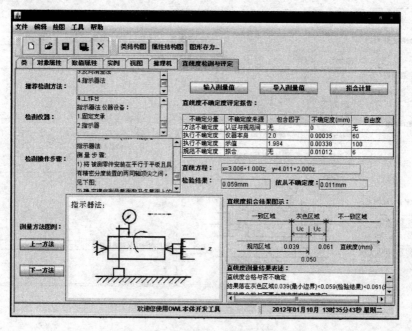

图7-16 直线度验证知识库结果

由图 7-16 可知，推理的结果和步骤(3)中表 7-8 所列出的推理结果一致。例如，表 7-8 中推荐的检测方法有指示器法、反向消差法、移位消差法和多侧头消差法，而知识库系统推理得到的直线检测方法也是这 4 种，如图 7-16 所示，这就证明了系统推理的正确性。表 7-10 是上述检测结果与王金星在其博士论文[73]中关于直线度检测结果的比较。

表 7-10 结 果 比 较

比较项目	基于本体推理的直线度验证知识库系统研究	新一代产品几何规范(GPS)不确定度理论及应用研究
拟合直线度方程	$\begin{cases} x = 3.006 + 1.000 \cdot z \\ y = 4.001 + 2.000 \cdot z \end{cases}$ (7-37)	$\begin{cases} x = 3.001 + 1.000 \cdot z \\ y = 3.997 + 2.000 \cdot z \end{cases}$ (7-38)
检测结果	0.059 mm	0.060 mm
依从不确定度	0.011 mm	0.012 mm
拟合结果	测得值落在不确定区域内，该直线度合格与否由供求双方确定	测得值落在不确定区域内，该直线度合格与否由供求双方确定

由表 7-10 可知，采用的拟合算法具有正确性和可靠性。综上所述，直线度验证知识库系统具有可行性和有效性。

附录1 公差表示的元本体中所有类及所有属性的OWLRDF/XML编码

```xml
<?xml version="1.0"?>
<rdf:RDF
  xmlns:xsp="http://www.owl-ontologies.com/2005/08/07/xsp.owl#"
  xmlns:swrlb="http://www.w3.org/2003/11/swrlb#"
  xmlns:swrl="http://www.w3.org/2003/11/swrl#"
  xmlns:protege="http://protege.stanford.edu/plugins/owl/protege#"
  xmlns:rdf="http://www.w3.org/1999/02/22-rdf-syntax-ns#"
  xmlns:xsd="http://www.w3.org/2001/XMLSchema#"
  xmlns:rdfs="http://www.w3.org/2000/01/rdf-schema#"
  xmlns:owl="http://www.w3.org/2002/07/owl#"
  xmlns="http://www.owl-ontologies.com/ATT.owl#"
  xml:base="http://www.owl-ontologies.com/ATT.owl">
<owl:Ontology rdf:about=""/>
<owl:Class rdf:ID="DFeature">
  <rdfs:subClassOf>
    <owl:Class rdf:ID="ADF"/>
  </rdfs:subClassOf>
</owl:Class>
<owl:Class rdf:ID="SIC">
  <rdfs:subClassOf>
    <owl:Class rdf:ID="RCylindrical"/>
  </rdfs:subClassOf>
</owl:Class>
<owl:Class rdf:ID="RPrismatic">
  <rdfs:subClassOf>
    <owl:Class rdf:ID="RFS"/>
  </rdfs:subClassOf>
</owl:Class>
<owl:Class rdf:ID="RRevolute">
  <rdfs:subClassOf>
    <owl:Class rdf:about="#RFS"/>
```

附录1 公差表示的元本体中所有类及所有属性的 OWL RDF/XML 编码

```xml
      </rdfs:subClassOf>
    </owl:Class>
    <owl:Class rdf:ID="SPL">
      <rdfs:subClassOf>
        <owl:Class rdf:ID="RPlanar"/>
      </rdfs:subClassOf>
    </owl:Class>
    <owl:Class rdf:ID="TPL">
      <rdfs:subClassOf>
        <owl:Class rdf:ID="TFeature"/>
      </rdfs:subClassOf>
    </owl:Class>
    <owl:Class rdf:ID="TPT">
      <rdfs:subClassOf>
        <owl:Class rdf:about="#TFeature"/>
      </rdfs:subClassOf>
    </owl:Class>
    <owl:Class rdf:ID="IHelical">
      <rdfs:subClassOf>
        <owl:Class rdf:ID="IFS"/>
      </rdfs:subClassOf>
    </owl:Class>
    <owl:Class rdf:ID="Assembly"/>
      <owl:Class rdf:ID="ISpherical">
        <rdfs:subClassOf rdf:resource="#IFS"/>
      </owl:Class>
    <owl:Class rdf:ID="SOR">
    <rdfs:subClassOf rdf:resource="#RRevolute"/>
    </owl:Class>
    <owl:Class rdf:ID="SIS">
    <rdfs:subClassOf>
      <owl:Class rdf:ID="RSpherical"/>
        </rdfs:subClassOf>
        </owl:Class>
        <owl:Class rdf:ID="IComplex">
      <rdfs:subClassOf rdf:resource="#IFS"/>
    </owl:Class>
```

```xml
<owl:Class rdf:ID="ICylindrical">
  <rdfs:subClassOf rdf:resource="#IFS"/>
</owl:Class>
<owl:Class rdf:about="#RSpherical">
  <rdfs:subClassOf>
    <owl:Class rdf:about="#RFS"/>
  </rdfs:subClassOf>
</owl:Class>
<owl:Class rdf:ID="SOC">
  <rdfs:subClassOf>
    <owl:Class rdf:about="#RCylindrical"/>
  </rdfs:subClassOf>
</owl:Class>
<owl:Class rdf:ID="SIX">
  <rdfs:subClassOf>
    <owl:Class rdf:ID="RComplex"/>
  </rdfs:subClassOf>
</owl:Class>
<owl:Class rdf:ID="SIR">
  <rdfs:subClassOf rdf:resource="#RRevolute"/>
</owl:Class>
<owl:Class rdf:ID="SIH">
  <rdfs:subClassOf>
    <owl:Class rdf:ID="RHelical"/>
  </rdfs:subClassOf>
</owl:Class>
<owl:Class rdf:ID="SOH">
  <rdfs:subClassOf>
    <owl:Class rdf:about="#RHelical"/>
  </rdfs:subClassOf>
</owl:Class>
<owl:Class rdf:ID="SOP">
  <rdfs:subClassOf rdf:resource="#RPrismatic"/>
</owl:Class>
<owl:Class rdf:ID="SOX">
  <rdfs:subClassOf>
    <owl:Class rdf:about="#RComplex"/>
```

附录1 公差表示的元本体中所有类及所有属性的 OWL RDF/XML 编码

```
    </rdfs:subClassOf>
</owl:Class>
<owl:Class rdf:about="#TFeature">
    <rdfs:subClassOf rdf:resource="#ADF"/>
</owl:Class>
<owl:Class rdf:about="#RComplex">
    <rdfs:subClassOf>
        <owl:Class rdf:about="#RFS"/>
    </rdfs:subClassOf>
</owl:Class>
<owl:Class rdf:ID="TSL">
    <rdfs:subClassOf rdf:resource="#TFeature"/>
</owl:Class>
<owl:Class rdf:about="#RHelical">
    <rdfs:subClassOf>
        <owl:Class rdf:about="#RFS"/>
    </rdfs:subClassOf>
</owl:Class>
<owl:Class rdf:ID="SIP">
    <rdfs:subClassOf rdf:resource="#RPrismatic"/>
</owl:Class>
<owl:Class rdf:ID="IRevolute">
    <rdfs:subClassOf rdf:resource="#IFS"/>
</owl:Class>
<owl:Class rdf:about="#RPlanar">
    <rdfs:subClassOf>
        <owl:Class rdf:about="#RFS"/>
    </rdfs:subClassOf>
</owl:Class>
<owl:Class rdf:ID="DPT">
    <rdfs:subClassOf rdf:resource="#DFeature"/>
</owl:Class>
<owl:Class rdf:ID="DPL">
    <rdfs:subClassOf rdf:resource="#DFeature"/>
</owl:Class>
<owl:Class rdf:ID="IPrismatic">
    <rdfs:subClassOf rdf:resource="#IFS"/>
```

— 219 —

```xml
</owl:Class>
<owl:Class rdf:ID="DSL">
  <rdfs:subClassOf rdf:resource="#DFeature"/>
</owl:Class>
<owl:Class rdf:ID="IPlanar">
  <rdfs:subClassOf rdf:resource="#IFS"/>
</owl:Class>
<owl:Class rdf:ID="SOS">
  <rdfs:subClassOf rdf:resource="#RSpherical"/>
</owl:Class>
<owl:Class rdf:about="#RCylindrical">
  <rdfs:subClassOf>
    <owl:Class rdf:about="#RFS"/>
  </rdfs:subClassOf>
</owl:Class>
<owl:Class rdf:about="#RFS">
  <rdfs:subClassOf>
    <owl:Class rdf:ID="Part"/>
  </rdfs:subClassOf>
</owl:Class>
<owl:Class rdf:about="#Part">
  <rdfs:subClassOf rdf:resource="#Assembly"/>
</owl:Class>
<owl:ObjectProperty rdf:ID="has-Flatness">
  <rdfs:range rdf:resource="#RFS"/>
  <rdfs:domain rdf:resource="#IFS"/>
</owl:ObjectProperty>
<owl:ObjectProperty rdf:ID="has-Roundness">
  <rdfs:range rdf:resource="#RFS"/>
  <rdfs:domain rdf:resource="#IFS"/>
</owl:ObjectProperty>
<owl:ObjectProperty rdf:ID="has-COI">
  <rdfs:domain rdf:resource="#TFeature"/>
  <rdfs:range rdf:resource="#DFeature"/>
</owl:ObjectProperty>
<owl:ObjectProperty rdf:ID="has-ProfileAnyLine">
  <rdfs:range rdf:resource="#RFS"/>
```

附录1 公差表示的元本体中所有类及所有属性的 OWL RDF/XML 编码

```xml
    <rdfs:domain rdf:resource="#IFS"/>
</owl:ObjectProperty>
<owl:ObjectProperty rdf:ID="has-CircularRunOut">
    <rdfs:range rdf:resource="#DFeature"/>
    <rdfs:domain rdf:resource="#TFeature"/>
</owl:ObjectProperty>
<owl:ObjectProperty rdf:ID="has-Perpendicularity">
    <rdfs:range rdf:resource="#DFeature"/>
    <rdfs:domain rdf:resource="#TFeature"/>
</owl:ObjectProperty>
<owl:ObjectProperty rdf:ID="has-INT">
    <rdfs:range rdf:resource="#DFeature"/>
    <rdfs:domain rdf:resource="#TFeature"/>
</owl:ObjectProperty>
<owl:ObjectProperty rdf:ID="has-Angle">
    <rdfs:range rdf:resource="#DFeature"/>
    <rdfs:domain rdf:resource="#TFeature"/>
</owl:ObjectProperty>
<owl:ObjectProperty rdf:ID="has-NON">
    <rdfs:domain rdf:resource="#TFeature"/>
    <rdfs:range rdf:resource="#DFeature"/>
</owl:ObjectProperty>
<owl:ObjectProperty rdf:ID="has-LinearDimensional">
    <rdfs:range rdf:resource="#DFeature"/>
    <rdfs:domain rdf:resource="#TFeature"/>
</owl:ObjectProperty>
<owl:ObjectProperty rdf:ID="has-Cylindricity">
    <rdfs:domain rdf:resource="#IFS"/>
    <rdfs:range rdf:resource="#RFS"/>
</owl:ObjectProperty>
<owl:ObjectProperty rdf:ID="has-PAR">
    <rdfs:domain rdf:resource="#TFeature"/>
    <rdfs:range rdf:resource="#DFeature"/>
</owl:ObjectProperty>
<owl:ObjectProperty rdf:ID="has-ACR">
    <rdfs:domain rdf:resource="#Part"/>
    <rdfs:range rdf:resource="#Part"/>
```

```xml
</owl:ObjectProperty>
<owl:ObjectProperty rdf:ID="has-INC">
  <rdfs:range rdf:resource="#DFeature"/>
  <rdfs:domain rdf:resource="#TFeature"/>
</owl:ObjectProperty>
<owl:ObjectProperty rdf:ID="has-Concentricity">
  <rdfs:domain rdf:resource="#TFeature"/>
  <rdfs:range rdf:resource="#DFeature"/>
</owl:ObjectProperty>
<owl:ObjectProperty rdf:ID="has-TotalRunOut">
  <rdfs:domain rdf:resource="#TFeature"/>
  <rdfs:range rdf:resource="#DFeature"/>
</owl:ObjectProperty>
<owl:ObjectProperty rdf:ID="has-Parallelism">
  <rdfs:domain rdf:resource="#TFeature"/>
  <rdfs:range rdf:resource="#DFeature"/>
</owl:ObjectProperty>
<owl:ObjectProperty rdf:ID="has-CON">
  <rdfs:range rdf:resource="#RFS"/>
  <rdfs:domain rdf:resource="#IFS"/>
</owl:ObjectProperty>
<owl:ObjectProperty rdf:ID="has-Coaxiality">
  <rdfs:domain rdf:resource="#TFeature"/>
  <rdfs:range rdf:resource="#DFeature"/>
</owl:ObjectProperty>
<owl:ObjectProperty rdf:ID="has-PER">
  <rdfs:range rdf:resource="#DFeature"/>
  <rdfs:domain rdf:resource="#TFeature"/>
</owl:ObjectProperty>
<owl:ObjectProperty rdf:ID="has-DIS">
  <rdfs:range rdf:resource="#DFeature"/>
  <rdfs:domain rdf:resource="#TFeature"/>
</owl:ObjectProperty>
<owl:ObjectProperty rdf:ID="has-Angularity">
  <rdfs:range rdf:resource="#DFeature"/>
  <rdfs:domain rdf:resource="#TFeature"/>
</owl:ObjectProperty>
```

附录1 公差表示的元本体中所有类及所有属性的 OWL RDF/XML 编码

```
<owl:ObjectProperty rdf:ID="has-ProfileAnySurface">
  <rdfs:range rdf:resource="#RFS"/>
  <rdfs:domain rdf:resource="#IFS"/>
</owl:ObjectProperty>
<owl:ObjectProperty rdf:ID="has-Position">
  <rdfs:domain rdf:resource="#TFeature"/>
  <rdfs:range rdf:resource="#DFeature"/>
</owl:ObjectProperty>
<owl:ObjectProperty rdf:ID="has-Straightness">
  <rdfs:range rdf:resource="#RFS"/>
  <rdfs:domain rdf:resource="#IFS"/>
</owl:ObjectProperty>
<owl:ObjectProperty rdf:ID="has-Symmetry">
  <rdfs:domain rdf:resource="#TFeature"/>
  <rdfs:range rdf:resource="#DFeature"/>
</owl:ObjectProperty>
</rdf:RDF>
```

附录2 公差表示的元本体中所有类转换成的Jess模版

```
//class owl:Thing
(deftemplate owl:Thing (slot name))

//class Assembly and its subclasses
(deftemplate Assembly extends owl:Thing)
(deftemplate Part extends Assembly)
(deftemplate RFS extends Part)
(deftemplate RSpherical extends RFS)
(deftemplate SIS extends RSpherical)
(deftemplate SOS extends RSpherical)
(deftemplate RCylindrical extends RFS)
(deftemplate SIC extends RCylindrical)
(deftemplate SOC extends RCylindrical)
(deftemplate RPlanar extends RFS)
(deftemplate SPL extends RPlanar)
(deftemplate RHelical extends RFS)
(deftemplate SIH extends RHelical)
(deftemplate SOH extends RHelical)
(deftemplate RRevolute extends RFS)
(deftemplate SIR extends RRevolute)
(deftemplate SOR extends RRevolute)
(deftemplate RPrismatic extends RFS)
(deftemplate SIP extends RPrismatic)
(deftemplate SOP extends RPrismatic)
(deftemplate RComplex extends RFS)
(deftemplate SIX extends RComplex)
(deftemplate SOX extends RComplex)

//class ADF and its subclasses
(deftemplate ADF extends owl:Thing)
(deftemplate DFeature extends ADF)
```

附录2 公差表示的元本体中所有类转换成的 Jess 模版

```
(deftemplate DPT extends DFeature)
(deftemplate DSL extends DFeature)
(deftemplate DPL extends DFeature)
(deftemplate TFeature extends ADF)
(deftemplate TPT extends TFeature)
(deftemplate TSL extends TFeature)
(deftemplate TPL extends TFeature)

//class IFS and its subclasses
(deftemplate IFS extends owl:Thing)
(deftemplate ISpherical extends IFS)
(deftemplate ICylindrical extends IFS)
(deftemplate IPlanar extends IFS)
(deftemplate IHelical extends IFS)
(deftemplate IRevolute extends IFS)
(deftemplate IPrismatic extends IFS)
(deftemplate IComplex extends IFS)
```

附录3 表5-3中所列SWRL规则转换成的Jess规则

```
//S01
(defrule S01-1
(TPT (name ? x)) (DPT (name ? y))
(has-COI ? x ? y) (has-Concentricity ? x ? y)
=>
(assert (S01-1_Concentricity_Tolerance ? x ? y)))

//S02
(defrule S02-1
(TPT (name ? x)) (DPT (name ? y))
(has-DIS ? x ? y) (has-Position ? x ? y)
=>
(assert (S02-1_Position_Tolerance ? x ? y)))

(defrule S02-2
(TPT (name ? x)) (DPT (name ? y))
(has-DIS ? x ? y) (has-LinearDimensional ? x ? y)
=>
(assert (S02-2_Linear_Dimensional_Tolerance ? x ? y)))

//S03
(defrule S03-1
(TPT (name ? x)) (DSL (name ? y))
(has-INC ? x ? y) (has-Position ? x ? y)
=>
(assert (S03-1_Position_Tolerance ? x ? y)))

//S04
(defrule S04-1
(TPT (name ? x)) (DSL (name ? y))
(has-DIS ? x ? y) (has-Position ? x ? y)
```

附录3 表5-3中所列 SWRL 规则转换成的 Jess 规则

=>
(assert (S04-1_Position_Tolerance ? x ? y)))
(defrule S04-2
(TPT (name ? x)) (DSL (name ? y))
(has-DIS ? x ? y) (has-LinearDimensional ? x ? y)
=>
(assert (S04-2_Linear_Dimensional_Tolerance ? x ? y)))

//S05
(defrule S05-1
(TPT (name ? x)) (DPL (name ? y))
(has-INC ? x ? y) (has-Position ? x ? y)
=>
(assert (S05-1_Position_Tolerance ? x ? y)))

//S06
(defrule S06-1
(TPT (name ? x)) (DPL (name ? y))
(has-DIS ? x ? y) (has-Position ? x ? y)
=>
(assert (S06-1_Position_Tolerance ? x ? y)))
(defrule S06-2
(TPT (name ? x)) (DPL (name ? y))
(has-DIS ? x ? y) (has-LinearDimensional ? x ? y)
=>
(assert (S06-2_Linear_Dimensional_Tolerance ? x ? y)))

//S07
(defrule S07-1
(TSL (name ? x)) (DPT (name ? y))
(has-INC ? x ? y) (has-Position ? x ? y)
=>
(assert (S07-1_Position_Tolerance ? x ? y)))

//S08
(defrule S08-1
(TSL (name ? x)) (DPT (name ? y))

产品几何规范的知识表示

```
(has-DIS ? x ? y) (has-Position ? x ? y)
=>
(assert (S08-1_Position_Tolerance ? x ? y)))
(defrule S08-2
(TSL (name ? x)) (DPT (name ? y))
(has-DIS ? x ? y) (has-LinearDimensional ? x ? y)
=>
(assert (S08-2_Linear_Dimensional_Tolerance ? x ? y)))

//S09
(defrule S09-1
(TSL (name ? x)) (DSL (name ? y))
(has-COI ? x ? y) (has-CircularRunOut ? x ? y)
=>
(assert (S09-1_Circular_Run-out_Tolerance ? x ? y)))
(defrule S09-2
(TSL (name ? x)) (DSL (name ? y))
(has-COI ? x ? y) (has-TotalRunOut ? x ? y)
=>
(assert (S09-2_Total_Run-out_Tolerance ? x ? y)))
(defrule S09-3
(TSL (name ? x)) (DSL (name ? y))
(has-COI ? x ? y) (has-Position ? x ? y)
=>
(assert (S09-3_Position_Tolerance ? x ? y)))

//S10
(defrule S10-1
(TSL (name ? x)) (DSL (name ? y))
(has-PAR ? x ? y) (has-Parallelism ? x ? y)
=>
(assert (S10-1_Parallelism_Tolerance ? x ? y)))
(defrule S10-2
(TSL (name ? x)) (DSL (name ? y))
(has-PAR ? x ? y) (has-Position ? x ? y)
=>
(assert (S10-2_Position_Tolerance ? x ? y)))
```

附录3 表5-3中所列 SWRL 规则转换成的 Jess 规则

//S11
(defrule S11 - 1
(TSL (name ? x)) (DSL (name ? y))
(has-PER ? x ? y) (has-Perpendicularity ? x ? y)
=>
(assert (S11 - 1_Perpendicularity_Tolerance ? x ? y)))

//S12
(defrule S12 - 1
(TSL (name ? x)) (DSL (name ? y))
(has-INT ? x ? y) (has-Angularity ? x ? y)
=>
(assert (S12 - 1_Angularity_Tolerance ? x ? y)))
(defrule S12 - 2
(TSL (name ? x)) (DSL (name ? y))
(has-INT ? x ? y) (has-Angle ? x ? y)
=>
(assert (S12 - 2_Angle_Tolerance ? x ? y)))

//S13
(defrule S13 - 1
(TSL (name ? x)) (DSL (name ? y))
(has-NON ? x ? y) (has-Position ? x ? y)
=>
(assert (S13 - 1_Position_Tolerance ? x ? y)))
(defrule S13 - 2
(TSL (name ? x)) (DSL (name ? y))
(has-NON ? x ? y) (has-LinearDimensional ? x ? y)
=>
(assert (S13 - 2_Linear_Dimensional_Tolerance ? x ? y)))

//S14
(defrule S14 - 1
(TSL (name ? x)) (DPL (name ? y))
(has-INC ? x ? y) (has-Position ? x ? y)
=>
(assert (S14 - 1_Position_Tolerance ? x ? y)))

— 229 —

```
(defrule S14 - 2
(TSL (name ? x)) (DPL (name ? y))
(has-INC ? x ? y) (has-Symmetry ? x ? y)
=>
(assert (S14 - 2_Symmetry_Tolerance ? x ? y)))

//S15
(defrule S15 - 1
(TSL (name ? x)) (DPL (name ? y))
(has-PAR ? x ? y) (has-Parallelism ? x ? y)
=>
(assert (S15 - 1_Parallelism_Tolerance ? x ? y)))
(defrule S15 - 2
(TSL (name ? x)) (DPL (name ? y))
(has-PAR ? x ? y) (has-Position ? x ? y)
=>
(assert (S15 - 2_Position_Tolerance ? x ? y)))
(defrule S15 - 3
(TSL (name ? x)) (DPL (name ? y))
(has-PAR ? x ? y) (has-LinearDimensional ? x ? y)
=>
(assert (S15 - 3_Linear_Dimensional_Tolerance ? x ? y)))

//S16
(defrule S16 - 1
(TSL (name ? x)) (DPL (name ? y))
(has-PER ? x ? y) (has-CircularRunOut ? x ? y)
=>
(assert (S16 - 1_Circular_Run-out_Tolerance ? x ? y)))
(defrule S16 - 2
(TSL (name ? x)) (DPL (name ? y))
(has-PER ? x ? y) (has-TotalRunOut ? x ? y)
=>
(assert (S16 - 2_Total_Run-out_Tolerance ? x ? y)))
(defrule S16 - 3
(TSL (name ? x)) (DPL (name ? y))
(has-PER ? x ? y) (has-Perpendicularity ? x ? y)
```

附录3 表5-3中所列SWRL规则转换成的Jess规则

=>
(assert (S16 - 3_Perpendicularity_Tolerance ? x ? y)))

//S17
(defrule S17 - 1
(TSL (name ? x)) (DPL (name ? y))
(has-INT ? x ? y) (has-Angularity ? x ? y)
=>
(assert (S17 - 1_Angularity_Tolerance ? x ? y)))
(defrule S17 - 2
(TSL (name ? x)) (DPL (name ? y))
(has-INT ? x ? y) (has-Angle ? x ? y)
=>
(assert (S17 - 2_Angle_Tolerance ? x ? y)))

//S18
(defrule S18 - 1
(TPL (name ? x)) (DPT (name ? y))
(has-INC ? x ? y) (has-Position ? x ? y)
=>
(assert (S18 - 1_Position_Tolerance ? x ? y)))

//S19
(defrule S19 - 1
(TPL (name ? x)) (DPT (name ? y))
(has-DIS ? x ? y) (has-Position ? x ? y)
=>
(assert (S19 - 1_Position_Tolerance ? x ? y)))
(defrule S19 - 2
(TPL (name ? x)) (DPT (name ? y))
(has-DIS ? x ? y) (has-LinearDimensional ? x ? y)
=>
(assert (S19 - 2_Linear_Dimensional_Tolerance ? x ? y)))

//S20
(defrule S20 - 1
(TPL (name ? x)) (DSL (name ? y))

```
(has-INC ? x ? y) (has-Position ? x ? y)
=>
(assert (S20 - 1_Position_Tolerance ? x ? y)))
(defrule S20 - 2
(TPL (name ? x)) (DSL (name ? y))
(has-INC ? x ? y) (has-Symmetry ? x ? y)
=>
(assert (S20 - 2_Symmetry_Tolerance ? x ? y)))

//S21
(defrule S21 - 1
(TPL (name ? x)) (DSL (name ? y))
(has-PAR ? x ? y) (has-Parallelism ? x ? y)
=>
(assert (S21 - 1_Parallelism_Tolerance ? x ? y)))
(defrule S21 - 2
(TPL (name ? x)) (DSL (name ? y))
(has-PAR ? x ? y) (has-Position ? x ? y)
=>
(assert (S21 - 2_Position_Tolerance ? x ? y)))
(defrule S21 - 3
(TPL (name ? x)) (DSL (name ? y))
(has-PAR ? x ? y) (has-LinearDimensional ? x ? y)
=>
(assert (S21 - 3_Linear_Dimensional_Tolerance ? x ? y)))

//S22
(defrule S22 - 1
(TPL (name ? x)) (DSL (name ? y))
(has-PER ? x ? y) (has-Perpendicularity ? x ? y)
=>
(assert (S22 - 1_Perpendicularity_Tolerance ? x ? y)))

//S23
(defrule S23 - 1
(TPL (name ? x)) (DSL (name ? y))
(has-INT ? x ? y) (has-Angularity ? x ? y)
```

附录3 表5-3中所列SWRL规则转换成的Jess规则

```
=>
(assert (S23 - 1_Angularity_Tolerance ? x ? y)))
(defrule S23 - 2
(TPL (name ? x)) (DSL (name ? y))
(has-INT ? x ? y) (has-Angle ? x ? y)
=>
(assert (S23 - 2_Angle_Tolerance ? x ? y)))


//S24
(defrule S24 - 1
(TPL (name ? x)) (DPL (name ? y))
(has-COI ? x ? y) (has-Position ? x ? y)
=>
(assert (S24 - 1_Position_Tolerance ? x ? y)))
(defrule S24 - 2
(TPL (name ? x)) (DPL (name ? y))
(has-COI ? x ? y) (has-Symmetry ? x ? y)
=>
(assert (S24 - 2_Symmetry_Tolerance ? x ? y)))


//S25
(defrule S25 - 1
(TPL (name ? x)) (DPL (name ? y))
(has-PAR ? x ? y) (has-Parallelism ? x ? y)
=>
(assert (S25 - 1_Parallelism_Tolerance ? x ? y)))
(defrule S25 - 2
(TPL (name ? x)) (DPL (name ? y))
(has-PAR ? x ? y) (has-Position ? x ? y)
=>
(assert (S25 - 2_Position_Tolerance ? x ? y)))
(defrule S25 - 3
(TPL (name ? x)) (DPL (name ? y))
(has-PAR ? x ? y) (has-LinearDimensional ? x ? y)
=>
(assert (S25 - 3_Linear_Dimensional_Tolerance ? x ? y)))
```

产品几何规范的知识表示

//S26
(defrule S26 - 1
(TPL (name ? x)) (DPL (name ? y))
(has-PER ? x ? y) (has-Perpendicularity ? x ? y)
=>
(assert (S26 - 1_Perpendicularity_Tolerance ? x ? y)))

//S27
(defrule S27 - 1
(TPL (name ? x)) (DPL (name ? y))
(has-INT ? x ? y) (has-Angularity ? x ? y)
=>
(assert (S27 - 1_Angularity_Tolerance ? x ? y)))
(defrule S27 - 2
(TPL (name ? x)) (DPL (name ? y))
(has-INT ? x ? y) (has-Angle ? x ? y)
=>
(assert (S27 - 2_Angle_Tolerance ? x ? y)))

//S28
(defrule S28 - 1
(ISpherical (name ? x)) (SIS (name ? y))
(has-CON ? x ? y) (has-Roundness ? x ? y)
=>
(assert (S28 - 1_Roundness_Tolerance ? x ? y)))
(defrule S28 - 2
(ISpherical (name ? x)) (SOS (name ? y))
(has-CON ? x ? y) (has-Roundness ? x ? y)
=>
(assert (S28 - 2_Roundness_Tolerance ? x ? y)))

//S29
(defrule S29 - 1
(ICylindrical (name ? x)) (SIC (name ? y))
(has-CON ? x ? y) (has-Straightness ? x ? y)
=>
(assert (S29 - 1_Straightness_Tolerance ? x ? y)))

附录3 表5-3中所列 SWRL 规则转换成的 Jess 规则

```
(defrule S29 - 2
(ICylindrical (name ? x)) (SOC (name ? y))
(has-CON ? x ? y) (has-Straightness ? x ? y)
=>
(assert (S29 - 2_Straightness_Tolerance ? x ? y)))
(defrule S29 - 3
(ICylindrical (name ? x)) (SIC (name ? y))
(has-CON ? x ? y) (has-Roundness ? x ? y)
=>
(assert (S29 - 3_Roundness_Tolerance ? x ? y)))
(defrule S29 - 4
(ICylindrical (name ? x)) (SOC (name ? y))
(has-CON ? x ? y) (has-Roundness ? x ? y)
=>
(assert (S29 - 4_Roundness_Tolerance ? x ? y)))
(defrule S29 - 5
(ICylindrical (name ? x)) (SIC (name ? y))
(has-CON ? x ? y) (has-Cylindricity ? x ? y)
=>
(assert (S29 - 5_Cylindricity_Tolerance ? x ? y)))
(defrule S29 - 6
(ICylindrical (name ? x)) (SOC (name ? y))
(has-CON ? x ? y) (has-Cylindricity ? x ? y)
=>
(assert (S29 - 6_Cylindricity_Tolerance ? x ? y)))

//S30
(defrule S30 - 1
(IPlanar (name ? x)) (SPL (name ? y))
(has-CON ? x ? y) (has-Straightness ? x ? y)
=>
(assert (S30 - 1_Straightness_Tolerance ? x ? y)))
(defrule S30 - 2
(IPlanar (name ? x)) (SPL (name ? y))
(has-CON ? x ? y) (has-Flatness ? x ? y)
=>
(assert (S30 - 2_Flatness_Tolerance ? x ? y)))
```

//S32
(defrule S32-1
(IRevolute (name ? x)) (SIR (name ? y))
(has-CON ? x ? y) (has-Straightness ? x ? y)
=>
(assert (S32-1_Straightness_Tolerance ? x ? y)))
(defrule S32-2
(IRevolute (name ? x)) (SOR (name ? y))
(has-CON ? x ? y) (has-Straightness ? x ? y)
=>
(assert (S32-2_Straightness_Tolerance ? x ? y)))
(defrule S32-3
(IRevolute (name ? x)) (SIR (name ? y))
(has-CON ? x ? y) (has-Roundness ? x ? y)
=>
(assert (S32-3_Roundness_Tolerance ? x ? y)))
(defrule S32-4
(IRevolute (name ? x)) (SOR (name ? y))
(has-CON ? x ? y) (has-Roundness ? x ? y)
=>
(assert (S32-4_Roundness_Tolerance ? x ? y)))
(defrule S32-5
(IRevolute (name ? x)) (SIR (name ? y))
(has-CON ? x ? y) (has-ProfileAnyLine ? x ? y)
=>
(assert (S32-5_Profile_Any_Line_Tolerance ? x ? y)))
(defrule S32-6
(IRevolute (name ? x)) (SOR (name ? y))
(has-CON ? x ? y) (has-ProfileAnyLine ? x ? y)
=>
(assert (S32-6_Profile_Any_Line_Tolerance ? x ? y)))
(defrule S32-7
(IRevolute (name ? x)) (SIR (name ? y))
(has-CON ? x ? y) (has-ProfileAnySurface ? x ? y)
=>
(assert (S32-7_Profile_Any_Surface_Tolerance ? x ? y)))
(defrule S32-8

附录3 表5-3中所列SWRL规则转换成的Jess规则

(IRevolute (name ? x)) (SOR (name ? y))
(has-CON ? x ? y) (has-ProfileAnySurface ? x ? y)
=>
(assert (S32 - 8_Profile_Any_Surface_Tolerance ? x ? y)))

//S33
(defrule S33 - 1
(IPrismatic (name ? x)) (SIP (name ? y))
(has-CON ? x ? y) (has-Straightness ? x ? y)
=>
(assert (S33 - 1_Straightness_Tolerance ? x ? y)))
(defrule S33 - 2
(IPrismatic (name ? x)) (SOP (name ? y))
(has-CON ? x ? y) (has-Straightness ? x ? y)
=>
(assert (S33 - 2_Straightness_Tolerance ? x ? y)))
(defrule S33 - 3
(IPrismatic (name ? x)) (SIP (name ? y))
(has-CON ? x ? y) (has-ProfileAnyLine ? x ? y)
=>
(assert (S33 - 3_Profile_Any_Line_Tolerance ? x ? y)))
(defrule S33 - 4
(IPrismatic (name ? x)) (SOP (name ? y))
(has-CON ? x ? y) (has-ProfileAnyLine ? x ? y)
=>
(assert (S33 - 4_Profile_Any_Line_Tolerance ? x ? y)))
(defrule S33 - 5
(IPrismatic (name ? x)) (SIP (name ? y))
(has-CON ? x ? y) (has-ProfileAnySurface ? x ? y)
=>
(assert (S33 - 5_Profile_Any_Surface_Tolerance ? x ? y)))
(defrule S33 - 6
(IPrismatic (name ? x)) (SOP (name ? y))
(has-CON ? x ? y) (has-ProfileAnySurface ? x ? y)
=>
(assert (S33 - 6_Profile_Any_Surface_Tolerance ? x ? y)))

//S34
(defrule S34 - 1
(IComplex (name ? x)) (SIX (name ? y))
(has-CON ? x ? y) (has-ProfileAnyLine ? x ? y)
=>
(assert (S34 - 1_Profile_Any_Line_Tolerance ? x ? y)))
(defrule S34 - 2
(IComplex (name ? x)) (SOX (name ? y))
(has-CON ? x ? y) (has-ProfileAnyLine ? x ? y)
=>
(assert (S34 - 2_Profile_Any_Line_Tolerance ? x ? y)))
(defrule S34 - 3
(IComplex (name ? x)) (SIX (name ? y))
(has-CON ? x ? y) (has-ProfileAnySurface ? x ? y)
=>
(assert (S34 - 3_Profile_Any_Surface_Tolerance ? x ? y)))
(defrule S34 - 4
(IComplex (name ? x)) (SOX (name ? y))
(has-CON ? x ? y) (has-ProfileAnySurface ? x ? y)
=>
(assert (S34 - 4_Profile_Any_Surface_Tolerance ? x ? y)))

参 考 文 献

[1] 蒋向前. 新一代GPS标准理论与应用[M]. 北京：高等教育出版社, 2007.

[2] Jean-Yves D, Alex B, Luc M. Geometrical product specifications: model for product life cycle. Computer Aided Design 2008, 40: 493 - 501.

[3] 杨将新, 徐旭松, 曹衍龙, 等. 基于装配定位约束的功能公差规范设计. 机械工程学报, 2010, 46(2): 1 - 8.

[4] Jian Mao, Yanlong Cao, Jiangxin Yang. Implementation uncertainty evaluation of cylindricityerrors based on geometrical product specification (GPS). Measurement, 2009, 42: 742 - 747.

[5] 赵凤霞, 张琳娜, 郑玉花, 马乐. 基于新一代GPS的空间直线度误差评定及其不确定度估计. 机械强度, 2008, 23 (4): 441 - 444.

[6] 钟艳如, 郭德伟, 黄美发. 信息熵原理在表面粗糙度Ra不确定度计算中的应用. 机械科学与技术, 2009, 28(6): 829 - 833.

[7] 卜倩, 余朋飞, 张维存, 等. 基于本体的产品数据交换模型研究. 计算机集成制造系统, 2009, 15(5): 916 - 924.

[8] 李言辉, 徐宝文, 陆建江, 等. 支持数量约束的扩展模糊描述逻辑复杂性研究. 软件学报, 2006, 17(5): 968 - 975.

[9] Stoilos G, Stamou G, Tzouvaras V, et al. The fuzzy description logic f-SHIN. Proc of the Int'l Workshop on Uncertainty Reasoning for the Semantic Web. Aachen: CEUR2 WS org Publishers, 2005: 67 - 76.

[10] Straccia U. A fuzzy description logic for the semantic Web. Proc of the Capturing Intelligence: Fuzzy Logic and the Semantic Web. New York: Elsevier Science Publishers, 2006: 73 - 90.

[11] Haarslev V, Lutz C, Muoller R. A description logic with concrete domains and a role - forming predicate operator. Journal of logic and computation, 1999, 9(3): 351 - 384.

[12] Kaplunova A, HaarslevV, MoellerR. Adding ternary complex roles to ALCRP(D). Proceedings of the international workshop on Description Logics, Toulouse, France, 2002: 45 - 52.

[13] 杨宏艳,夏雪,覃裕初,钟艳如,等. 基于新一代 GPS 的垂直度误差评定方法的研究. 传感器与微系统,2012,5(31):44-47.

[14] 钟艳如,莫运辉,覃裕初,黄美发,等. 基于本体的零件标注知识库系统研究. 2011年机械电子学学术会议论文集,西安,2011:518-527.

[15] M. Huang, Y. Gao, Z. Xu and Z. Li. Composite planar tolerance allocation with dimensional and geometric specifications. International Journal of Advanced Manufacturing Technology, 2002, 20:341-347.

[16] Huang Meifa, Zhong Yanru, and Xu Zengao. Concurrent process tolerance design based on minimum product manufacturing cost and quality loss. International Journal of Advanced Manufacturing Technology, 2005, 25:714-722.

[17] Huang Meifa, Zhong Yanru. Optimized sequential design of two-dimensional tolerances. Int J Adv Manuf Technol, 2007, 33:579-593.

[18] Huang Meifa, Zhong Yanru, Dimensional and geometrical tolerance balancing in concurrent design. Int J Adv Manuf Technol, 2008, 35:723-735.

[19] Y. Gao and M. Huang. Optimal process tolerance balancing based on process capabilities, International Journal of Advanced Manufacturing Technology, 2003, 21:501-507.

[20] Yibao Chen, Meifa Huang, Jianchu Yao et al. Optimal concurrent tolerance based on the grey optimal approach. International Journal of Advanced Manufacturing Technology, 2003, 22(1-2):112-117.

[21] 黄美发,景晖,匡兵,钟艳如,蒋向前. 基于拟蒙特卡罗方法的测量不确定度评定,仪器仪表学报,2009,30(1):120-125.

[22] 黄美发,钟艳如. CAD 系统中并行公差的建模方法. 中国机械工程,2004,15(18):pp.1623-1626.

[23] 匡兵,黄美发,钟艳如. 尺寸公差和形位公差混合优化分配. 计算机集成制造系统,2008,14(2):398-402.

[24] 鲍家定,孙永厚,黄美发,李向前,王乔义. 基于新一代 GPS 体系的平面定向误差不确定度的研究[J]. 装备制造技术,2010,01:1-2.

[25] Srinivasan V. A geometrical product specification language based on a classification of symmetry groups. Computer-Aided Design 1999, 31(11):659-668.

[26] Connor MAO, Srinivasan V, Jones A. Connected Lie and Symmetry Subgroups of the Rigid Motions: Foundations and Classification. IBM T. J. Watson Research Center, 1996.

[27] Gruber TR. A Translation Approach to Portable Ontology Specifications. Knowl-

edge Acquisition 1993, 5(2): 199 - 220.

[28] Sudarsan R, Fenves SJ, Sriram RD, Wang F. A Product Information Modeling Framework for Product Lifecycle Management. Computer-Aided Design 2005, 37(13): 1399 - 1411.

[29] Zhao W, Liu JK. OWL/SWRL representation methodology for EXPRESS-driven product information model, Part I. Implementation methodology. Computers in Industry 2008, 59(6): 580 - 589.

[30] Zhao W, Liu JK. OWL/SWRL representation methodology for EXPRESS-driven product information model, Part II: Practice. Computers in Industry 2008, 59(6): 590 - 600.

[31] Cho J, Han S, Kim H. Meta-ontology for automated information integration of parts libraries. Computer-Aided Design 2006, 38(7): 713 - 725.

[32] Kim KY, Manley DG, Yang H. Ontology-based assembly design and information sharing for collaborative product development. Computer-Aided Design 2006, 38(12): 1233 - 1250.

[33] Dong Yang, Ming Dong, Rui Miao. Development of a product configuration system with an ontology-based approach. Computer-Aided Design 2008, 40(8): 863 - 878.

[34] Dong Yang, Rui Miao, Hongwei Wu, Yiting Zhou. Product configuration knowledge modeling using ontology web language. Expert Systems with Applications 2009, 36(3): 4399 - 4411.

[35] Barbau R, Krima S, Rachuri S, Narayanan A, Fiorentini X, Foufou S, Sriram RD. OntoSTEP: Enriching product model data using ontologies. Computer-Aided Design 2012, 44(6): 575 - 590.

[36] Baader F, Calvanese D, McGuinness DL, Nardi D, Patel-Schneider PF. The description logic handbook: theory, implementation and applications. Cambridge: Cambridge University Press, 2007.

[37] Horrocks I, Patel-Schneider P F, Harmelen F V. From SHIQ and RDF to OWL: The Making of a Web Ontology Language. Journal of Web Semantics 2003, 1(1): 7 - 26.

[38] Liang Chang, Zhongzhi Shi, Tianlong Gu, Lingzhong Zhao. A Family of Dynamic Description Logics for Representing and Reasoning about Actions. Journal of Automated Reasoning 2012, 49(1): 1 - 52.

[39] Schmidt-Schauß M, Smolka G. Attributive concept descriptions with complements [J]. Artificial Intelligence 1991, 48(1): 1 - 26.

[40] Baader F, Hanschke P. A Scheme for Integrating Concrete Domains into Concept Languages. The Twelfth International Joint Conference on AI, 1991: 452-457.

[41] Dershowitz N, Manna Z. Proving termination with multiset orderings. Communications of the ACM 1979, 8(22): 465-476.

[42] Allen J F. Maintaining knowledge about temporal intervals. Communications of the ACM 1983, 26(11): 832-843.

[43] Borst P, Akkermans H, Top J. Engineering ontologies. International Journal of Human-Computer Studies 1997, 46(2-3): 365-406.

[44] Studer R, Benjamins VR, Fensel D. Knowledge Engineering: Principles and Methods. Data & Knowledge Engineering 1998, 25(1-2): 161-197.

[45] Gruber TR. Toward principles for the design of ontologies used for knowledge sharing. International Journal of Human-Computer Studies 1995, 43(5-6): 907-928.

[46] http://www.w3.org/TR/owl-features/. McGuinness DL, van Harmelen F. OWL Web Ontology Language Overview, 2009.

[47] http://protege.stanford.edu/. Protégé 3.4.4. Protégé Ontology Modeling Tool.

[48] Salomons OW, Haalboom FJ, Jonge Poerink HJ, Van Slooten F, Van Houten FJAM, Kals HJJ. A computer aided tolerancing tool Ⅰ: tolerance specification. Computers in Industry, 1996, 31(2): 161-174.

[49] Salomons OW, Haalboom FJ, Jonge Poerink HJ, Van Slooten F, Van Houten FJAM, Kals HJJ. A computer aided tolerancing tool Ⅱ: tolerance analysis. Computers in Industry, 1996, 31(2): 175-186.

[50] Hong YS, Chang TC. A Comprehensive Review of Tolerancing Research. International Journal of Production Research, 2002, 40(11): 2425-2459.

[51] ISO 1101. Geometrical Product Specifications (GPS)—Geometrical tolerancing—Tolerances of form, orientation, location and run-out. Geneva (Switzerland): International Organization for Standardization, 2004.

[52] ISO 14405-1. Geometrical Product Specifications (GPS)—Dimensional tolerancing—Part 1: Linear sizes. Geneva (Switzerland): International Organization for Standardization, 2011.

[53] ISO 14405-2. Geometrical Product Specifications (GPS)—Dimensional tolerancing—Part 2: Dimensions other than linear sizes. Geneva (Switzerland): International Organization for Standardization, 2011.

[54] Srinivasan V. Standardizing the Specification, Verification, and Exchange of Prod-

uct Geometry: Research, Status and Trends. Computer-Aided Design, 2008, 40 (7): 738 – 749.

[55] Yi Zhang, Zongbin Li, Jianmin Gao, Jun Hong. New Reasoning Algorithm for Assembly Tolerance Specifications and Corresponding Tolerance Zone Types. Computer-Aided Design, 2011, 43(12): 1606 – 1628.

[56] Prisco U, Giorleo G. Overview of current CAT systems. Integrated Computer-Aided Engineering, 2002, 9(4): 373 – 387.

[57] Requicha AAG. Solid Modeling: A Historical Summary and Contemporary Assessment. IEEE Computer Graphics and Applications, 1982, 2(2): 9 – 24.

[58] Juster NP. Modeling and representation of dimensions and tolerances: a survey. Computer-Aided Design, 1992, 24(1): 3 – 17.

[59] Roy U, Liu CR. Feature-based Representational Scheme of a Solid Modeler for Providin Dimensioning and Tolerancing Information. Robotics and Computer-Integrated Manufacturing, 1988, 4(3): 333 – 345.

[60] Tsai JC, Cutkosky MR. Representation and reasoning of geometric tolerances in design. Artificial Intelligence for Engineering Design, Analysis and Manufacturing, 1997, 11(4): 325 – 341.

[61] Ameta G, Davidson JK, Shah JJ. Tolerance-Maps Applied to a Point-Line Cluster of Features. Journal of Mechanical Design, 2007, 129(8): 782 – 792.

[62] Kaifu Zhang, Yuan Li, Shuilong Tang. An integrated modeling method of unified tolerance representation for mechanical product. The International Journal of Advanced Manufacturing Technology, 2010, 46(1 – 4): 217 – 226.

[63] Gossard DC, Zuffante RP, Sakuria H. Representing dimensions, tolerances, and features in MCAE systems. IEEE Computer Graphics and Applications, 1988, 8 (2): 51 – 59.

[64] Bourdet P, Ballot E. Geometrical behavior laws for computer aided tolerancing. In: Proceedings of the 4th CIRP Seminar on Computer-Aided Tolerancing, 1995.

[65] Anselmetti B. Generation of Functional Tolerancing Based on Positioning Features. Computer-Aided Design, 2006, 38(8): 902 – 919.

[66] Turner J. Relative positioning of parts in assemblies using mathematical programming. Computer-Aided Design, 1990, 22(7): 394 – 400.

[67] Sodhi R, Turner J. Relative positioning of variational part models for design analysis. Computer-Aided Design, 1994, 26(5): 366 – 378.

[68] Chase KW, Magleby SP. A Comprehensive System for Computer-Aided Toleran-

cing Analysis of 2D and 3D Mechanical Assemblies. In: Proceedings of the 5th CIRP Seminar on Computer-Aided Tolerancing, 1997.

[69] Serre P, Riviere A. Analysis of Functional Geometrical Specifications. In: Proceedings of the 7th CIRP Seminar on Computer-Aided Tolerancing, 2001.

[70] Dantan JY, Mathieu L, Ballu A, Martin P. Tolerance synthesis: quantifier notion and virtua boundary. Computer-Aided Design, 2005, 37(2): 231 – 240.

[71] Desrochers A, Clement A. A dimensioning and tolerancing assistance model for CAD/CAM systems. The International Journal of Advanced Manufacturing Technology, 1994, 9(6): 352 – 361.

[72] Clement A, Riviere A, Serre P, Valade C. The TTRSs: 13 constraints for dimensioning and tolerancing. In: Proceedings of the 5th CIRP International Seminar on Computer-Aided Tolerancing, 1997.

[73] 王金星. 新一代产品几何规范(GPS)不确定度理论及应用研究 [D]. 武汉: 华中科技大学, 2006: 88 – 92.

[74] 刘玉生, 杨将新, 吴昭同, 高曙明. CAD 系统中公差信息建模技术综述. 计算机辅助设计与图形学学报, 2001, 13(11): 1048 – 1055.

[75] 刘玉生, 高曙明, 吴昭同, 等. 基于特征的层次式公差信息表示模型及其实现. 机械工程学报, 2003, 39(3): 1 – 7.

[76] 刘玉生, 吴昭同, 杨将新, 高曙明. 基于数学定义的平面尺寸公差数学模型. 机械工程学报, 2001, 37(9): 12 – 17.

[77] 刘玉生, 高曙明, 吴昭同, 杨将新. 一种基于数学定义的三维公差语义表示方法. 中国机械工程, 2003, 14(3): 241 – 245.

[78] Nigam SD, Turner JU. Review of Statistical Approaches to Tolerance Analysis. Computer-Aided Design, 1995, 27(1): 6 – 15.

[79] Xiaoping Zhao, Pasupathy TMK, Wilhelm RG. Modeling and representation of geometric tolerances information in integrated measurement processes. Computers in Industry, 2006, 57(4): 319 – 330.

[80] Yan Wang. Semantic Tolerance Modeling With Generalized Intervals. Journal of Mechanical Design, 2008, 130(8): 1 – 7.

[81] Khodaygan S, Movahhedy MR, Foumani MS. Fuzzy-small degrees of freedom representation of linear and angular variations in mechanical assemblies for tolerance analysis and allocation. Mechanism and Machine Theory, 2011, 46(4): 558 – 573.

[82] Wu Y, Shah JJ, Davison JK. Computer modeling of geometric variations in mechanical parts and assemblies. ASME Journal of Computing and Information

Science in Engineering, 2003, 3(1): 54-63.

[83] Giordano M, Pairel E, Hernandez P. Complex mechanical struct tolerancing by means of hyper-graphs. In: Proceedings of the 9th CIRP International Seminar on Computer-Aided Tolerancing, 2005.

[84] 张博, 李宗斌. 采用多色集合理论的公差信息建模与推理技术. 机械工程学报, 2005, 41(10): 111-116.

[85] Mathew A, Rao CSP. A novel method of using API to generate liaison relationships from an assembly. International Journal of Software Engineering & Applications, 2010, 1(3): 167-175.

[86] Mathew A, Rao CSP. A CAD system for extraction of mating features in an assembly. Assembly Automation, 2010, 30(2): 142-146.

[87] Chase KW, Gao J, Magleby SP, Sorensen CD. Including geometric feature variation in tolerance analysis of mechanical assemblies. IEEE Transactions, 1996, 28(10): 795-807.

[88] Mejbri H, Anselmetti B, Mawussi K. Functional Tolerancing of Complex Mechanisms: Identification and Specification of Key Parts. Computers & Industrial Engineering, 2005, 49(2): 241-265.

[89] Anselmetti B, Chavanne R, Yang JX, Anwer N. Quick GPS: A New CAT System for Single Part Tolerancing. Computer-Aided Design, 2010, 42(9): 768-780.

[90] Jie Hu, Guangleng Xiong, Zhaotong Wu. A variational geometric constraints network for a tolerance types specification. The International Journal of Advanced Manufacturing Technology, 2004, 24(3-4): 214-222.

[91] 胡洁, 熊光楞, 吴昭同. 基于变动几何约束网络的公差设计研究. 机械工程学报, 2003, 39(5): 20-26.

[92] Whitney DE. Mechanical assemblies: their design, manufacture, and role in product development. New York: Oxford University Press, 2004.

[93] http://protegewiki.stanford.edu/wiki/OntoViz. Sintek M. OntoViz Tab plug-in for Protégé, 2007.

[94] Horrocks I, Patel-Schneider PF, Bechhofer S, Tsarkov D. OWL rules: A proposal and prototype implementation. Journal of Web Semantics: Science, Services and Agents on the World Wide Web 2005, 3(1): 23-40.

[95] http://www.w3.org/Submission/SWRL/. Horrocks I, Patel-Schneider PF, Boley H, Tabet S, Grosof B, Dean M. SWRL: A Semantic Web Rule Language Combining OWL and RuleML, 2004.

[96] Friedman-Hill E. Jess in Action: Java Rule-Based Systems (In Action series). Greenwich: Manning Publications, 2003.

[97] http://clipsrules.sourceforge.net/. Riley G. CLIPS: A Tool for Building Expert Systems, 2011.

[98] http://www.w3.org/DOM/. W3C. Document Object Model (DOM).

[99] http://www.saxproject.org/. SAX Project. Simple API for XML (SAX).

[100] http://xerces.apache.org/xerces-j/. Xerces. Xerces Java Parser Readme.

[101] 刘玉生. 基于数学定义的平面尺寸和形位公差建模与表示技术的研究［博士学位论文］. 杭州：浙江大学，2000.

[102] Yusheng Liu, Shuming Gao, Yaolong Cao: An Efficient Approach to Interpreting Rigorous Tolerance Semantics for Complicated Tolerance Specification. IEEE Transactions on Automation Science and Engineering, 2009, 6(4): 670-684.

[103] Requicha. Toward a Theory of Geometric Tolerancing. The International Journal of Robotics Research, 1983, 2(4): 45-60.

[104] Requicha. Representation of Tolerances in Solid Modeling: Issues and Alternative Approaches. New York: Plenum Press, 1984.

[105] Srinivasan V, Jayaraman R. Geometric tolerancing Ⅰ: Virtual boundary requirements. IBM Journal of Research and Development, 1989, 33(2): 90-104.

[106] Srinivasan V, Jayaraman R. Geometric tolerancing Ⅱ: Conditional tolerances. IBM Journal of Research and Development, 1989, 33(2): 105-124.

[107] 张文祖，桂修文，吴雅，胡瑞安，杨叔子. 一种尺寸与公差的表达模式. 中国机械工程，1993，4(1)：10-13.

[108] Etesami F. A mathematical model for geometric tolerances. Journal of Mechanical Design, 1993, 115(2): 81-86.

[109] Hillyard RC, Braid IC. Analysis of dimensions and tolerances in computer-aided mechanical design. Computer-Aided Design, 1978, 10(3): 161-166.

[110] Hillyard RC, Braid IC. Characterizing non-ideal shapes in terms of dimensions and tolerances. ACM SIGGRAPH Computer Graphics, 1978, 12(3): 234-238.

[111] Light R, Gossard D. Modification of geometric models through variational geometry. Computer-Aided Design, 1982, 14(4): 209-214.

[112] Hoffmann P. Analysis of tolerances and process inaccuracies in discrete part manufacturing, Computer-Aided Design, 1982, 14(2): 83-88.

[113] Turner JU, Wozny MJ. The M-Space Theory of Tolerances. In: Proceedings of the ASME 16th Design Automation onference, 1990.

参考文献

[114] Zhang BC. Geometric modeling of dimensioning and tolerancing [PhD Dissertation]. Tempe: Arizona State University, 1992.

[115] Desrochers A. Modeling Three Dimensional Tolerance Zones Using Screw Parameters. In: Proceedings of 25th Design Automation Conference, 1999.

[116] Roy U, Li B. Representation and interpretation of geometric tolerances for polyhedral objects—Ⅰ. Form tolerances. Computer-Aided Design, 1998, 30(2): 151 – 161.

[117] Roy U, Li B. Representation and interpretation of geometric tolerances for polyhedral objects. Ⅱ. Size, orientation and position tolerances. Computer-Aided Design, 1999, 31(4): 273 – 285.

[118] Davidson JK, Muiezinovic A, Shah JJ. A new mathematical model for geometric tolerances as applied to round faces. Journal of Mechanical Design, 2002, 124(4): 609 – 622.

[119] ASME Y14.5M (2009) Dimensioning and Tolerancing. New York: American Society of Mechanical Engineers.

[120] Desrochers A, Riviere A. A martrix approach to the representation of tolerance zones and clearances. The International Journal of Advanced Manufacturing Technology, 1997, 13: 630 – 636.

[121] 陆建江, 张亚非, 苗壮, 周波. 语义网原理与技术[M]. 北京: 科学出版社, 2008.

[122] 李晓沛. 尺寸极限与配合的设计和选用[M]. 北京: 中国标准出版社, 2002: 3 – 196.

[123] 戴燕峰. 新一代GPS线性尺寸要素知识库的研究[D]. 桂林: 桂林电子科技大学, 2011.

[124] 覃裕初, 钟艳如, 姬柳静, 孟浩. 支持空间推理的模糊描述逻辑Fuzzy-ALCRP(D). 桂林电子科技大学学报, 2012, 32(1): 23 – 28.

[125] 莫运辉. 基于本体的零件知识库系统研究[D]. 桂林: 桂林电子科技大学, 2011.

[126] Poggi A, Lembo D, Calvanese D, et al. Linking data to ontologies [J]. Journal on Data Semantics, 2008, X: 133 – 173.

[127] A. Artale, D. Calvanese, R. Kontchakov, M. Zakharyaschev. The DL-Lite family and relations [J]. Journal of Artificial Intelligence Research, 2009, 36.

[128] 李晓沛, 张琳娜, 赵凤霞. 简明公差标准应用手册[M]. 上海科学技术出版社, 2005.

[129] 鲍家定, 孙永厚, 黄美发, 李向前, 王乔义. 基于新一代GPS体系的平面定向误差不确定度的研究[J]. 装备制造技术, 2010, 01: 1 – 2.

[130] 李晓沛，俞汉清. GB/T 1804—2000《一般公差 未注公差的线性和角度尺寸的公差》.

[131] 刘巽尔.《极限与配合》国家标准讲解[M]. 机械工业出版社，2001.

[132] Calvanese D, Giacomo G, Lembo D, et al. EQL-Lite：Effective first-order query processing in description logics[C]. In Proc. of IJCAI 2007, 2007：274-279.

[133] http：//protege.stanford.edu/doc/users_guide/index.html. 2000. Stanford. Using this Guide[EB/OL].

[134] Stuart Russell, Peter Norvig. Artificial Intelligence：A Modern Approach (Third Edition)[M]. Beijing, Tsinghua University Press. 2011：211-235.

[135] 熊淼. 本体知识库的自然语言查询接口研究[D]. 上海：上海交通大学，2007.

[136] Daltio J, Medeiros B. C. An ontolgy Web service for interoperability across biodiversity applications[J]. Information Systems, 2008, 33(7-8)：724-753.

[137] MC Lee, KH Tsai, TL Wang. A practical ontology query expansion algorithm for semantic-aware learning objects retrieval[J]. Computers & Education, 2008, 50 (4)：1240-1257.

[138] 吴文渊，曾振柄，符红光. 基于Ontology的平面几何知识库设计[J]. 计算机应用，2002 3：10-14.

[139] Xue Xia, Yanru Zhong, Yuchu Qin, Liujing Ji. Research on Operational Model of New-generation GPS Based on Dynamic Description Logic. Applied Mechanics and Materials, 2012, 128-129：702-705.

[140] Hao Meng, Yanru Zhong, Liujing Ji, Xue Xia. Ontology Construction on ISO 286 Fit, Applied Mechanics and Materials, 2012, 103：338-342.

[141] Liujing Ji, Yanru Zhong, Hao Meng, Xue Xia. Ontology Construction of Size Limitation in New Generation of GPS, Applied Mechanics and Materials, 2012, 103：332-337.

[142] Sudarsan R, Eswaran S. Information sharing and exchange in the context of product lifecycle management：role of standards[J]. Computer-Aided Design, 2008, 40(7)：789-800.

[143] Y. Xu, Z. Xu, X. Jiang, P. Scott. Developing a knowledge-based system for complex geometrical product specification (GPS) data manipulation[J]. Knowledge-Based Systems, 2011, 24(1)：10-22.

[144] Bennich P. Chains of standards：a new concept in GPS standards[J]. Manufacturing Review, 1994, 7(1)：29-38.

[145] ISO 4287-2. Surface roughness-Terminology-Part 2：Measurement of surface

roughness parameters[S]. Geneva (Switzerland): International Organization for Standardization, 1984.

[146] GB/T 18010. 产品几何技术规范(GPS)极限与配合 公差带和配合的选择[S]. 北京:中国标准出版社,2009.

[147] 李柱,徐振高,蒋向前. 互换性与测量技术——几何产品技术规范与认证GPS[M]. 北京:高等教育出版社,2004.

[148] 白尚旺. PowerDesigner软件工程技术[M]. 北京:电子工业出版社,2004:120-195.

[149] 潘显钟. 基于公理设计理论的FMS优化配置研究[D]. 北京:北京交通大学,2006:16-37.

[150] 郑称德. 公理化审计基本理论及其应用模型[J]. 管理工程学报,2003,17(2):81-85.

[151] http://jena.sourceforge.net/inference/index.html. Dave Reynolds. Jena Inference support [EB/OL]. 2010.

[152] 张白一,崔尚森. 面向对象程序设计Java[M]. 西安:西安电子科技大学出版社,2005.